U0159316

火力发电厂金属监督
及 典型案例分析

◉ 主　编　张艳飞　李　航
　 副主编　公维炜　高云鹏

中国电力出版社
CHINA ELECTRIC POWER PRESS

内容提要

本书以火力发电厂金属监督设备损伤模式为基础，结合受监金属设备的材料性能、结构、运行工况及受力特点，在介绍无损检测和理化检测方法的基础上，采用大量生产实际案例，对不同类型的典型金属监督设备失效原因进行了详细分析，为预防和解决同类型问题提供了有价值的参考。

本书可作为火力发电厂金属监督设备设计、制造、安装、运行、修理、改造、寿命评估等全生命周期各阶段管理人员和技术人员的参考书籍，也可供从事火电机组金属监督教学和培训工作的人员参考。

图书在版编目（CIP）数据

火力发电厂金属监督及典型案例分析 / 张艳飞，李航主编 . —北京：中国电力出版社，2021.7
ISBN 978-7-5198-5696-0

Ⅰ.①火… Ⅱ.①张…②李… Ⅲ.①火电厂—金属材料—质量监督—案例 Ⅳ.① TM7

中国版本图书馆 CIP 数据核字（2021）第 106991 号

出版发行：中国电力出版社
地　　址：北京市东城区北京站西街 19 号（邮政编码 100005）
网　　址：http：//www.cepp.sgcc.com.cn
责任编辑：宋红梅
责任校对：黄　蓓　李　楠
装帧设计：张俊霞
责任印制：吴　迪

印　　刷：三河市万龙印装有限公司
版　　次：2021 年 7 月第一版
印　　次：2021 年 7 月北京第一次印刷
开　　本：787 毫米 ×1092 毫米　16 开本
印　　张：14.25
字　　数：336 千字
印　　数：0001—1000 册
定　　价：78.00 元

本 书 编 委 会

主　编　张艳飞　李　航

副主编　公维炜　高云鹏

参　编　张　涛　陈　浩　谢利明　王海学　田　峰　王英军　卫志刚

　　　　　吕　磊　张雪超　原　帅　刘　孝　郑建军　云　峰　孙云飞

　　　　　史贤达　乔　欣　郭心爱　刘　俊　谭晓蒙　张志浩　田力男

　　　　　孔祥明　弓永强　闫侯霞　单利锋　王同乐　李培刚　胡美些

　　　　　路　焱

前　言

　　金属技术监督是火力发电厂技术监督工作的重要组成部分，监督设备主要包括锅炉、压力容器、高温高压管道、汽轮机和发电机等高风险和高危害性设备。金属技术监督是一个多学科、多专业的系统性复杂工程，涉及金属材料、材料成型、材料力学、检验检测、失效分析、热能动力等学科，并与锅炉、汽轮机、电气、热工、化学等专业监督相互交叉，涵盖监督设备生命周期的各个阶段，是保证火电机组安全、经济、稳定、环保运行的一项重要工作。

　　金属监督设备的可靠性直接影响机组运行的稳定性和经济性。据50年内发电机组非停事故原因的统计数据表明：电站锅炉事故率占机组事故率大于或等于60%，其中：焊接质量事故占锅炉事故率大于或等于40%，占机组事故率大于或等于24%；锅炉受热面爆漏事故占锅炉事故率大于或等于60%，占机组事故率大于或等于36%。其他金属部件损伤事故占机组事故率大于或等于10%。受监金属部件损伤破坏事故占机组事故率大于或等于70%。因此，切实有效地开展火力发电厂金属技术监督工作，对提高受监设备可靠性，减少机组非计划停运次数，提升机组运行安全性、稳定性和经济性具有积极意义。

　　近年来，风电、光伏（热）等新能源发电技术发展迅速。"十四五"期间，预计我国年均新增新能源装机容量将达到1亿kW的规模，国家能源局要求新能源至2030年占比达到30%，将导致火力发电占比以及有效利用小时数逐年下降。在新能源负荷消纳和电力市场改革、市场煤电供求关系变化、国家持续提高环保排放指标要求等新形势下，火力发电厂金属技术监督面临着前所未有的新问题：

　　（1）随着高参数、大容量的超（超）临界机组服役时间的累积，机组所采用的新型耐热钢高温性能数据积累不充分的问题日益暴露出来，对金属技术监督在选材、监督和检验等方面提出了更高的要求。

　　（2）由于新能源的不确定性和波动性，及抽水蓄能、水电、燃气发电等几种发电类型调峰手段的弊端，导致火电机组普遍参与调峰运行。调峰方式运行时，机组负荷快速频繁变化，加速了高温高负荷区域金属部件及厚壁金属部件的损伤和失效，对金属监督部件安全运行产生了深远的负面影响。

（3）机组深度调峰运行、灵活性改造运行、锅炉低氮燃烧运行、燃烧煤种长期偏离设计运行等因素加剧了锅炉和汽轮机的高温部件、复杂结构高应力部件及大尺寸厚壁部件的寿命损耗，要求金属监督采取更加精益化和全面的措施，及采用更加先进的检验检测技术开展工作，对管理工作和技术工作均提出了严格的要求。

（4）火电机组有效利用小时数逐年递减，发电厂经济效益日趋下降，火电机组检修周期延长，对金属监督设备长周期安全运行提出了更高的要求。

另外，近年来国内火力发电厂发生了多起因技术监督质量管理和检验检测不到位引发的恶性事件，造成了人身和财产的重大损失，影响恶劣。

新形势给金属技术监督工作带来了新的挑战，亟待进一步加强金属技术监督工作。为提升解决和应对上述问题的能力，总结火电金属技术监督工作成果，推动金属技术监督工作更加规范开展，提高金属技术监督专责和检测人员专业能力，提升设备安全运行水平，编写了《火力发电厂金属监督及典型案例分析》，为设计、制造、安装、运行、修理、改造等工程技术人员提供参考，为解决新形势下金属技术监督面临的难点问题和共性问题提供思路和方法。

本书共九章，在阐述火力发电厂金属技术监督工作内容、检验方法的基础上，以国内火力发电厂金属技术监督要点问题、难点问题以及共性问题为主线，对金属技术监督设备典型失效案例进行了深度剖析，内容丰富、翔实，具有较强的实践指导价值。

本书由内蒙古电力科学研究院自筹科技项目《基于因子关联技术的电站金属设备大数据分析和可靠性评价研究》（电科院〔125〕号文，项目编号：ZC-2018-05）资助。

本书编者一直从事生产工作，具有丰富的技术监督、检验检测及失效分析经验，但由于时间仓促，疏漏和不妥之处在所难免，恳请广大读者多提宝贵意见。

编者

2021 年 6 月

目 录

第一章　金属技术监督概述

金属技术监督是监督火力发电厂发电设备金属构件安全运行的技术和管理工作，是电力生产、建设中技术监督的重要组成部分。金属技术监督贯彻"安全第一、预防为主、综合治理"的方针，依据国家和行业的有关标准、规程，应用成熟可靠的非破坏检测技术和破坏性检测技术，对火力发电厂金属监督设备进行监测、检测及诊断、评估，并应用现代化信息技术进行数据管理，降低受监督设备运行的故障率，提高受监督设备运行的安全可靠性。

第一节　金属技术监督的目的、任务和范围

一、金属技术监督的目的

通过对受监部件的检验和诊断，及时了解并掌握设备金属部件的质量状况，防止机组设计、制造、安装中出现的与金属材料相关的问题，以及运行中材料老化、性能下降等引起的各类事故，从而减少机组非计划停运次数和时间，提高设备安全运行的可靠性，延长设备的使用寿命。

二、金属技术监督的任务

金属技术监督的任务主要包括以下内容：

（1）做好受监范围内各种金属部件在设计、制造、安装、运行、检修及机组更新改造中材料质量、焊接质量、部件质量的金属试验检测及监督工作。

（2）对受监金属部件的失效进行调查和原因分析，提出处理对策。

（3）按照相应的技术标准，采用无损检测技术对设备的缺陷及缺陷的发展进行检测和评判，提出相应的技术措施。

（4）按照相应的技术标准，检查和掌握受监部件服役过程中表面状态、几何尺寸的变化、金属组织老化、力学性能劣化等情况，并对材料的损伤状态作出评估，提出相应的技术措施。

（5）对重要的受监金属部件和超期服役机组进行寿命评估，对含超标缺陷的部件进行安全性评估，为机组的寿命管理和预知性检修提供技术依据。

（6）参与焊工培训考核。

（7）建立、健全金属技术监督档案，并进行电子文档管理。

三、金属技术监督的范围

金属技术监督的范围如下：

（1）工作温度高于或等于400℃的高温承压部件（含主蒸汽管道、再热蒸汽热段管道、过热器管、再热器管、集箱和三通），以及与管道、集箱相连的小管。

（2）工作温度高于或等于400℃的导汽管、连络管。

（3）工作压力高于或等于3.8MPa汽包和直流锅炉的汽水分离器、储水罐和压力容器。

（4）工作压力高于或等于5.9MPa的承压汽水管道和部件（含水冷壁管、蒸发段、省煤器管、集箱、减温水管道、疏水管道和主给水管道）。

（5）汽轮机大轴、叶轮、叶片、拉筋、轴瓦和发电机大轴、护环、风扇叶、滑环。

（6）工作温度高于或等于400℃的螺栓。

（7）工作温度高于或等于400℃的汽缸、汽室、主蒸汽门、调速汽门、喷嘴、隔板、隔板套和阀壳。

（8）300MW及以上机组带纵焊缝的再热蒸汽冷段管道。

（9）锅炉钢结构。

第二节　金属技术监督管理

金属技术监督是电力生产、建设过程中技术监督的重要组成部分，应对设备设计及选型、制造、安装、工程监理、调试、试运行、运行、检修、修理、改造、寿命评估、停用等各个环节进行全过程技术监督，并根据国家法律、法规及国家、行业、企业标准、规范、规程、制度等文件进行管理。同时，对于《特种设备目录》（质检总局2014年第114号，自2014年10月30日起施行）范围内的锅炉、压力容器、压力管道等特种设备，由于其对人身和财产安全有较大危险性，必须满足《中华人民共和国特种设备安全法》（中华人民共和国主席令第4号，自2014年1月1日起施行）、《特种设备安全监察条例》（中华人民共和国国务院令第549号，自2009年5月1日起施行）及相关特种设备法规、标准的要求。

各发电企业是技术监督工作的主体，是发电设备的直接管理者，也是技术监督工作的执行者，应根据相关标准文件制定相应的金属技术监督细则，以确保监督工作有序开展。各电力集团（公司）每年宜召开一次金属技术监督工作会，交流开展金属技术监督的经验，了解国内外关于火力发电厂金属监督的最新动态、最新技术，并总结经验，制定本企业金属监督的计划及规程的制定修订，宣贯有关金属监督的标准、规程等。各火力发电厂、电力建设公司、电力修造企业可不定期召开金属监督工作会，交流本企业金属技术监督的情况，并总结经验，宣贯有关金属监督的标准、规程等。

一、金属技术监督人员职责

发电企业和电力建设工程公司应成立以生产副厂长或总工程师为组长的金属技术监督网络，一般由厂级、部门级、班组级组成，并设置金属技术监督专责工程师，监督网成员应有金属监督的技术主管，金属检测、焊接、锅炉、汽轮机、电气专业技术人员和金属材料供应部门的主管人员。

金属技术监督专责工程师应为金属材料或焊接等相关专业并具备相应的金属监督管理经验的技术人员，具体负责本企业的金属技术监督工作，制定本企业金属技术监督工作计划，编写年度工作总结和有关专题报告，建立金属监督技术档案。金属技术监督人员职责见附录A。受监部件检验应出具检验报告，报告中应注明被检部件名称、材料牌号、部件服役条件、检验方法、项目、内容、日期、结果，以及需要说明的问题。报告由检验人员签字，并经相关人员审核批准。

二、金属材料管理

（1）受监范围的金属材料及其部件应按相应的国内外国家标准、行业标准（若无国内外国家标准或行业标准，可按企业标准）和订货技术条件对其质量进行检验。电站常用金属材料和重要部件国内外技术标准见附录B。

（2）材料的质量验收应遵照如下规定：

1）受监的金属材料应符合相关国家标准、行业标准（若无国内外国家标准或行业标准，可按企业标准）或订货技术条件；进口金属材料应符合合同规定的相关国家技术法规、标准。

2）受监的钢材、钢管、备品和配件应按质量证明书进行验收。质量证明书中一般应包括材料牌号、炉批号、化学成分、热加工工艺、力学性能及金相（标准或技术条件要求时）、无损检测、工艺性能试验结果等。数据不全的应进行补检，补检的方法、范围、数量应符合相关国家标准、行业标准或订货技术条件。

3）重要的金属部件，如汽包、汽水分离器、集箱、主蒸汽管道、再热热段管道、主给水管道、导汽管、汽轮机大轴、汽缸、叶轮、叶片、高温螺栓、发电机大轴、护环等，应有部件质量保证书，质量保证书中的技术指标应符合相关国家标准、行业标准或订货技术条件。

4）电厂设备更新改造及检修更换材料、备用金属材料的检验按照相关标准规定执行，锅炉部件金属材料的复检按照JB/T 3375《锅炉用材料入厂验收规则》、GB/T 16507《水管锅炉》、TSG 11《锅炉安全技术监察规程》及订货技术条件执行，压力容器用金属材料入厂复验按TSG 21《固定式压力容器安全技术监察规程》、NB/T 47008《承压设备用碳素钢和合金钢锻件》、NB/T 47010《承压设备用不锈钢和耐热钢锻件》、NB/T 47018《承压设备用焊接材料订货技术条件》、NB/T 47019《锅炉、热交换器用管订货技术条件》（所有部分）等执行。

5）受监金属材料的个别技术指标不满足相应标准的规定或对材料质量产生疑问时，应按相关标准抽样检验。

6）无论进行复型金相检验还是试样的金相组织检验，金相照片均应注明分辨率（标尺）。

（3）对进口钢材、钢管和备品、配件等，进口单位在索赔期内，按合同规定进行质量验收。除符合相关国家标准和合同规定的技术条件外，还应有报关单、商检合格证明书。

（4）凡是受监范围的合金钢材及部件，在制造、安装或检修中更换时，应验证其材料牌号，防止错用。安装前进行光谱检验，确认材料无误，方可使用。高合金材料宜采用直读光谱仪进行成分复验。

（5）电厂备用金属材料或金属部件不是由材料制造商直接提供时，供货单位应提供材料质量证明书原件或者材料质量证明书复印件，并加盖供货单位公章和经办人签章。

（6）电厂备用的锅炉合金钢管，按100%进行光谱、硬度检验，特别注意奥氏体耐热钢管的硬度检验。若发现硬度明显高或低，应检查金相组织是否正常，锅炉管和汽水管道材料的金相组织按GB/T 5310《高压锅炉用无缝钢管》。

（7）材料代用原则按下述条款执行：

1）选用代用材料时，选化学成分、设计性能和工艺性能相当或略优者，保证在使用条件下各项性能指标均不低于设计要求；若代用材料工艺性能不同于设计材料，应经工艺评定验证后方可使用。

2）制造、安装（含工厂化配管）中使用代用材料，应得到设计单位的同意；若涉及现场安装焊接，还需告知使用单位，并由设计单位出具代用通知单。使用单位应予以见证。代用通知单应包含下列内容：

a. 代用材料的化学成分、常温力学性能、高温力学性能、金相组织、抗腐蚀性能；

b. 代用材料的加工工艺、焊接工艺、热处理工艺；

c. 代用后的热力计算对比、强度校核对比。

3）机组检修中部件更换使用代用材料时，应征得金属技术监督专责工程师的同意，并经技术主管批准。

4）合金材料代用前和组装后，应对代用材料进行光谱复查，确认无误后，方可投入运行。

5）采用代用材料后，应做好材料代用的记录、归档工作，同时应修改相应图纸并在图纸上注明。

（8）受监范围内的钢材、钢管和备品、配件，无论是短期或长期存放，都应挂牌，标明材料牌号和规格，按材料牌号和规格分类存放。

（9）物资供应部门、各级仓库、车间和工地储存受监范围内的钢材、钢管、焊接材料和备品、配件等，应建立严格的质量验收和领用制度，严防错收错发。

（10）原材料的存放应根据存放地区的气候条件、周围环境和存放时间的长短，建立严格的保管制度，防止变形、腐蚀和损伤。

（11）奥氏体钢部件在运输、存放、保管、使用过程中应按下述条款执行：

1）奥氏体钢应单独存放，严禁与碳钢或其他合金钢混放接触。

2）奥氏体钢的运输及存放应避免材料受到盐、酸及其他化学物质的腐蚀，且避免雨淋。对于沿海及有此类介质环境的发电厂应特别注意。

3）奥氏体钢存放应避免接触地面，管子端部应有堵头。其防锈、防蚀应按 DL/T 855《电力基本建设火电设备维护保管规程》相关规定执行。

4）奥氏体钢材在吊运过程中不应直接接触钢丝绳，以防止其表面保护膜损坏。

5）奥氏体钢打磨时，宜采用专用打磨砂轮片。

6）应定期检查奥氏体钢备件的存放及表面质量状况。

（12）在火电机组设备招评标过程中，应对部件的选材，特别是超（超）临界机组高温部件的选材进行论证。火电机组设备的选材参照 DL/T 715《火力发电厂金属材料选用导则》。

三、焊接质量管理

（1）凡金属监督范围内的锅炉、汽轮机承压管道和部件的焊接，应由具有相应资质的焊工担任。对有特殊要求的部件焊接，焊工应做焊前模拟性练习，熟悉该部件材料的焊接特性。

（2）凡焊接受监范围内的各种管道和部件，焊接材料的选择、焊接工艺、焊接质量检验方法、范围和数量，以及质量验收标准，应按 DL/T 869《火力发电厂焊接技术规程》和相关技术协议的规定执行，焊后热处理按 DL/T 819《火力发电厂焊接热处理技术规程》执行。

（3）焊接材料使用单位应当建立焊接材料的存放、烘干、发放、回收和回用管理制度。

（4）锅炉产品焊接前，施焊单位应有按 NB/T 47014《承压设备焊接工艺评定》或 DL/T 868《焊接工艺评定规程》的规定进行的、涵盖所承接焊接工程的焊接工艺评定和报告。对不能涵盖的焊接工程，应按 NB/T 47014《承压设备焊接工艺评定》或 DL/T 868《焊接工艺评定规程》进行焊接工艺评定，并依据批准的焊接工艺评定报告，制定焊接作业指导书。

（5）焊接材料（焊条、焊丝、焊剂、钨棒、保护气体、乙炔等）的质量符合相应的国家标准或行业标准，焊接材料均应有制造厂的质量合格证。承压设备用焊接材料符合 NB/T 47018《承压设备用焊接材料订货技术条件》。采用进口材料、新材料焊接特种设备时，若与 TSG 11《锅炉安全技术规程》和 TSG 21《固定式压力容器安全技术监察规程》

要求不相符，应当将有关技术资料提交国家市场监督管理总局，并由国家市场监督管理总局委托特种设备安全与节能技术委员会进行技术评审，评审结果经国家市场监督管理总局批准后投入生产、使用。

（6）焊接材料应设专库储存，保证库房内湿度和温度符合要求，并按相关技术要求进行管理。

（7）外委工作中凡属受监范围内的部件和设备的焊接，应遵循如下原则：

1）对承包商施工资质、焊接质量保证体系、焊接技术人员、焊工、热处理工的资质及检验人员资质证书原件进行见证审核，并留复印件备查归档。

2）承担单位应有按照 NB/T 47014《承压设备焊接工艺评定》或 DL/T 868《焊接工艺评定规程》规定进行的焊接工艺评定，且评定项目能够覆盖承担的焊接工作范围。

3）承担单位应具有相应的检验试验能力，或委托有资质的检验单位承担其范围内的检验工作。

4）委托单位方应对焊接过程、焊接质量和检验报告进行监督检查。

5）工程竣工时，承担单位应向委托单位提供完整的技术报告。

（8）受监范围内部件焊缝外观质量检验不合格时，不允许进行其他项目的检验。不合格焊口的处理原则如下：

1）对于不合格焊缝应查明原因。对于重大的不合格项应进行原因分析，同时提出改进措施。返修后还应按原检验方法重新进行检验。需要补焊消除的缺陷应该按照补焊修复规定进行缺陷的消除，但同一位置上的挖补次数不应超过 3 次，耐热钢不应超过 2 次，返修的部位、次数、返修情况应当存入设备档案。

2）宜采用机械方法消除缺陷，并在补焊前进行无损检测，确认缺陷已彻底消除。补焊后，补焊区应当做外观和无损检测检查，必要时进行金相检验、硬度检验和残余应力测定。要求焊后热处理的元件，补焊后应当做焊后热处理。

3）因焊接热处理温度或热处理时间不够而导致硬度值超标的焊接接头，应重新进行热处理；因焊接热处理温度超标而导致焊接接头部位材料过热时，除非可以实施正火热处理工艺，应该割掉该焊接接头及过热区域的材料，重新焊接。

4）无损检测不合格的焊接接头，除对不合格的焊接接头返修外，在同一批焊接接头中应加倍抽查。若仍有不合格者，则该批焊接接头不合格，并在查明原因后返工。

5）焊接接头热处理后的硬度超过规定值时，应按班次加倍复查。当加倍复查仍有不合格时，应进行 100% 的复查，并在查明原因后对不合格焊接接头重新进行热处理。

6）合金钢焊缝光谱复查发现错用焊条、焊丝时，应对当班焊接的焊缝进行 100% 复查。错用焊条、焊丝的焊缝应全部返工。

（9）采用代用材料，除应符合本节二（7）外，还应做好抢修更换管排时材料变更后的用材及焊缝位置的变化记录。

（10）锅炉受压元件不得采用贴补的方法修理，锅炉受压元件因应力腐蚀、蠕变、疲劳而产生的局部损伤需要进行修理时，应当采用更换或者挖补的方法。

四、检验检测管理

（1）根据火电机组建设和运行等各阶段的需求，金属技术监督专责工程师应对设计单位，监造单位，安全性能检验单位，安装、改造和修理单位，定期检验机构，无损检测机构等单位和人员资质、检验检测工艺、试验室及检验检测设备进行监督检查。

（2）火电机组全生命周期内的检验检测工作一般包括特种设备监督检验、设备监造、安全性能检验，安装质量检验、特种设备定期检验、金属监督设备检验等。

1）特种设备监督检验。按照《特种设备安全监察条例》（中华人民共和国国务院令549号）要求，锅炉、压力容器、压力管道元件的制造和锅炉、压力容器的安装、改造、重大修理前，受检单位应当向监检机构申请监督检验。未经监督检验合格的产品不得出厂或者交付使用。监检机构应当严格按照国家市场监督管理总局核准的范围从事检验检测工作，检验检测人员应当取得相应项目的特种设备检验检测人员证书。

特种设备监督检验分为两大类，一是制造监督检验，二是安装（包含改造和重大修理）监督检验，是指对特种设备制造或安装（包含改造和重大修理）过程的各关键要素进行审查、见证和必要的抽检，具有监督性和验证性，属于强制性法定检验。

锅炉监督检验是在制造单位和安装、改造与重大修理等施工单位（以下统称为受检单位）的质量检验、检查与试验（以下简称自检）合格的基础上，对锅炉的制造、安装、改造和重大修理过程按照TSG 11《锅炉安全技术规程》进行的过程监督和满足基本安全要求的符合性验证活动。

压力容器监督检验是在压力容器制造、改造与重大修理过程中进行（安装不实施监督检验），在受检单位自检合格的基础上进行的过程监督和满足TSG 21《固定式压力容器安全技术监察规程》规定的基本安全要求的符合性验证活动。

锅炉和压力容器监督检验工作不能代替受检单位的自检。监督检验机构在监督检验工作结束后，应当根据监督检验情况，结合受检单位的整改情况及时出具相应的"特种设备监督检验证书"。

2）设备监造。设备监造是根据供货合同，以国家和行业相关法规、规章、标准为依据，按合同确定的设备质量见证项目，在制造过程中监督检查合同设备的生产制造工艺、流程、质量控制是否符合有关标准文件的要求。其目的是监理单位代表委托人（业主、总包方）见证合同产品与合同的符合性，协助和促进制造厂保证设备制造质量，严格把好质量关，努力消灭常见性、多发性、重复性质量问题，把产品缺陷消除在制造厂内，防止不合格品出厂。设备监造单位及其人员应按照《设备监理单位资格管理办法》《设备监理单位资格管理办法实施细则》、DL/T 586《电力设备监造技术导则》等要求取得相应的资质。

3）安全性能检验。安全性能检验是指由有资质的单位对锅炉、压力容器和汽水管道等产品的制造质量在安装前进行的检验，其与设备监造、特种设备监督检验、安装质量检验在范围、内容、目的方面均不相同，且不能相互替代。

根据《防止电力生产事故的二十五项重点要求》（国能安全〔2014〕161号）、DL 647《电站锅炉压力容器检验规程》、DL/T 438《火力发电厂金属技术监督规程》、DL 5190.2《电力建设施工技术规范　第2部分：锅炉机组》、DL 5190.3《电力建设施工技术规范　第3部分：汽轮发电机组》要求，锅炉、压力容器、承压汽水管道、汽轮机设备零部件和紧固螺栓安装前应由有资质的检测单位进行安全性能检验。安全性能检验是提高大型火力发电机组建设质量和保障锅炉压力容器长期安全稳定运行的有效措施。

4）安装质量检验。火电机组承压类特种设备应由具备相应资质的单位进行安装，并按规定在特种设备安全监察机构办理告知和安装监督检验手续。安装质量检验是指承压设备和金属监督设备在安装过程中，由安装承担单位对安装质量进行检验检测，或者安装单位委托第三方机构开展安装质量的检验检测。安装承担单位或第三方检验机构应具有相应的检验试验能力，并取得相应的机构检验资质。

安装金属材料、焊接、热处理质量应符合 DL/T 612《电力行业锅炉压力容器安全监督规程》、DL/T 438《火力发电厂金属技术监督规程》、DL/T 869《火力发电厂焊接技术规程》、DL 5190《电力建设施工技术规范》（所有部分）、DL/T 5210《电力建设施工质量验收及评价规程》（所有部分）、GB/T 16507《水管锅炉》等相关标准文件的要求。

5）特种设备定期检验。锅炉、压力容器和压力管道定期检验是针对在役特种设备按照规定的检验周期对设备安全、健康状况进行的检验、检测活动，属于强制性法定检验。检验检测机构应当严格按照国家市场监督管理总局核准的范围从事锅炉、压力容器、压力管道的检验检测工作，检验检测人员应当取得相应的特种设备检验检测人员证书。

锅炉定期检验是指根据 TSG 11《锅炉安全技术规程》的规定对在用锅炉的安全与节能状况所进行的符合性验证活动，包括在运行状态下进行的外部检验、停炉状态下进行的内部检验和水（耐）压试验。锅炉外部检验是指在锅炉运行状态下，对锅炉使用管理状况进行的检验，其检验的重点是使用单位在锅炉使用管理过程中对于安全技术规范落实情况的检验。锅炉内部检验是指锅炉在停炉状态下，对锅炉设备安全状况进行的检验，锅炉内部检验的重点是锅炉设备本身的安全状况和性能。锅炉水（耐）压试验是指按照规定的压力、规定的保持时间，对锅炉的受压元件进行的一种压力试验，检查受压元件有无泄漏、变形等问题，以验证锅炉受压元件的强度、刚度和严密性。锅炉内部检验周期按照以下要求确定：ⓐ一般每2年进行1次；ⓑ成套装置中的锅炉结合成套装置的大修周期进行；ⓒA级高压以上电站锅炉结合锅炉检修同期进行，一般每3～6年进行1次；ⓓ首次内部检验在锅炉投入运行后 1 年进行，成套装置中的锅炉和 A 级高压以上电站锅炉可以结合第 1 次检修进行。

压力容器定期检验是指特种设备检验机构按照一定的时间周期，在压力容器停机时，根据 TSG 21《固定式压力容器安全技术监察规程》的规定对在用压力容器的安全状况所进行的符合性验证活动。压力容器的安全状况分为 1~5 级。对在用压力容器，应当根据检验情况，按照 TSG 21《固定式压力容器安全技术监察规程》的有关规定进行评级。金属压力容器一般于投用后 3 年内进行首次定期检验。以后的检验周期由检验机构根据压力容器的安全状况等级，按照以下要求确定：ⓐ安全状况等级为 1、2 级的，一般每 6 年检验 1 次；ⓑ安全状况等级为 3 级的，一般每 3~6 年检验 1 次；ⓒ安全状况等级为 4 级的，监控使用，其检验周期由检验机构确定，累积监控使用时间不得超过 3 年，在监控使用期间，使用单位应当采取有效的监控措施；ⓓ安全状况等级为 5 级的，应当对缺陷进行处理，否则不得继续使用；ⓔ对于已经达到设计使用年限的压力容器，或者未规定设计使用年限，但是使用超过 20 年的压力容器，如果要继续使用，使用单位应当委托有资质的特种设备检验机构参照定期检验的有关规定对其进行检验、评价，经过使用单位主要负责人批准后，方可继续使用。

压力管道的定期检验是指特种设备检验机构按照一定的时间周期，根据 TSG D7005《压力管道定期检验规则—工业管道》以及有关安全技术规范及相应标准的规定，对压力管道安全状况所进行的符合性验证活动。TSG 11《锅炉安全技术规程》中的锅炉范围内管道除外。压力管道定期检验的安全状况分为 1 级、2 级、3 级、4 级，共 4 个级别。检验机构应当根据定期检验情况评定管道安全状况等级。管道一般在投入使用后 3 年内进行首次定期检验。以后的检验周期由检验机构根据管道安全状况等级，按照以下要求确定：ⓐ安全状况等级为 1 级、2 级的，GC1、GC2 级管道一般不超过 6 年检验 1 次，GC3 级管道不超过 9 年检验 1 次；ⓑ安全状况等级为 3 级的，一般不超过 3 年检验一次，在使用期间内，使用单位应当对管道采取有效的监控措施；ⓒ安全状况等级为 4 级的，使用单位应当对管道缺陷进行处理，否则不得继续使用。

6）金属监督设备检验。金属监督设备检验是指按照 DL/T 438《火力发电厂金属技术监督规程》的要求，对本章第一节三的内容所述的金属监督范围内设备进行检验检测。

DL/T 438《火力发电厂金属技术监督规程》对金属监督设备在制造、安装和在役等各阶段应进行的检验项目、检验比例及合格要求进行了明确和详细的规定。

五、四大管道的质量管理

四大管道（主给水管道、主蒸汽及高压旁路管道、再热蒸汽热段及低压旁路管道和再热蒸汽冷段管道）是火力发电机组的重要汽水输送管道，在高温、高压工况下服役，其管材质量、焊接质量与管道的安全运行密切相关，国内曾出现过几例重大的主蒸汽管道爆裂事故，分析表明，主要是由于管材质量、焊缝裂纹引起的早期失效。因此，加强四大管道的质量管理具有重要的意义。

（一）管道的相关概念

压力管道按期用途划分为长输管道、公用管道、工业管道和动力管道。

1. 动力管道

动力管道是指火力发电厂用于输送蒸汽、汽水两相介质的管道。相关技术要求见 GB/T 32270《压力管道规范—动力管道》。

2. 压力管道——工业管道

TSG D0001—2009《压力管道安全技术监察规程 - 工业管道》定义，压力管道（工业管道）是指同时具备下列条件的工艺装置、辅助装置以及界区内公用工程所属的工业管道：最高工作压力大于或者等于 0.1MPa（表压）的；公称直径大于 25mm 的；输送介质为气体、蒸汽、液化气体、最高工作温度高于或者等于其标准沸点的液体或者可燃、易爆、有毒、有腐蚀性的液体的。TSG D0001 不适用于动力管道。

TSG D7005《压力管道定期检验规则—工业管道》：本规则适用于在用工业管道的定期检验。动力管道（TSG 11《锅炉安全技术规程》中锅炉范围内管道除外）按照工业管道分级条件进行划分，其定期检验参照 TSG D7005《压力管道定期检验规则—工业管道》及其建造所依据的标准执行，也可参照 TSG 11《锅炉安全技术规程》的锅炉主要连接管道的有关检验项目及相关技术标准执行。

3. 电站锅炉范围内管道

电站锅炉范围内管道包括四大管道。电站锅炉范围内管道（四大管道）检验范围见附录 C。

4. 电站锅炉主要连接管道

电站锅炉主要连接管道包括锅炉各段受热面集箱、锅筒、汽水（启动）分离器、汽—汽热交换器之间的连接管道；汽水（启动）分离器与分离器储水箱之间的连接管道；分离器储水箱与锅炉蒸发受热面进口之间的循环管道；喷水减温器喷水调节阀（不含）与减温器筒体之间的连接管道等。

（二）四大管道的检验要求

1. 制造质量检验

附录 C 的管道应按照 TSG 11《锅炉安全技术规程》要求进行监督检验，安全技术规范规定需进行压力管道元件制造监督检验的还应当满足相应要求。

四大管道中使用的减温减压装置、流量计（壳体）、工厂化预制管段等元件组合装置以及管件（含弯头、三通、异径接头等），由压力管道元件制造单位制造或者由相应级别的锅炉（与管道连接）制造单位制造；四大管道中使用的钢管、阀门、补偿器等压力管道元件，由压力管道元件制造单位制造。

四大管道中使用的减温减压装置、流量计（壳体）、工厂化预制管段等元件组合装置，按照 TSG 11《锅炉安全技术规程》进行制造监督检验，不需要进行型式试验；四大管道中使用的钢管、阀门、补偿器等压力管道元件，按照压力管道元件相关要求进行型式试验，不需要按照锅炉部件进行制造监督检验；四大管道中使用的管件，按锅炉部件进行制造监督检验或者按压力管道元件进行型式试验。四大管道中使用的进口压力管道元件参照上述要求执行，进行制造监督检验或者进行型式试验。

四点管道制造完成后，在安装前应按照 DL/T 438《火力发电厂金属技术监督规程》的要求，对四大管道的制造质量进行安全性能检验。

2. 安装检验

附录 C 的管道除应满足 TSG 11《锅炉安全技术规程》的要求外，还需要符合 DL 5190.5《电力建设施工技术规范 第 5 部分：管道及系统》和 DL/T 869《火力发电厂焊接技术规程》、DL/T 819《火力发电厂焊接热处理技术规程》的有关技术规定。四大管道一般应由相应锅炉级别的锅炉安装单位安装，也可以由相应管道级别的压力管道安装单位安装。

四大管道安装过程中，应按照特种设备相关要求和 DL/T 438《火力发电厂金属技术监督规程》的相关要求开展安装监督检验和安装质量检验。

3. 定期检验

附录 C 的管道应当按照 TSG 11《锅炉安全技术规程》规定的周期、检验项目和检验比例进行定期检验。母管制运行的锅炉，主蒸汽母管的检验周期不得超过锅炉的定期检验周期，一般应当随锅炉进行内部检验。

4. 其他要求

四大管道在锅炉调试、运行过程中一旦发生泄漏、爆破等情况，应当立即停炉，不允许进行带压堵漏或采取其他临时措施。

六、技术监督档案管理

金属技术监督档案是金属技术监督管理的重要组成部分，它详细地记录了受监督设备的设计、制造、安装、运行等有关资料和检测数据，为预防事故、分析设备安全状况、指导设备修理和制定检验计划，以及进行寿命管理提供了必要的依据。金属技术监督档案应具备完整性、系统性和实用性。

（1）建立健全金属技术监督数据库，实行定期报表制度，使金属技术监督规范化、科学化、数字化、信息化。

（2）修造企业制作的产品，其技术档案包括产品的设计、制造、改型和产品质量证明书和质量检验报告等技术资料，应建立档案。

（3）电力建设安装单位应按部件根据 DL/T 438《火力发电厂金属技术监督规程》规

定的检验内容，建立健全金属技术监督档案。

（4）火力发电厂应建立健全机组金属监督的原始资料、运行和检修检验、技术管理三种类型的金属技术监督档案。

1）原始资料档案。

a. 受监金属部件的制造资料包括部件的质量保证书或产品质保书，通常应包括部件材料牌号、化学成分、热加工工艺、力学性能、结构几何尺寸、强度计算书等。

b. 受监金属部件监造、安装前检验技术报告和资料。

c. 四大管道设计图、安装技术资料等。

d. 安装、监理单位移交的有关技术报告和资料。

2）运行和检修检验技术档案。

a. 机组投运时间，累积运行小时数。

b. 机组或部件的设计、实际运行参数。

c. 受监部件是否有过长时间偏离设计参数（温度、压力等）运行。

d. 检修检验技术档案应按机组号、部件类别建立档案。应包括部件的运行参数（压力、温度、转速等）、累积运行小时数、修理与更换记录、事故记录和事故分析报告、历次检修的检验记录或报告等。主要部件的档案有四大管道检验监督档案；受热面管子检验监督档案；汽包、汽水分离器检验监督档案；各类集箱的检验监督档案；汽轮机部件检验监督档案；发电机部件检验监督档案；高温紧固件检验监督档案；大型铸件检验监督档案；各类压力容器检验监督档案；锅炉钢结构检验监督档案。

3）技术管理档案。

a. 不同类别的金属技术监督规程、导则。

b. 金属技术监督网的组织机构和职责条例。

c. 金属技术监督工作计划、总结等档案。

d. 焊工技术管理档案。

e. 专项检验试验报告。

f. 仪器设备档案。

七、监督设备寿命管理

（一）寿命管理

寿命管理是以机组经济地实现其服役全寿命为目标，在对设备状态进行全寿命周期监测和评估的基础上，优化设备运行与维修管理的技术。通过对设备使用状态、老化状态和寿命的连续监测，及时正确地将状态和寿命评估的信息反馈给管理层，使之应用于设备管理的决策中，可提高设备运行的安全性、可靠性，降低维修成本，实现设备的全寿命过程优化管理，进一步改进维修决策与管理的科学性。

近年随着火电机组运行和新能源发电的环境因素变化，火电机组运行和服役环境更加恶劣，煤炭价格上涨、低氮燃烧改造、深度调峰运行、超超临界机组新材料使用等使得受监督设备早期失效发生率升高，突显了对重要和关键部件进行寿命管理的重要性。

由于恶劣的运行条件，锅炉高温关键部件往往达不到设计寿命而发生提前爆管泄漏问题，从而引起非计划停机，这种事故往往发生频率高并带来较为严重的经济损失。因此，锅炉高温关键部件一直是火力发电厂关注的焦点。特别是随着超临界、超超临界机组的投产运行，影响锅炉高温关键部件寿命的蠕变、疲劳、氧化、异种钢接头等因素更加突出和复杂，针对锅炉高温关键部件的寿命管理技术应运而生，它是以机组经济地实现其服役全寿命为目标，以设备状态监测与评估为基础的设备运行与维修优化管理技术。

传统的寿命管理技术是以基于不同理论方法的寿命评估为基础的离线试验评估技术。近年来，随着信息化步伐的加速，国内出现了一种以锅炉高温关键部件状态参数在线监测为基础，通过寿命评估模型来预测残余寿命的在线寿命管理技术。在成熟的离线寿命评估技术的基础上，针对火力发电厂锅炉高温关键部件的在线寿命管理系统及相关技术已有十多年的发展历程，其研究最早源于国家电力公司的重点科技研究项目，之后在业内掀起了一股发展热潮。

目前国内已有一些发电集团、发电厂和研究院所结合自身专业背景和优势开展了相关技术的研究，并开发出了相关的产品和系统。例如，锅炉受热面等高温部件的实时状态监测、预警以及在线寿命评估和寿命预测系统等。寿命预测是采用科学方法预测部件寿命的技术。主要依据部件的设计、制造、服役条件，以及运行历程、维修更换等资料；部件服役前和目前的材料的各项力学性能、微观组织老化程度，以及几何尺寸和缺陷状况；部件服役环境和危险部位的受力情况等采用合理的判据来预测部件寿命。

在完善金属技术监督档案和设备信息的基础上，充分利用计算机技术、人工智能技术、大数据挖掘和分析技术、可视化技术等先进技术提高设备信息管理效率和数据利用价值，将寿命预测和管理融入金属技术监督过程中。寿命管理利用寿命预测手段，将发电厂的定期检验、修理和更换等确定工作统一到一个计划表中，从而使金属监督工作融入整个发电厂运行计划管理过程中，使金属技术监督工作更为主动，并成为发电厂寿命管理体系重要的工作内容。

（二）金属监督设备大数据分析系统

金属技术监督涵盖火电机组设计、制造、安装、运行、检修等全寿命周期的各个阶段。金属监督设备在寿命周期内的各阶段产生的数据，如火电机组的金属监督检验数据、失效分析数据及运行数据等随着时间推移呈几何级数增加，数据量庞大且繁杂。这些数据内隐含了设备自身结构特点、运行工况、检验修理、失效分析、性能老化等信息，具有容量大、种类多、噪声大、价值密度低等特点。受火电机组类型、布置方式、燃烧方式及煤种、运行工况等因素的影响，金属监督设备数据的动态性和耦合性特点更加突出，凭借人工力量难于挖掘和提取数据隐含的设备自身信息及不同机组同类型设备之间的内在关联信息。

编者基于大数据分析技术，开发了"金属监督设备大数据分析"系统，利用人工智能技术挖掘设备数据隐含信息，提取同类型设备之间的内在关联信息，获取设备隐含知识，实现了设备性能老化趋势预测、故障预警、设备评估寿命修正等功能。系统主要功能如下：

（1）金属监督设备信息管理。包括锅炉、汽轮机、发电机以及金属监督设备信息。设备信息包括制造商、型号、规格、材质、压力、温度、投产日期、累积运行时间、锅炉燃烧方式、设计煤种、燃烧煤种、与设备关联的检验失效报告等。以发电集团公司为组别，以发电厂为单位，进行机组和设备信息管理。监督设备主要分为受热面、高温管道、紧固件、集箱、汽包或汽水分离器、大型铸件、锅炉钢结构、汽轮机部件、发电机部件九类。

（2）全文检索和高级检索功能。

1）全文检索：实现关键字的文件名、全文任意关键词检索。按照关键词对结构化数据进行全文检索，对非结构化数据的文件名、主题词等进行检索。

2）高级检索：实现设备信息数据库和关联数据库的检索，可按照日期、文件名、文件类型、设备品牌、机组类型、失效模式、材料性能、缺陷类型等进行多维度检索。

（3）剩余寿命评估。根据不同受监督设备的损伤和失效模式，采取蠕变损伤寿命评估（等温线外推法、$L—M$ 参数法、θ 法）、高 / 低周疲劳损伤寿命评估（设计疲劳曲线法、线性累积疲劳损伤法）、疲劳—蠕变交互作用下的寿命评估（线性损伤累积法）、磨损损伤寿命评估（壁厚估算法、壁厚实测法）、烟气侧腐蚀损伤寿命评估等方法进行寿命预测或者剩余寿命评估。针对某发电厂汽轮机中压调速汽阀法兰连接螺栓，采取疲劳—蠕变交互作用法进行剩余寿命评估。汽轮机螺栓寿命评估界面如图 1-1 所示。

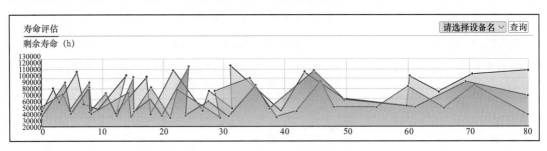

图 1-1　汽轮机螺栓寿命评估界面

（4）锅炉受热面管剩余寿命在线监测系统。通过实时获取受热面管的壁温测点数据，结合管子的外径、壁厚和材质等参数，在离线检测的基础上综合在线监测信息自动进行实时评估，系统地对高温受热面进行以寿命评估和预测为目标的管理。将反映设备状态信息的数据（当量金属壁温、应力、残余寿命等）以列表和曲线等形式显示，以多级报警的形式告知相关人员，并提供相应的运行、修理及更换建议。受热面剩余寿命在线监测系统界面如图 1-2 所示。

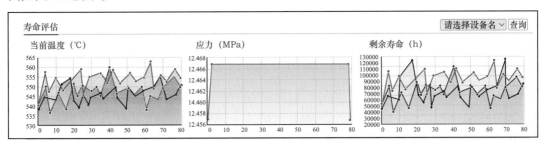

图 1-2　受热面剩余寿命在线监测系统界面

第三节　金属技术监督面临的新问题

通过提高火电机组蒸汽参数，增加再热系统及再热次数等方式可以提高机组效率，其中提高蒸汽参数是火电机组发电效率提升的主要方式之一，即提高蒸汽的压力和温度。主蒸汽温度每提高 1℃，热效率值可提高约 0.029%；再热蒸汽温度每提高 1℃，热效率值可提高约 0.021%。对于超（超）临界一次中间再热机组，主蒸汽压力每提高 1MPa，热效率值大约可提高 0.2%。我国火电机组经历了 20 年的国产化过程，已经成功地生产出多台套的 600℃/620℃等级超（超）临界机组并投入商业运行，目前已经成为世界上拥有超（超）临界发电机组最多的国家。

新能源负荷消纳和电力市场改革、市场煤电供求关系变化、国家对环保领域持续加强管理等新形势下，国内火力发电机组生产运行中面临着多种问题和困难，如机组调峰运行常态化、低氮燃烧运行、燃烧煤种长期偏离设计运行等，导致金属受监部件承受交变应力发生疲劳失效，负荷快速升降导致高温受热面管蒸汽侧氧化皮加速剥落，锅炉大壁厚集箱三通对接接头开裂，受热面钢管超温及高温腐蚀、低温腐蚀，P91/P92 焊接接头早期失效，铁素体与奥氏体异种钢焊接接头早期失效，汽轮机高温紧固螺栓断裂等问题频繁发生，给金属技术监督带来了新的挑战，亟待加强金属技术监督工作。

一、超（超）临界机组金属监督面临的问题

目前国内新建的超（超）临界机组，无论是一次再热还是二次再热，其主要参数为 31MPa/600℃/620℃/620℃，并且大量使用 T91/P91、T92/P92、E911、T23、T24 等铁素体耐热钢及 TP347HFG、Super304H、HR3C 等奥氏体耐热钢。这些新型材料在我国火力发电机组中应用时间较短，机组运行经验积累不够丰富，对其抗高温腐蚀、抗高温蒸汽氧化性能、焊接修复性能等尚未完全掌握。同时，这些新材料在机组安装过程中，对其焊接性能和工艺要求的掌握以及质量把关不到位而在投产后产生问题，如近年来 P92 管道对接接头运行检修中发现了大量在安装焊接过程中形成的超标缺陷。另外，P92 等新型耐热钢

焊接接头、异种钢焊接接头对无损检测技术和工艺提出了更高的要求。

（一）超（超）临界机组耐热钢使用现状

（1）汽轮机高温部件转子采用 9% ~ 12%Cr 耐热钢锻钢，该类钢是在 Cr-Mo-V-Nb-N 钢的基础上对微量元素进行了优化和改良，提高合金的耐蚀性、抗蒸汽氧化性能和高温强度，有 1Cr10Mo1NiWVNbN、14Cr10.5Mo1W1NiVNbN、X12CrMoWVNbN10-1-1、13Cr9Mo2Co1NiVNbNB（FB2）、1Cr10Mo1VN-bN、TOS110、TOS107 等。高温内缸、阀壳采用 9% ~ 12%Cr 耐热钢铸件，其中主要用于制造高温内缸和阀壳的材料有 ZG12Cr9Mo1Co1NiVNbNB（CB2）、ZG1Cr10MoWVNbN、ZG1Cr10Mo1NiWVNbN、G12Cr10W1Mo1MnNiVNbN、GX12CrMoWVNbN 等。这类钢往往在锻件的基础上提高合金的 Si、Mn 含量，以提高合金的冲击韧性、焊接性能及铸造性能。

（2）锅炉高温集箱、高温管道采用铁素体耐热钢 P91 和 P92，其具有良好的抗高温持久性能、较低的热膨胀系数和高的热导率及良好的工艺性能。水冷壁采用低合金钢，如 15CrMoG、12Cr1MoVG 等，高温过热器与再热器采用 T91、T92、TP347H、TP347HFG、Super304H、HR3C 等，以满足受热面对材料强度、抗氧化性能、工艺性能等多方面的要求。在 620℃等级机组中，高温部件用材基本都达到了其使用极限，是否能够保证机组长期稳定地运行对这些材料都提出很大的挑战。

（二）超（超）临界机组耐热钢使用中存在的问题

（1）P91/P92 材料问题。P91/P92 属于马氏体耐热钢，具有良好的高温持久性能，因此被广泛应用于超（超）临界机组集箱和管道中。部分国外进口的 P91/P92 中存在着一定量的高温铁素体，过量的高温铁素体的出现势必会影响其持久性能。DL/T 438《火力发电厂金属技术监督规程》对 P91/P92 中铁素体含量范围作出了明确的规定。P91/P92 国产化进程初期，钢厂对其生产工艺研究及认识不足，引进消化吸收不良，导致在制造或安装检验时，部分 P91/P92 集箱或管件母材整体或局部硬度偏低。特别是管件尤为明显，管件的制造厂对其热处理认识不到位，导致局部或整体硬度偏低。而对于集箱产品，现场安装过程中，需要现场热处理，热处理条件有限，工艺执行不到位，容易造成焊接接头及局部母材硬度不满足要求。随着国内对 P91/P92 材料性能认识的深入，DL/T 438《火力发电厂金属技术监督规程》对 P91/P92 硬度值增加了上限和下限的规定。在锅炉制造、安装及运行过程中，P91/P92 的焊缝质量也是人们关注的焦点，弧坑裂纹、冷裂纹、Ⅳ型裂纹等焊接缺陷常见报道，焊缝质量好坏直接威胁着机组的安全运行。

2019 年，ASME 下调了 Gr.91 材料的许用应力。材料许用应力的下调对锅炉设计、制造、使用造成了较大影响，主要表现两个方面：

1）新建锅炉技术难度加大，建造成本明显上升。锅炉设计、制造是一个系统工程，下调材料的许用应力将要求加大锅炉部件设计壁厚，不仅会增加材料使用量，提高制造成本，而且会带来其他影响，例如，材料成型、焊接等工艺技术难度增加，锅炉的传热效率、交变应力、承重载荷等发生变化，需要对成熟设计进行优化改进，增加了金属监督管理难度和部件损伤后焊接修复、检验检测难度。

2）在役机组预期寿命减少，潜在安全风险增加。对于已经投运的火电机组，下调材料许用应力将减少部分高温部件的预期寿命。因此，需要使用单位根据机组的实际状况开展风险分析，重新评估机组使用寿命，不满足安全要求的机组部件需要进行更换。金属监督工作需要对现有支吊架系统的匹配、后期传热和燃烧调整等进行管理。

（2）异种钢焊接问题。考虑锅炉的经济性，超（超）临界机组大量采用以 12Cr1MoVG、T91/T92、TP347H、S30432、HR3C 为代表的铁素体和奥氏体耐热钢作为过热器、再热器受热面的主要管材，不同种类新型耐热钢钢管的异种钢焊接不可避免，这样就产生了低合金钢或 T91/T92 马氏体钢与奥氏体钢之间的异种钢焊接接头。异种钢接头的出现增加了无损检测的难度：常规的超声波检测及射线检测对异种钢接头微裂纹、层间未熔合等内部埋藏缺陷检验效果及检出率有限，同时接头的质量控制也存在潜在的风险。由于异种钢焊接接头结构复杂，马氏体/奥氏体耐热钢间成分、组织、物理及力学性能差异较大，在焊接热循环的特殊作用下及在机组的运行过程中接头易发生劣化。

特别是在异种钢焊接接头的熔合区部位，容易发生异种钢焊接接头早期失效，即运行 3 万 h 左右就出现开裂，甚至时间更短，严重影响机组的安全运行。目前异种钢接头早期失效问题已经引起了行业重视，但缺乏对其失效机理的系统深入分析。一般认为，在奥氏体不锈钢与铁素体钢的异种钢接头失效是由蠕变损伤引起，它与接头中两种蠕变强度不同材料在其界面上形成的特殊冶金学和力学条件有关。Super304H 和 HR3C 作为受热面高温段的主要管材，具有很高的蠕变断裂强度，它们与铁素体钢的焊接接头在运行中的蠕变失效机理研究，应及早引起足够的重视。

（3）高温受热面温度偏高问题。目前，620℃超超临界机组高温受热面大量使用成熟的奥氏体耐热钢，如 Super304H 和 HR3C，管接头普遍采用的是 T92 铁素体耐热钢。从目前已投产的 620℃超超临界机组运行状况来看，高温受热面属于运行工作最恶劣、蒸汽温度最高的部件。因高温受热面直接吸收烟气热量，各屏各部位受热不均匀，引起吸热不均，从而造成受热面存在热偏差。其次各级受热面的吸热比例不同及机组运行状况等多方面原因，致使高温受热面耐热钢普遍存在超温的问题。受热面超温必然导致出口蒸汽温度增高，高温再热器温度最高，导致管接头温度超出 620℃，个别位置可达到 640℃甚至 650℃。管接头材质为 T92，因管接头不直接接触烟气，主要靠内部蒸汽传热，所以应按照 P92 的标准规定执行。按照 TSG 11《锅炉安全技术规程》：10Cr9MoW2VNbBN 与 P92 类似，用于集箱、管道时的壁温控制在 630℃及以下，管接头温度已远远超出材料的使用上限。高温受热面管材长期超出设计温度运行，微观结构发生变化，势必带来材料性能下降，影响材料的使用寿命，特别是在启停机或变负荷运行过程中，在内部蒸汽压力及外部附加应力综合作用下容易发生超温爆管；高温再热器出口集箱管接头超温运行，T92 性能下降，而管接头角焊缝容易引起应力集中，又属于薄弱环节，易造成管接头开裂泄漏，引发安全事故。

（4）奥氏体耐热钢显微组织及性能变化问题。HR3C 在长期运行后，由于形成析出相的影响，会出现时效脆化倾向，多篇文献报道高温状态时效及服役几万小时后 HR3C 钢出现脆化现象，并对脆化机理进行了分析。文献分析，HR3C 钢在 650℃时效过程中，时效 500h 后其冲击韧度由时效前的 351.7J/cm^2 降低到 40J/cm^2，而后随着时效时间延长至 6000h，冲击韧度降至 20~25J/cm^2。奥氏体耐热钢长期运行后脆化，降低材料的塑性，减弱应对复杂运行工况的能力，也为机组安全运行带来了风险。

（5）材料抗高温腐蚀和抗高温蒸汽氧化性能问题。

1）T92/P92、T122/P122 钢抗高温腐蚀和抗高温蒸汽氧化性能。一般来说，高温材料依靠一种或多种合金成分的选择性氧化来形成保护性氧化皮，这就必须满足两个条件：一是基体中的选择性氧化元素必须有足够高的浓度；二是这些元素必须有足够高的扩散速率，以保证它们能对正在生长的氧化皮下的基体进行补充，从而保证长期的保护功能。Cr 是提高抗氧化性的重要元素，T122/P122 钢管因其高的 Cr 含量，它的抗高温烟气腐蚀和抗高温蒸汽氧化性均比 T92/P92 钢好。在 USC 机组中，由于蒸汽温度高，蒸汽侧氧化和氧化层的剥落问题，比亚临界机组更为严重。

2）TP347H、TP347HFG、Super304H 及 HR3C 钢抗高温腐蚀和抗高温蒸汽氧化性能。这些材料被广泛用于锅炉高温受热面，其氧化皮生成与脱落问题也是影响机组安全运行的重点问题，机组历次大小修期间，对高温受热面的氧化皮厚度的测量及弯头部位氧化皮堆积量检查都是监督的重点项目。

制造单位因考虑锅炉经济性、受热面换热面积及管内介质流速等问题，需要使用厚壁钢管达到满足强度要求的目的，但直接导致钢管内径越来越小。如 620℃机组的锅炉高温过热器管屏规格为 $\Phi 50.8 \times 11.6mm$ 的 HR3C，计算校核数据显示，工质温度为 590℃，在运行过程中，厚壁钢管传热效果差，在高温烟气作用下，内外壁温差能够达到 130℃。随着介质温度的增加，材料的氧化腐蚀特别是汽侧的高温蒸汽氧化加速，氧化皮生成速率增加，随着机组启停机或灵活调峰，特别是深度调峰等多方面运行的影响，氧化皮剥落的概率也增大，再加上受热面管径内径变小，通流面积减少，少量的氧化皮堆积就会影响介质的流量，导致管壁超温或氧化皮堵管引发爆管的风险增加。

（6）焊接修复问题。T92/P92 和 T122/P122 为新型铁素体耐热钢，其焊接性问题有焊缝韧性低、冷裂纹倾向、Ⅳ型裂纹及焊缝的失效倾向。Super304H 和 HR3C 为新型奥氏体耐热钢，其焊接性问题有焊接高温裂纹（结晶裂纹、高温液化裂纹和高温脆化裂纹）、焊接接头腐蚀和焊缝金属失效脆化倾向。机组经过长期高温高压运行发生损伤后，由于焊接环境差，厚壁部件结构和应力状态复杂，相比较于制造和安装阶段，焊接修复难度大，应加强焊接修复技术的研究，不断优化修复工艺，提高修复可靠性。

二、调峰运行机组金属监督面临的问题

近年来，光伏、风电新能源发展迅猛，国家能源局要求新能源至 2020 年占比达到 15%，至 2030 年占比达到 30%，"十四五"期间，随着风电和光伏发电技术的不断进步，资源丰富地区的风电、光伏发电将逐步全面实现平价上网，成本优势以及碳中和目标的要求，推动新能源发展速度进一步加快。"十四五"期间，预计我国年均新增新能源装机将远超过 6000 万 kW，达到 1 亿 kW 的规模，这将导致火力发电占比以及有效利用小时数逐年下降。由于新能源的不确定性和波动性，及抽水蓄能、水电、核电、燃气轮机 - 蒸汽联合循环、燃气轮机等几种类型调峰手段的弊端，需要火电机组参与调峰以促进新能源的消纳。为保证金属受监部件安全，金属监督工作应多关注深度调峰、灵活性改造后机组运行新特点，新的失效形式，防止造成重大金属设备失效事件。

（一）燃煤机组调峰运行方式

燃煤机组调峰运行方式主要有：

（1）低负荷运行方式。

（2）两班制启停运行方式。

（3）少汽无功调峰运行方式。

（4）低速旋转热备用调峰运行方式。

在调峰运行方式下，大型机组频繁启停、长期低负荷工作、快速升降负荷，对金属受监部件寿命影响较大，调峰运行对大型火电机组金属部件的监督提出了更高的要求。

随着调峰需求的加大，一些只带基本负荷的高参数高容量的机组也需要承担深度调峰的任务。这对机组的安全稳定运行带来了不利影响，例如，锅炉低负荷燃烧不稳定、水循环停滞或倒流、汽轮机末级叶片水冲击、锅炉承压部件的低周疲劳损伤等。在电厂实际调峰运行过程中，需要不断地调整机组的各项参数。参数的变化和调整会使锅炉及汽轮机的部件出现温度和压力的波动与变化，进而产生应力，在某些区域由于结构不连续导致局部应力集中，这对机组的安全运行是十分不利的。为了响应电网快速变负荷要求，电厂在运行过程中，需要快速启停、调整负荷，这将直接导致金属材料的应力和应力波动频率的提高。而应力的变化，又直接影响到金属部件的寿命损耗和安全性。

（二）调峰运行对金属监督设备的影响

调峰运行使得机组经常承受温度变化而引起的交变热应力（蠕变和疲劳），加速了部件寿命损耗，促进了原有缺陷的扩展。调峰运行对受监设备的影响主要有：

（1）汽包。汽包是自然循环锅炉中的主要承压部件之一，是锅炉汽水系统的枢纽，如

果汽包在运行过程中发生损伤，修复极其困难。汽包是圆筒形状的厚壁金属部件，研究表明，汽包在频繁变负荷过程中承受的载荷有以下几种：

1）内部压强使汽包壳体产生拉应力，即工作应力。

2）汽包壁温变化引起的热应力。汽包承受的热应力包括正常运行状态下内外壁温差引起的热应力和升降负荷过程中产生的周期性变化的热应力，及汽包结构不连续部位温度变动引起的热应力。

3）附加应力。由于汽包形状变化、壁厚改变、结构不连续等因素引起的局部附加拉应力、压应力和弯曲应力。

4）附加载荷。汽包自重、汽包中的工质重量引起的均匀载荷以及悬吊支撑引起的局部载荷。

5）残余应力。由于变形和焊接加工残留的残余应力。

燃煤机组参与调峰时，负荷经常快速升降变换，机组启停频繁，这对汽包的安全运行有严重影响。汽包在锅炉剧烈升降负荷以及频繁启动中，会受到热应力和工作应力的周期性作用，这会使汽包产生低周疲劳损耗。机组容量越大、参数越高，锅炉的汽包壁厚和直径就越大。机组参与调峰升降负荷的过程中，汽包中的汽水温度会发生剧烈的变化，在汽包的内外壁上造成较大的热应力。机组参与调峰的过程中，热应力频繁交替地作用在汽包上，将使金属材料的疲劳损伤增大，对汽包的寿命造成不可逆转的损伤。

（2）汽水分离器。汽水分离器是直流锅炉中的一个重要厚壁部件。参加调峰的直流锅炉，汽水分离器要经常在快速升降负荷以及频繁的启停中运行，快速升压以及快速降压会在汽水分离器上产生动态变化的工作应力，快速升温以及快速降温会在汽水分离器上产生交替变化的热应力。机组参与调峰时负荷发生变化，汽水分离器中会产生损害金属材料的工作应力以及热应力，这种周期性的疲劳和损伤可加速汽水分离器的寿命损耗，从而对整个机组的安全性产生不利影响。

（3）受热面。锅炉低负荷和两班制运行时，炉膛火焰充满度差，热负荷偏差大，工质流速低，水动力特性变差，易发生受热面超温现象，加速了钢管老化。同时，过热器和再热器系统钢管内部工质流速降低时，管壁温度升高，而氧化皮厚度增加与温度有正比例关系，因此加速了氧化皮的生长速度。并且，负荷和压力变化，诱发和加速蒸汽侧氧化皮脱落，堵塞钢管引发长时过热、短时过热失效。附加应力造成水冷壁管与鳍片疲劳损伤，严重时会拉裂管子或鳍片。频繁调峰会出现管屏与集箱胀差超出锅炉设计要求，集箱接管角焊缝部位频繁受到交变应力作用，易发生疲劳开裂泄漏。调峰负荷变化，易造成锅炉水动力不稳定，特别是垂直水冷壁管屏间工质流量不均，造成局部管壁超温，形成水冷壁管热疲劳裂纹。低负荷工况下，锅炉的排烟温度、空气预热器壁温也随之下降，尾部受热面的烟气温度可能会低于烟气露点，导致尾部受热面积灰和腐蚀加剧，易造成空气预热器堵塞、低温腐蚀。

（4）厚壁部件。锅炉机组调峰运行期间的负荷变化率应考虑厚壁三通、厚壁集箱等部件的疲劳应力限制。厚壁集箱三通对接接头及三通肩部在交变应力和结构应力集中共同作用下，易发生开裂失效。

（5）减温器。锅炉低负荷或两班制运行时，再热器系统壁温控制难度增大，采用投入微调减温水方式调节蒸汽温度时，减温水投入量偏大，加剧减温器喷管振动、喷孔磨损，严重时喷管断裂、减温器混温套筒损坏，导致减温器下游连接管道和弯头背弧发生热疲劳损伤、开裂、泄漏失效。

（6）汽轮机部件。

1）汽轮机叶片水蚀。汽轮机末级叶片在极高的离心力和蒸汽腐蚀的环境中工作，调峰时由于功率大幅变化，受到回流湿蒸汽水滴冲刷和化学物质腐蚀作用导致产生叶片水蚀。在低负荷工况下运行，末级叶片根部具有很大的负反动度，在末级动叶片末端产生涡流，涡流夹带着水滴至动叶流道，加剧动叶出口吸力面水蚀。

2）高温紧固螺栓断裂。机组负荷快速和频繁变化，使汽轮机缸体和阀体承受交变热应力，与之连接的缸体法兰螺栓和阀体法兰螺栓发生断裂失效。

三、调峰机组金属监督措施

应对调峰机组金属监督部件的设计、制造、安装、运行、修理、退役的全生命周期各个阶段加强检验和管理。

（一）加强调峰机组设计监督管理

针对机组调峰易出现问题的部件和部位，在以后的结构设计更改中，应充分考虑：

（1）对于刚性较大金属部件的薄弱部位（如汽轮机汽缸缸体及大型阀门的截面变化部位，叶轮键槽的过渡部位等）应考虑改善其应力环境。

（2）对于汽水连通管，集箱之间的联络管，以及受热面管与集箱管座连接的区域应充分考虑其运行中的热膨胀能力，以避免在管座根部及其附近区域由于热胀冷缩产生较大的应力集中。

（二）加强调峰机组制造监督管理

（1）加强金属部件制造时所使用的原材料的检验，确保原材料质量，避免原材质缺陷。

（2）按照相关标准的要求，严格控制受热面及炉外管道弯头的椭圆度。

（3）尽量消除和降低金属部件在加工、制造、安装等阶段产生的残余应力。

（三）加强调峰机组安装监督管理

（1）加强焊接质量管理。

1）调峰运行机组，焊接接头内壁不平齐易发生疲劳失效，因此管道组对时应检查内壁是否齐平，重点检查坡口型式、对口间隙、不等壁厚处理等是否满足 DL/T 869《火力发电厂焊接技术规程》的要求。

2）除设计冷拉口外严禁强力对口，防止产生附加应力。冷拉口应为管系最后一道焊接接头，管系冷拉前所有焊缝必须经热处理和无损检测合格，且管系支吊架安装完毕。

3）对于管道与弯头、三通、阀门等壁厚不等、热量分布不均匀的对接接头热处理工艺方案，应有确保加热区域温度均匀、防止温差超标的专项技术措施，P91、P92 管道焊接接头热处理时控制温差不大于 30℃。

4）传统的耐热钢焊接一般都是通过无损检测的结果作为焊接接头质量的评定标准，但新型耐热钢焊接接头的性能对焊接工艺的敏感性很大，焊接过程各项工艺规范应严格执行到位。P91、P92 等细晶马氏体钢材料焊接须遵循"小线能量、多层多道焊"的原则，确保焊层厚度和焊道宽度符合要求；P91、P92 管道焊缝应一次连续施焊完成，需制定应急预案，防止意外失电导致焊接或热处理中断；P91、P92 管道焊接过程应进行监理旁站，监测对口质量、焊前预热温度、层间温度及焊接电流、焊接层道数等。

（2）应确保刚性件及高速转动部件的安装质量，避免应力集中。

（3）锅炉管尤其是受热面管排的固定及与其他部件之间的连接应确保管子在运行中能自由膨胀。

（4）严格安装工艺，避免安装部件的残余应力。

（四）加强调峰机组检修监督管理

（1）机组检修应重点检查有可能引起金属部件产生局部应力集中和残余应力的情况，如更换管子时的新管管径与原设计不同所造成的焊缝错口及强力对口所带来的残余应力等。

（2）应加强对汽缸缸体及结合面、汽轮机转子、叶轮键槽、末级叶片、末级隔板、末级叶片拉筋、发电机护环、主蒸汽门阀壳、紧固螺栓、对空排汽管管座及排汽阀密封面、减温器、大型集箱和阀门的管座焊缝、异种钢焊接接头、与受热面有施焊相接的焊缝部位、高温加热器至除氧器导管弯头和管座焊缝等的检验。

（3）对设计、制造、安装时结构不合理，易导致局部应力集中的部件和部位，一经发现应及时处理，并针对同类部件扩大检验范围。

（4）紧固件螺栓紧固时应采用力矩扳手。预紧应力对螺栓的蠕变损伤量有较大的影响，预紧应力增加 10%，其所产生的蠕变损伤要增加 23.0% 以上。在实际装配中应严格控制工艺过程，尽可能减少预紧应力偏差。

（5）加强金属监督，及时对金属部件的材质进行鉴定，防止材质老化。

（6）加强锅炉管尤其是弯头的防磨防爆检查。

（五）加强调峰机组运行监督管理

（1）加强过热器和再热器系统壁温监测。高温过热器和高温再热器壁温测点数量应满足充分反映受热面壁温情况的要求。

（2）严格控制深度调峰快速升降负荷过程中受热面壁温和工质温度的变化速率，防止管壁局部超温和氧化皮脱落。升降负荷过程及吹灰期间尽量保持蒸汽温度平稳，控制锅炉参数和各受热面的管壁温度在允许范围内，并严密监视，及时调整，防止因升温、升压、升负荷速率过大而造成受热面管的损伤。

（3）长时间低负荷运行期间，锅炉由于工作压力降低、水动力不足等原因导致水冷壁容易发生超温，重点监督和检查水冷壁管热疲劳损伤。

（4）加强尾部烟道烟气温度监测，烟气温度不得低于露点温度，避免发生低温腐蚀。

（六）加强调峰机组检验检测监督管理

（1）调峰运行使得机组经常承受温度变化而引起的交变热应力，促进了原有缺陷的扩展，应加强原有缺陷监督和检验。加强受热面超温检查、氧化皮剥落堆积量检查、水冷壁高温腐蚀监督检查、汽轮机末级叶片的监督检验、汽轮机缸体和转子监督。

（2）调峰机组的锅炉集箱，应当对集箱封头焊缝、环形集箱弯头对接焊缝、管座角焊缝进行表面无损检测，加大检测比例。应当对集箱孔桥部位进行无损检测抽查。

（3）调峰机组锅炉范围内管道和主要连接管道，应当根据实际情况适当增加检验比例。

（4）焊接接头是新型耐热钢应用的一个薄弱环节，必须在金属监督中给予足够的重视。特别是主蒸汽管道、集箱、三通、异径管和阀门等焊接接头，应该扩大检查比例，并应采用相控阵超声波、衍射时差法等先进检测技术，提高检测的可靠性。加强焊接接头蠕变损伤规律的研究，实现有效的寿命管理。

四、其他金属监督面临的问题

（1）国内形势。随着国内煤电需求关系变化、动力煤炭价格变动，及减能减排调控等因素影响，部分火电机组燃用动力煤偏离设计煤种，燃烧方式和燃烧特性发生变化。另外，随着国家环保指标的严格把控，各发电机组均开展了低氮燃烧改造，燃烧调整不当时使得水冷壁处于还原性气氛中。这些因素使得锅炉燃烧工况发生变化，水冷壁钢管产生结焦和结渣、高温硫腐蚀，尾部受热面钢管产生低温硫腐蚀和磨损加剧等问题。同时，由于煤种偏离设计导致炉膛出口烟气温度及受热面吸热配比发生变化，再热器系统超温频繁导致减温水过量投入，结果使减温器及其连接管道发生喷管断裂、混温套筒损坏、管道热疲劳失效等问题，给设备寿命造成了损伤，影响了机组安全稳定运行。

（2）寿命管理。在已运行的亚临界机组中，寿命评估得到了深入研究和广泛应用，为机组的状态检修提供了有力的数据。而在超（超）临界机组中广泛使用的 T91/P91、T92/P92、Super304、HR3C 等高等级新型耐热钢的服役时间较短，并未积累充足的长时运行性能数据，而长时数据对寿命评估模型至关重要，应加强对材料性能数据，特别是高温运行蠕变性能、持久性能等数据持续收集，并根据复杂的失效机理交互作用不断完善寿命评估模型，是锅炉寿命管理系统及相关技术需要重点解决的问题。

第二章 金属技术监督检验方法

第一节 金属监督检验方法概述

一、检验检测方法分类

火力发电厂金属受监部件检验方法包括无损检测方法和理化检测方法。无损检测方法（Non Destructive Testing，NDT），是在不破坏或不影响被检测对象使用性能的前提下，采用射线、超声、红外、电磁等手段，并借助先进的设备和器材，对工件内部和表面的结构、性质、状态进行检查和测试的方法。理化检测方法是在一定的试验条件下，采用物理、化学手段，并借助先进的设备和器材，对工件物理性能和化学性能进行检查和测试的方法。一般情况下，无损检测在检查或测试过程中无需破坏工件，理化检验在检查或测试过程中需要破坏工件。

火力发电厂金属监督部件无损检测方法主要包括目视检测、射线检测、超声波检测、磁粉检测、渗透检测、涡流检测、声发射检测等。理化检验方法主要包括力学性能测试、化学成分分析、金相检验、金属断口分析等。其中，力学性能测试主要项目包括拉伸试验、弯曲试验、冲击试验、压扁试验、硬度试验、疲劳试验、蠕变试验、热疲劳试验等。金相检验主要项目包括宏观检验、微观检验等。化学成分分析主要方法包括化学分析法和光谱分析法。

二、检验检测的主要目的

在材料和设备的制造及安装阶段，检验工作主要有改进设备制造工艺、提高设备质量、降低生产成本三个目的，设备投运后，检验则是提升设备使用安全性的重要手段。

1. 改进设备制造工艺

在设备生产中，为了了解制造工艺是否适宜，必须事先进行工艺试验。在工艺试验中，需对工艺试样进行无损检测和理化检验，并根据检验检测结果改进制造工艺，最终确定适宜的制造工艺。例如，为了确定焊接工艺规范，在焊接试验时对焊接试样进行射线检测，随后根据检测结果修正焊接参数，最终得到能够达到质量要求的焊接工艺。

2. 提高设备质量

应用适当的无损检测方法和理化检验方法，可以检测和分析工件表面及内部的结构、成分或缺陷。例如，在对工件表面质量进行检验时，通过无损检测方法可以探测出肉眼难以直接观察到的细小、微小缺陷。

无损检测技术的优点是非破坏性检测，可实现工件的 100% 检验。而采用破坏性检测，在检测完成的同时，工件也被破坏了，因此破坏性检测只能进行抽样检验。

3. 降低生产成本

在设备制造的不同环节采取不同的无损检测和理化检验，可在制造过程中及早发现工艺指标和性能指标的偏差，防止后续工序的浪费，减少返工，降低废品率，从而降低制造成本。例如，在厚板焊接时，如果在焊接全部完成后再无损检测，发现超标缺陷需要返修，要花费许多工时或者很难修补。因此可以在焊至一半时先进行一次无损检测，确认没有超标缺陷后再继续焊接，这样虽然无损检测费用有所增加，但总的制造成本降低了。

4. 提升设备使用安全性

即使是设计和制造质量完全符合规范要求的设备、部件，在经过一段时间使用后，也有可能发生破坏事故，原因是苛刻的运行条件使设备状态发生变化。例如，因高温和应力的作用而导致材料蠕变；因温度、压力的波动而产生交变应力，使设备的应力集中部位产生疲劳；因腐蚀作用而使壁厚减薄或材质劣化等。上述因素有可能使设备中原来存在的、制造规范允许的小缺陷扩展开裂，或使设备产生新的缺陷，最终导致设备失效。为了提升设备使用安全性，查明设备失效原因，应采用无损检测和理化检验方法对金属监督设备开展检验检测、失效分析。理化检验和无损检测还是评价设备结构使用剩余寿命的重要手段。

三、检验检测的应用特点

1. 无损检测与理化检验需要相互配合

无损检测可在不损伤材料、工件和结构的前提下进行 100% 检测，但并不是所有需要测试的项目和指标都能进行无损检测。无损检测技术自身还有局限性，某些性能指标只能通过采用理化检验方法获取，目前无损检测还不能完全代替理化检验。因此，对一个工件、材料、设备的评价，必须把无损检测的结果与理化检测的结果互相对比和配合，才能作出准确的评定，如无损检测不能发现微观组织缺陷。对于锅炉集箱、管道、大型铸件、汽轮机设备、发电机设备等金属监督设备，必要时应采用金相和断口检验方法对焊接组织和微观缺陷进行补充检测。

2. 正确选用实施检验检测的时机

在进行检验检测时，必须根据检验检测的目的，正确选择检验检测实施的时机。例如，锻件的超声波检测，一般安排在锻造完成且粗加工后，钻孔、铣槽、精磨等最终机加工前，因为此时还未进行孔、槽、台的加工，所以扫查面较平整，耦合较好，发现质量问题较容易处理，损失也较小。要检查高强钢焊缝有无延迟裂纹，则无损检测应安排在焊接完成 24h 以后进行。要检查热处理工艺是否正确，就应将无损检测放在热处理之后进行。只有正确地选用实施无损检测的时机，才能顺利地完成检测，正确评价产品质量。

3. 正确选用最适当的检验检测方法

检验检测在应用中，由于检验检测方法本身有局限性，不能适用于所有工件和所有缺陷，为了提高检测结果的可靠性，必须在检测前，根据被检工件的材质、结构、形状、尺寸，预计可能产生的缺陷种类、缺陷的形状、缺陷产生的部位和方向，根据检验检测方法各自的特点选择最合适的检验检测方法。例如，钢板的分层缺陷因其延伸方向与板平行，就不适合射线检测而应选择超声波检测。检查工件表面细小的裂纹就不应选择射线和超声波检测，而应选择磁粉和渗透检测。

检验检测在应用中，应满足相关规程及设计文件要求。在充分保证安全性的同时，要保证产品的经济性，而不是仅片面追求产品的"高质量"。

4. 综合应用多种检验检测方法

任何一种无损检测和理化检验方法都不是万能的，每种检验检测方法都各有优缺点，应综合应用各种检验检测方法实现以下目的：

（1）防止漏检，并确保危害性缺陷被检出；

（2）防止误判，对重要且难于处理的设备缺陷，需要综合应用多种方法互相验证，从而决定处理决策和进行安全评价；

（3）满足规程标准要求。例如，特种设备检测中，应满足相关规程关于"采用可记录的脉冲反射法超声波检测"及"采用衍射时差法超声波检测"的要求。

第二节　目视检测方法

一、目视检测原理及分类

目视检测（VT）是观察、分析和评价被检件状况的一种无损检测方法。它仅指用人的眼睛或借助于某种目视辅助器材对被检件进行的检测。目视检测可分为直接目视检测、间接目视检测和透光目视检测。

（1）直接目视检测：不借助于目视辅助器材（照明光源、反光镜、放大镜除外），用眼睛进行检测的一种目视检测技术。

（2）间接目视检测：借助于反光镜、望远镜、内窥镜、光导纤维、照相机、视频系统、自动系统、机器人以及其他适合的目视辅助器材，对难以进行直接目视检测的被检部位或区域进行检测的一种目视检测技术。

（3）透光目视检测：借助于人工照明，观察透光叠层材料厚度变化的一种目视检测技术。

二、目视检测特点

（1）原理简单，易于理解和掌握。

（2）不受或很少受被检产品的材质、结构、形状、位置、尺寸等因素的影响。

（3）无需复杂的检测设备器材。

（4）检测结果直观、真实、可靠、重复性好。

（5）不能发现表面上细微的缺陷。

（6）观察过程中由于受到表面照度、颜色的影响，容易发生漏检现象。

三、目视检测应用

目视检测主要用于观察材料、零部件、设备和焊接接头等的表面状态、变形、腐蚀、泄漏迹象等。此外，目视检测还可用于确定复合材料（半透明的层压板）表面下的状态。

目视检测结果应按设备相关法规、标准和（或）合同要求进行评价。检测工艺规程规定了最低限度的检测要求，但并不限制在生产过程中可能进行的更高要求的

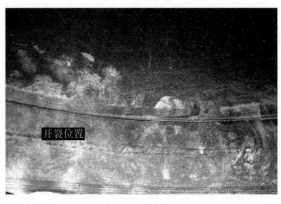

图 2-1　管道内壁目视检测

检测。当目视检测发现异常情况，且不能判断缺陷的性质和影响时，可采用厚度测量、超声波检测、射线检测、磁粉检测、渗透检测等其他无损检测方法对异常处进行检测和评价。

借助内窥镜的间接目视检测方法检测再热蒸汽管道（$\Phi 508 \times 22mm$、20G）对接接头，发现其内壁退刀槽沿周向开裂的缺陷，如图2-1所示。

四、目视检测的能力范围及局限性

1. 目视检测的能力范围

（1）能观察出零件、部件、设备和焊接接头等的表面状态、配合面的对准、焊缝连接的几何准确度、变形或泄漏的迹象等。

（2）能确定缺陷的位置、大小以及缺陷的性质。

（3）目视检测的效果受人为因素影响较大。

2. 目视检测的局限性

（1）不能观测出有遮挡的工件表面状态。

（2）较难观测出有油污等的工件表面状态。

第三节　磁粉检测方法

磁粉检测（MT）又称为磁粉探伤或磁粉检验，是五种常规无损检测方法（磁粉检测、

渗透检测、射线检测、超声波检测、涡流检测）中的一种。

一、磁粉检测原理及分类

铁磁性材料磁化后，在有缺陷的地方产生漏磁场并吸附磁粉。磁粉检测是基于缺陷处的漏磁场与磁粉的相互作用，利用磁粉来显示铁磁性材料表面或近表面缺陷，进而确定缺陷的位置（有时包括形状、大小和深度），如图 2-2 所示。

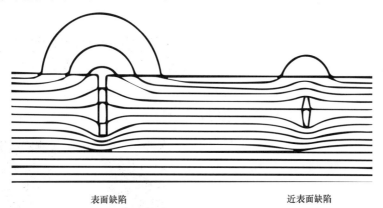

表面缺陷　　　　　　　　　　　　近表面缺陷

图 2-2　磁粉检测原理图

磁粉检测按照不同的分类方法，可以分成以下几类：

（1）按检测方法，可分为连续法和剩磁法；

（2）按磁化电流性质，可分为交流磁化法和直流磁化法；

（3）按磁化场的方向，可分为周向磁化和纵向磁化；

（4）按显示介质的状态和性质，可分为干粉法、湿粉法和荧光磁粉法；

（5）按磁化方法，可分为直接通电法、线圈法、磁轭法、复合磁化法和旋转磁场法等。

二、磁粉检测特点

（1）适宜检测钢铁等铁磁性材料及其制品检测，但不能用于镁、铝、铜、钛等非铁性磁材料的检测。

（2）可以检出表面和近表面缺陷，不能用于检查内部缺陷。可检出的缺陷埋藏深度与工件状况、缺陷状况以及工艺条件有关。一般来说，采用交流电磁化可以检测表面下2mm 以内的缺陷，采用直流电磁化可以检测表面下 6mm 以内的缺陷。但对焊缝检测来说，因为表面粗糙不平，背景噪声高，弱信号难以识别，近表面缺陷漏检的概率较高。

（3）对缺陷具有较高的灵敏度。可检测出长 0.1mm、宽为微米级的裂纹和目测难以发现的缺陷。但实际现场应用时可检出的裂纹尺寸达不到这一水平。虽然如此，在射线检测、超声波检测、渗透检测、磁粉检测四种无损检测方法中，对表面裂纹检测灵敏度最高的仍是磁粉检测。

（4）与其他检测方法相比较，磁粉检测工艺比较简单，检查速度相对较快，检查费用也比较低廉。

（5）能对大多数工件及其部位实施磁粉检测，但受限于工件的形状和尺寸，有时难以磁化而无法进行检查。

三、磁粉检测应用

（1）适用于未加工的原材料、半成品、成品及在役工件的磁粉检测。

（2）适用于管材、棒材、板材、型材和锻钢件、铸钢件及焊接件的磁粉检测。

（3）适用于马氏体不锈钢和沉淀硬化不锈钢的磁粉检测，不适用于奥氏体不锈钢和用奥氏体不锈钢焊接材料填充的焊缝；也不适用于检测铝、镁、铜、钛等非铁磁性材料。

（4）适用于检测表面和近表面的裂纹、白点、发纹、折叠、疏松、冷隔、气孔和夹杂等缺陷，不适用于检测工件表面浅而宽的划伤、针孔状缺陷、埋藏较深的内部缺陷。

（5）适用于检测锅炉集箱、管道对接接头及弯头背弧、水压堵阀阀体外表面、汽缸等大型铸件、叶片和叶根等汽轮机设备、集箱和管道的接管角焊缝、螺栓等金属监督部件。

采用直流电磁化的磁轭法、湿粉非荧光黑色磁悬液法检测高压给水管道止回阀阀体外表面的应用如图 2-3 所示。为了提高检测灵敏度，检测过程中使用了磁粉检测反差剂。

图 2-3　磁粉检测高压给水管道止回阀

四、磁粉检测的能力范围及局限性

1. 磁粉检测的能力范围

能检测出铁磁性材料中的表面开口缺陷和近表面缺陷。

2. 磁粉检测的局限性

（1）难以检测几何结构复杂的工件。

（2）不能检测非铁磁性材料工件。

第四节　渗透检测方法

渗透检测（PT）又称渗透探伤或着色探伤，是一种利用毛细现象的原理检查非疏松性固体表面开口缺陷的无损检测方法，是五种常规无损检测方法中的一种。

一、渗透检测原理及分类

将溶有荧光染料或着色染料的渗透液施加于被检工件表面，由于毛细现象的作用，渗透液渗入各类表面开口的细小缺陷中，去除附着于被检工件表面上多余的渗透液，经干燥后再施加显像剂，缺陷中的渗透液在毛细现象的作用下重新被吸附到工件表面上，形成放大的缺陷显示，在黑光下（荧光检验法）或白光下（着色检测法）观察，缺陷处可相应地发出黄绿色的荧光或呈现红色显示，从而检测出缺陷的形貌和分布状态。

　根据渗透剂所含染料成分，渗透检测可分为荧光渗透检测法、着色渗透检测法和荧光着色渗透检测法三类。根据渗透剂去除方法，渗透检测可分为水洗型、后乳化型和溶剂去除型三类。根据显像剂类型，渗透检测可分为干式显像法、湿式显像法两类。

二、渗透检测特点

（1）检测效率高，检测结果显示直观。一次检测操作可同时检测不同方向的表面开口缺陷，并可直观观察和记录缺陷的形貌和分布。

（2）适合野外或者无水源、电源设施的场所或高空作业现场。一般不需要大型的设备，可不用水、电，使用携带式喷罐着色渗透检测法较为便捷。

（3）试件表面粗糙度影响大，检测结果往往容易受操作人员水平的影响。工件表面粗糙度值高会导致本底很高，影响缺陷识别，易造成缺陷漏检。

（4）仅可检测表面开口缺陷。由渗透检测原理可知，渗透液渗入缺陷并在清洗后能保留下来，才能产生缺陷显示，缺陷空间越大，保留的渗透液越多，检出率越高。对于闭合型的缺陷，渗透液无法渗入，因此无法检出。

（5）检测工序多，效率低。渗透检测至少包括以下步骤：预清洗、渗透、去除、干燥、显像、观察。

（6）具有较高的检测灵敏度。从实际应用的效果评价，渗透检测的灵敏度比磁粉检测低。

（7）材料较贵、成本较高。最常用的携带式喷罐着色渗透检测剂，每套可探测的焊缝长度约为十多米。原因是检测工序多、速度慢，人工成本高。

（8）渗透检测所用的检测剂大多易燃、有毒，必须采取工作场所通风、对眼睛和皮肤进行防护等有效措施，以确保操作安全和人员健康安全。

三、渗透检测应用

（1）可应用于金属材料（钢、耐热合金、铝合金、镁合金、铜合金等）和非金属材料（陶瓷、塑料等）工件的表面开口缺陷检测。

（2）可应用于铁磁性材料和非铁磁性材料的检出，如碳素钢、低合金耐热钢等铁磁性材料及奥氏体不锈钢等非铁磁性材料。

（3）渗透检测不受被检工件结构和加工方法限制，可检查锻件、铸件和焊接件。例如，火电机组的管道及其焊接接头、阀门的阀芯和阀体、汽轮机大型铸件、轴类设备等。形状复杂的部件也可用渗透检测，并且一次操作就可大致做到全面检测。工件几何形状对磁粉检测影响较大，但对渗透检测的影响很小。对因结构、形状、尺寸而不利于实施磁化的工件，可考虑用渗透检测代替磁粉检测。

采用溶剂去除型非荧光着色渗透检测法对锅炉屏式过热器出口集箱三通对接接头进行检测，发现对接接头存在横向裂纹缺陷，如图 2-4 所示。横向裂纹的形貌显示清晰、直观，如图 2-5 所示。

图 2-4　焊接接头渗透检测

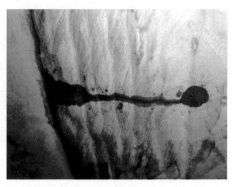
图 2-5　横向裂纹形貌

四、渗透检测的能力范围及局限性

1.渗透检测的能力范围

能够检测多种表面开口缺陷，如裂纹、疏松、气孔、夹渣、折叠等，特别是细微的表面开口缺陷，一般情况下，直接目视检查难以发现。

2.渗透检测的局限性

较难检测多孔材料及其制品，如粉末冶金工件等。也不适于检测表面开口被堵塞的缺陷。例如，表面经喷丸处理或喷砂处理的工件，其表面开口缺陷可能被堵塞，检测质量难以控制，易发生缺陷漏检。

第五节　射线检测方法

射线检测（RT）又称为射线探伤或射线检验，是五种常规无损检测方法中的一种。

一、射线检测原理及分类

将射线能量注入被检测工件中，射线在穿过物质的过程中与被检工件进行相互作用（吸收、散射），发生衰减而使其强度降低，衰减的程度取决于被检测材料的种类、射线种类以及穿透的距离等因素，利用各部位对入射射线的衰减不同，导致透射射线的强度分布不均匀，利用胶片或传感器收集其结果，再用图像将结果信息显示出来。由此，可检测出工件的结构状态、组织结构和缺陷（种类、大小和分布）。

按照射线源的不同可分为 X 射线检测、γ 射线检测和中子射线检测。按照成像介质和方式的不同可分为胶片照相（成像介质为胶片）、计算机射线照相（CR，成像介质为 IP 成像板）、数字 X 射线检测（DR，成像介质为数字成像板）、计算机断层扫描检测（CT）等。

二、射线检测特点

（1）射线照相法用底片作为记录介质，可以直接得到缺陷的直观图像，且可以长期保存。通过观察底片能够比较准确地判断出缺陷的性质、数量、尺寸和位置。

（2）容易检出能够形成局部厚度差的缺陷。对气孔和夹渣等体积型缺陷有很高的检出率，对裂纹、未熔合等面积型缺陷的检出率受透照角度的影响。不能检出垂直照射方向的薄层缺陷，如钢板的分层缺陷。

（3）所能够检出的缺陷高度尺寸与透照厚度有关，可以达到透照厚度的 1%，甚至更小。所能检出的长度和宽度尺寸分别为毫米数量级和亚毫米数量级，甚至更小。

（4）检测成本较高，检测速度较慢。

（5）射线对人体有电离辐射伤害，需要采取防护措施。

三、射线检测应用

（1）可应用于金属材料（钢、耐热合金、铝合金、镁合金、铜合金等）和非金属材料（陶瓷、复合材料等）的检测。

（2）对被检工件的形状、表面粗糙度没有严格要求，材料晶粒度对其不产生影响。

（3）射线检测薄工件没有困难，几乎不存在检测厚度的下限，但检测厚度上限受射线穿透能力（射线能量）的限制。

（4）射线检测可用于锅炉、压力容器、管道等承压设备的制造、安装和在役检测，检测对象包括各种熔化焊接方法（电弧焊、气体保护焊、电渣焊等）的对接接头。也能检测铸钢件，在特殊情况下也可用于检测角焊缝或其他特殊结构工件。

数字 X 射线检测系统如图 2-6 所示，利用该系统对锅炉过热器受热面钢管进行 X 射线检测，检测成像如图 2-7 所示。

图 2-6　数字 X 射线检测系统

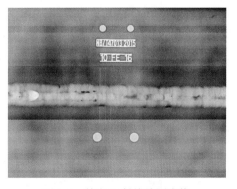

图 2-7　数字 X 射线检测成像

四、射线检测的能力范围及局限性

1. 射线检测的能力范围

（1）能检测出焊接接头中存在的未焊透、气孔、夹渣、裂纹和坡口未熔合等缺陷。

（2）能检测出铸出中存在的缩孔、夹杂、气孔和疏松等缺陷。

（3）能确定缺陷平面投影的位置、大小以及缺陷的性质。

（4）射线检测的穿透厚度，主要由射线能量确定。

2. 射线检测的局限性

（1）较难检测出厚锻件、管材和棒材中存在的缺陷。

（2）较难检测出 T 形焊接接头和堆焊层中存在的缺陷。

（3）较难检测出焊缝中存在的细小裂纹和层间未熔合。

（4）当承压设备直径较大且采用 γ 射线源进行中心曝光法时，较难检测出焊缝中存在的面状缺陷。

（5）较难确定缺陷的深度位置和自身高度。

（6）较难检测钎焊、摩擦焊等焊接方法的焊接接头。

第六节　超声波检测方法

超声波检测（UT）又称为超声波探伤或超声波检验，是五种常规无损检测方法中的一种。

一、超声波检测原理及分类

超声波检测是在不损坏被检工件的前提下，利用工件与缺陷具有不同的声学特性，借助相应的检测设备，通过分析超声波在被检工件中传播路径和传播时间与波幅（衍射信号）变化，对部件内部及表面结构进行检测，并对结果进行分析和评价的一种无损检测方法。

使用一定方法激励声源产生超声波，超声波进入被检工件后，如果工件内部存在缺陷，工件与缺陷会形成异质界面，由于工件与缺陷部位具有不同的声阻抗，使得超声波在异质界面处发生反射或衍射，通过超声波探头接收反射或衍射信号，并分析所接收到的超声波信号，判断工件内部缺陷情况。

火电机组金属监督检测常用方法有 A 型显示超声波检测法（UT）、超声波衍射时差检测法（TOFD）和超声波相控阵检测法（PAUT）。其中，PAUT 和 TOFD 为可记录式超声波检测方法，其检测工艺参数和检测结果数据可永久记录。

超声波相控阵检测法是指基于惠更斯原理，利用相控阵换能器（探头）对工件进行线形、扇形扫查，并以 B、C 及 S 形等显示方式来显示缺陷的一种超声波成像检测技术。相控阵换能器由一定数目的压电晶片按某种几何阵列（线形、矩形、圆形等）排列，每个晶片的激励（或接收）时间可以单独调节，从而实现控制超声波声束轴线和聚焦位置。

超声波衍射时差检测法（TOFD）是一种依靠从被检工件内部结构（主要是指缺陷）的"端角"和"端点"处与超声波相互作用后形成衍射波，通过计算衍射波的传播时差来测量缺陷（深度、自身高度、长度），然后通过对衍射信号的图像化处理来显示缺陷的一种超声波检测方法。

二、超声波检测特点

（1）穿透能力强，能够检测大厚度工件的内部缺陷，能够对缺陷进行定位和定量，但无法对缺陷进行精确定性及定量。

（2）对面积型缺陷检出率高。

（3）适应性强，检测灵敏度高，无辐射伤害。

（4）较难检测复杂形状或不规则外形的工件。

（5）缺陷位置、取向和形状对检测结果有一定的影响。

三、超声波检测应用

超声波检测穿透能力强，适用范围广。

（1）按检测对象材料，可用于各种金属材料和非金属材料。

（2）按金属制造工艺，可用于锻件、铸件、焊接件、复合材料等，检测灵敏度可达 $\lambda/2$。

（3）按被检工件，可用于对接焊缝、角焊缝、T 形焊缝、板材、管材、棒材、锻件等各种工件。

（4）超声波检测可用于锅炉、压力容器、管道、汽轮机和发电机等金属监督设备的制造、安装和在役检测。PAUT 方法由于具有声束偏转、聚焦特性，尤其适用于空间受限、工件外形复杂（如异形管道焊接接头、汽轮机隔板焊缝、汽轮机叶根等）等情况下的检测。TOFD 方法由于衍射信号波幅基本不受声束角度影响，任何方向的缺陷都能有效地被发现，其缺陷检出率高达 70% ～ 90%，远高于常规 A 型显示超声波检测方法，大多数情况下也高于射线照相检测法。而且 TOFD 技术的定量精度高，一般认为，对线性缺陷或面积型缺陷，TOFD 测高误差小于 1mm，对足够高（一般指大于 3mm）的裂纹和未熔合缺陷高度测量误差只有零点几毫米。TOFD 技术还可用于在役设备的缺陷扩展监控，且对裂纹高度扩展的测量精度极高，可达 0.1mm。

A 型显示超声波检测系统如图 2-8 所示，利用该检测方法对火电机组主蒸汽管道（$\Phi 355.6 \times 50$mm，12Cr1MoVG）熔化焊对接接头进行检测，发现焊缝中存在超标夹渣缺陷，车削后焊缝中夹渣缺陷如图 2-9 所示。

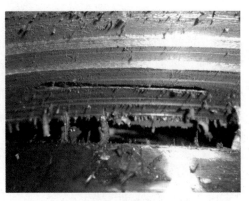

图 2-8　A 型显示超声波检测系统　　　　　图 2-9　主蒸汽管道超标缺陷

与常规 A 型显示脉冲反射法超声波检测技术不同，TOFD 检测技术与 PAUT 检测技术可对检测过程进行全记录，检测结果具有可追溯性。TOFD 检测技术是利用缺陷部位的衍射波信号来检测和测定缺陷尺寸的超声波检测方法，由于对缺陷定量不依赖缺陷的回波高度，所以检测灵敏度较高，对缺陷自身高度测量更准确。TOFD 检测技术应用于厚壁管道、压力容器的焊接接头检测中具有明显优势。TOFD 技术把一系列 A 扫数据组合，通过信号处理转换为 TOFD 图像。在图像中每个独立的 A 扫信号成为图像中很窄的一行，通常一幅 TOFD 图像包含了数百个 A 扫信号。A 扫信号的波幅在图像中以灰度明暗显示，通过灰度等级表现出幅度大小。典型 TOFD 扫查图像如图 2-10 所示。

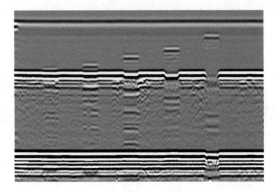

图 2-10　典型 TOFD 扫查图像

超声波相控阵检测技术是通过控制阵列换能器中各个阵元激励脉冲的时间延迟，改变由各阵元发射（或接收）声波到达（或来自）物体内某点时的相位关系，实现聚焦点和声束方位变化，从而完成相控阵波束合成，形成成像扫面线的技术。相控阵超声波检测技术能够在不移动探头情况下对检测对象进行声束覆盖，从而使检测效率大幅度提高，也能够通过控制声束角度从而对复杂工件进行检测，被广泛应用于电站锅炉压力管道、集箱、压力容器的焊接接头，及汽轮机叶片的叶根、隔板、高温紧固螺栓等部件的检测中。超声波相控阵检测 660MW 高效超超临界机组再热蒸汽热段管道（ID851×69mm、A335P92）焊接接头的检测结果如图 2-11 所示。由图 2-11 可知，检测结果可通过 A 扫、C 扫、D 扫、S 扫等方式显示，含有丰富的检测信息和缺陷信息，并可永久保存检测数据。

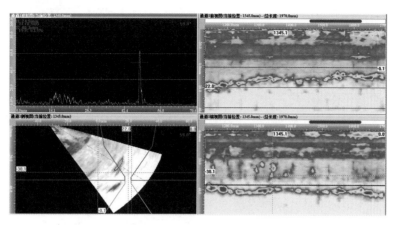

图 2-11　超声波相控阵检测焊接接头的检测结果

四、超声波检测的能力范围及局限性

1. 超声波检测的能力范围

（1）能检测出原材料（板材、复合板材、管材、锻件等）和零部件中存在的缺陷。

（2）能检测出焊接接头内存在的缺陷，面状缺陷检出率高。

（3）超声波穿透能力强，可用于大厚度（100mm 以上）原材料和焊接接头的检测。

（4）能确定缺陷的位置和相对尺寸。

2. 超声波检测的局限性

（1）较难检测粗晶材料及其焊接接头中存在的缺陷。

（2）缺陷位置、取向和形状对检测结果有一定的影响。

（3）A 型显示检测不直观，检测记录信息少。

（4）较难确定体积型缺陷或面积型缺陷的具体性质。

第七节　涡流检测方法

涡流检测（ET）又称为涡流探伤或涡流检验，是五种常规无损检测方法中的一种。

一、涡流检测原理

涡流检测是一种非接触检测方式，根据电磁感应原理，工件在交变磁场作用下产生涡流，工件内部产生的感应电流方向与给工件施加交流磁场线圈（激励线圈）的电流方向相反。由于涡流所产生的交流磁场也会产生磁力线，磁力线通过激励线圈时会产生出感应电流，感应电流方向与激励电流方向相同，激励线圈中电流因为涡流反作用而增加。因此，可通过测定激励线圈中电流变化，测得涡流的变化，进而得到工件信息。涡流的分布及其电流大小，与激励线圈的形状和尺寸，交流频率，导体电导率、磁导率、形状和尺寸，导体与线圈间距离，以及导体表面缺陷等因素有关。可通过检测工件中涡流变化，得到工件材质、缺陷和形状尺寸等信息。

二、涡流检测特点

（1）非接触式检测。检测时，线圈不需要接触工件，也无需耦合介质，检测速度快，可实现自动化检测和在线检测。

（2）不能显示出缺陷直观图像，无法从显示信号判断出缺陷的性质。

（3）不适用于检测非导电材料，也不适合于检测工件内部埋藏较深的缺陷。

三、涡流检测应用

（1）可用于检测铁磁性和非铁磁性等导电材料的表面和近表面缺陷检测，具有较高的检测灵敏度，且在一定范围内具有良好的线性指示，可对缺陷大小及深度作出评价。

（2）可用于检测材料和构件中裂纹、折叠、气孔和夹杂等缺陷。

（3）可用于测量材料的电导率、磁导率，检测晶粒度、热处理状况、材料的硬度和尺寸等。

（4）可用于测量金属材料上的非金属涂层、铁磁性材料上的非铁磁性材料涂层和镀层厚度等。

（5）可用于检测管道壁厚的腐蚀或其他壁厚减薄缺陷。

（6）一般用于检测管材、棒材，较难检测形状复杂的工件。

目前，火电机组金属监督检测常用的检测技术有涡流检测技术（低频涡流检测、高频涡流检测、阵列涡流检测）、脉冲涡流检测技术和远场涡流检测技术。

典型应用场景是对火电机组凝汽器、高压加热器等换热压力容器的换热管是否泄漏进行检测。应用脉冲涡流技术可对保温层覆盖的管道腐蚀减薄情况进行检测，应用远场涡流检测技术可对锅炉水冷壁管高温区管壁热疲劳裂纹进行检测。

脉冲涡流检测技术是基于脉冲磁场激励，在工件内感应出涡流现象的一种涡流检测技术，能够用于在不拆除覆盖层的情况下对在用承压设备用碳钢、低合金钢等铁磁性材料由于腐蚀、冲蚀或机械损伤造成的均匀壁厚减薄的检测。

远场涡流检测技术是一种能穿透金属管壁的低频涡流检测技术，在检测铁磁性管道方面具有优越性。探头由激励线圈和检测线圈组成，检测线圈接收自激励线圈激发并穿过管壁后返回的磁场，能以相同的灵敏度检测管子内外壁缺陷，不受集肤效应的限制。检测工作开始前，不需要对受热面管外壁附着的灰渣等进行清理，或仅对外壁结焦、结渣进行简单清理。检测过程中，探头不与被

图 2-12　水冷壁管远场涡流检测爬行系统

检工件接触，不需要耦合介质。对于水冷壁管排开展远场涡流检测，可以借助自动爬行器，自动记录检测数据及检测位置，从而简便快速地发现水冷壁管的横向裂纹、位置并采集缺陷图像。水冷壁管远场涡流检测爬行系统如图 2-12 所示，系统能够实时显示水冷壁管内外壁腐蚀减薄、点状腐蚀、热疲劳裂纹等缺陷的大小、位置和深度等信息。

四、涡流检测的能力范围及局限性

1. 常规涡流检测的能力范围

（1）能检测出金属材料对接接头和母材表面、近表面存在的缺陷。

（2）能检测出带非金属涂层的金属材料表面、近表面存在的缺陷。

（3）能确定缺陷的位置，并给出表面开口缺陷或近表面缺陷埋深的参考值。

（4）涡流检测的灵敏度和检测深度主要由涡流激发能量和频率确定。

2. 脉冲涡流检测的能力范围

（1）能检测非铁磁性覆盖层下（保温层、保冷层、保护层等）金属壁厚的腐蚀或其他壁厚减薄缺陷。

（2）能在设备处于运行状态（高温、低温、内有物料等）时进行检测。

（3）检测结果是传感器投射面积下的平均剩余壁厚值。

3. 常规涡流检测的局限性

（1）较难检测出金属材料埋藏缺陷。

（2）较难检测出涂层厚度超过 3mm 金属材料表面、近表面的缺陷。

（3）较难检测出焊缝表面存在的微细裂纹。

（4）较难检测出缺陷的自身宽度和准确深度。

4. 脉冲涡流检测的局限性

（1）较难检出小体积缺陷。

（2）检测精度受提离高度、电磁特性的影响。

（3）难以对结构复杂、曲率较大或壁厚较大的设备进行检测。

（4）难以对检出的缺陷精确定量，必要时仍需其他无损检测方法复验。

第八节　声发射检测方法

声发射检测（AE）是通过接收和分析材料的声发射信号来评定材料性能或结构完整性的一种无损检测方法。

一、声发射检测原理

声发射是材料中因裂缝扩展、塑性变形或相变等引起应变能快速释放而产生的应力波现象。声发射检测过程中，声发射源发生的应力波传播到材料表面，传感器将材料的机械振动转化为电信号，然后经过放大、处理和记录，通过分析声发射信号特征，评价材料内部缺陷或结构完整性。

二、声发射检测特点

声发射检测技术不同于其他常规无损检测技术，主要特点表现在以下方面：

（1）声发射是一种动态检测方法，声发射探测到的能量来自缺陷本身，而不同于超声波或射线检测方法来自仪器或换能器自身。

（2）声发射检测方法对线性缺陷检测灵敏度高，可提供活性缺陷随载荷、时间、温度等因素变化的实时信息，但是难以对活性缺陷进行定性和定量。不能检测非活性缺陷。

（3）可远距离操作，对被检工件的接近环境要求不高，可实现在高低温、核辐射、易燃、易爆等其他检测方法无法接近环境下对设备运行状态和缺陷扩展情况的监控。

（4）对于工件几何形状不敏感，适用于其他检测方法因受限制无法检测的复杂形状的工件。

三、声发射检测应用

（1）声发射检测可应用于压力管道及压力容器安全性评价。能够检测压力容器加压试验过程中裂纹等活性缺陷的部位、活性和强度，从而为安全性评价提供依据。例如，出厂水压试验时的声发射监测、压力容器定期检修时水压试验的监测，以及压力容器运行过程中的实时监测。

（2）对于新设备加载试验，声发射检测可以预知由未知不连续缺陷引起的设备失效，并由此限定设备最高工作压力。声发射检测可确定小型韧性不锈钢压力容器安全使用压力，并研究各类缺陷的收敛性和危险性。

（3）声发射检测可作为材料疲劳、蠕变、脆断、应力腐蚀和断裂力学的研究测试手段。

（4）声发射检测可实时监测焊接过程中热裂纹、延迟裂纹以及再热裂纹的产生，有效提高焊接质量。

四、声发射检测的能力范围及局限性

1.声发射检测的能力范围

（1）能检测出金属材料制承压设备加压试验过程的裂纹等活性缺陷的部位、活性和强度。

（2）能够在一次加压试验过程中，整体检测和评价整个结构中缺陷的分布和状态。

（3）能够检测出活性缺陷随载荷等外部变量而变化的实时和连续信息。

2.声发射检测的局限性

（1）难以检测出非活性缺陷。

（2）难以对检测到的活性缺陷进行定性和定量，仍需要其他无损检测方法复核。

（3）对材料敏感，易受到机电噪声干扰，对数据的正确解释仍需有较为丰富的数据库和现场检测经验。

第九节　氧化皮厚度检测方法

在火力发电厂，锅炉高温受热面钢管经常因为过热超温，导致管子老化、力学性能下降，发生"爆管"失效，造成非计划停机。

目前，检测锅炉受热面钢管的超温、过热导致的老化现象，通常采取割管送样进行显微组织和力学性能测试判断。显微组织检测是一种常规传统的方法，在火力发电厂锅炉受热面钢管的老化评定和寿命评估中应用广泛，检测结果准确、可靠。但是，显微组织检测属于精密测量，制样复杂，检测效率极低，而且属于破坏性检测，无法实现非破坏性检测和大批量测量。受锅炉型式、燃烧煤种、燃烧工况等因素的影响，有时割取的管样具有非典型性，无法对锅炉受热面整体运行状况 100% 进行评价，只能通过以点带面进行评估，往往会造成锅炉换管时，把性能尚还良好的管子也更换掉，造成大量浪费，存在以偏概全的弊端。

一、氧化皮厚度检测原理

锅炉高温受热面钢管内壁金属在高温下形成的氧化膜，与管内壁金属紧密结合，形成了一个固体与固体紧密结合的界面，即氧化膜 / 管子内壁界面，由于界面两侧物质的密度不同、声阻抗不同，所以可以使用超声波进行测量。当超声波垂直入射到氧化膜 / 管子内壁的界面上时，由于钢的声阻抗与氧化皮的声阻抗不同，会产生一定程度的反射。测量时，首先由超声波探测仪发出高频脉冲电压，通过电缆送至高频探头，在探头中产生频率为 10 ～ 100MHz 的超声波，通过透声楔及耦合剂将超声波传至被测管子的内壁中。当超声波遇到金属 / 氧化膜界面时，有一个反射回波至探头，转换成高频脉冲电压，这个高频脉冲电压通过连接电缆反馈至超声波检测仪后，依据声波在氧化膜中的传播速度，可精确地读出内壁氧化膜的厚度，测量精度可达 ± 0.01mm。

OLYMPUS 38DL PLUS 型超声波氧化皮测厚仪如图2-13 所示。

图 2-13　超声波氧化皮测厚仪

二、氧化皮厚度检测应用

锅炉受热面钢管在发生老化的同时，内壁氧化皮厚度也会发生变化，通常发生过热、超温老化的钢管，内壁氧化皮也较厚，这是由于过热、超温会加速钢管内壁氧化皮的生成。而内壁氧化皮的存在又会影响钢管传热，形成恶性循环，最终发生"爆管"失效。因此，通过测量锅炉受热面内壁氧化皮的厚度，可以间接反映出钢管的运行温度，进而推测其老化程度。

通过测量锅炉受热面内壁氧化皮的厚度，可以间接反映出钢管的运行温度，进而推测其老化程度。DL/T 654—2009《火电机组寿命评估技术导则》中，利用氧化皮厚度，通过公式来计算锅炉高温过热器、再热器钢管的运行当量温度，即

$$\lg X=-6.839869+0.003860T_1+0.00283T_1\lg t$$

式中　　X——迎风侧内壁氧化皮厚度，mils（千分之一英寸），0.0254mm；

　　　　T_1——兰氏温度，R，与摄氏温度 s 换算关系为 $T_1=1.8$（$s+273.15$）；

　　　　t——钢管运行时间，h。

对受热面钢管老化程度与氧化皮厚度关系进行对比试验研究，选取高温过热器12Cr1MoVG 钢管作为试验对象，建立钢管内壁氧化皮厚度与显微组织、力学性能的对应关系。结果表明：当钢管内壁氧化皮厚度小于或等于 0.6mm 时，可以通过测量氧化皮厚度判断钢管老化程度，其结果与光学测量结果基本一致，并且可测量的氧化皮最小厚度值达 0.17mm。利用该方法，可以开展现场大面积受热面钢管的材质老化状态评估，准确、高效。

第十节　金相检验方法

一、金相检验方法概述

金属的相结构称为金相，金相中包含着关于冶金质量、生产工艺以及服役过程中的组织变化等信息。金相检验的目的在于通过分析材料的宏观或微观组织结构，来解释材料的宏观性能。金相检验是指运用目视或放大设备，对金属材料的宏观及微观组织进行观察，从而对金属材料的性能和状态进行分析评估，以便了解金属的组织结构状态、缺陷、老化、蠕变损伤等信息。

二、金相检验方法分类

金相检验分为宏观金相检验和微观金相检验两类。

宏观金相检验方法是通过目视或低倍放大镜观察，来分析金属金相试样的各种宏观特征或缺陷。宏观金相是常用的检验方法。宏观金相检验的缺点是无法观察到细微的组织特

征，其优点是简便易行，可以纵观全貌，在较大视野内观察组织的不均匀性以及宏观缺陷的形貌及分布。在日常质量检验、失效分析和科学研究中，宏观检验的应用普遍，而且往往作为微观检验的先导。

微观金相检验是指通过金相显微镜观察金属的微观组织形态、分布、晶粒度和微观缺陷等。常规光学显微镜的分辨率在 $0.2\ \mu m$ 左右，放大倍数一般小于 2000 倍。某型号的光学显微镜如图 2-14 所示。电子显微镜也可以用来观察分析金属显微组织，其放大倍数较光学显微镜更大，可达到几十万倍，甚至可以观察到材料表面原子像。

图 2-14　光学显微镜

三、金相检验的步骤

金相检验一般包含样品选取、样品制备、样品侵蚀、组织观察与分析等步骤。

1. 样品选取

因检验目的不同，金相样品的取样原则和方法也不尽相同，但是必须保证所选取样品具有充分的代表性和真实性。

2. 样品制备

样品制备就是让金相试样观察面的光洁度达到试验要求，一般需要经过粗磨、细磨和抛光。粗磨也称磨平，把需要进行金相观察的那一个表面修整平坦。可根据试样硬度的不同，选择砂轮机或粗砂纸进行粗磨；细磨也称磨光，消除粗磨后试样表面的磨痕。可以通过不同粒度的砂纸，由粗到细，逐渐减小磨痕深度；抛光的目的是去除细磨后留在金相试样磨面上的细微磨痕，提高试样表面的光反射，改善组织分辨率。抛光方法中常见的有机械抛光、化学抛光和电解抛光。根据抛光时使用的磨料粒度大小，抛光又可分为粗抛和细抛。

3. 样品浸蚀

抛光态的金相试样在显微镜下一般看不到显微组织，只能看到夹杂物、裂纹、孔洞和石墨。必须采用适当的浸蚀方法才能显示出金属的显微组织。常规的浸蚀方法有化学法、电解法和热浸法，应根据金相试样材质和检验目的来合理选择。

4. 组织观察与分析

在浸蚀后首先用肉眼或放大镜对试样进行观察，分析试样各种宏观缺陷；然后通过金相显微镜对试样进行观察，分析试样的显微组织形态、晶粒度、碳化物的大小和分布方式等，来判断和确定金属材料的状况。

5. 金相检验技术的应用

金相检验技术在火力发电厂金属技术监督工作中，通常情况下，有以下应用：

（1）受监金属部件原材料金属检验（原材料组织形态、晶粒度等）。

（2）受监金属部件焊接以及热处理质量检验（热影响区过烧组织、淬硬组织及微观裂纹等）。

（3）高温再热蒸汽管道、主蒸汽管道、锅炉受热面管等受监设备部件材质组织的老化分析。

（4）评估设备运行状态下的金属管壁温度。

（5）高温紧固螺栓制造质量检验、运行后的材质脆化分析。

（6）受监金属部件爆破、断裂或损伤失效分析。

第十一节　力学性能测试方法

图 2-15　立式拉伸试验机

金属材料在各种外加载荷（拉伸、压缩、弯曲、扭转、冲击、交变应力）作用下所表现的力学特性称为金属材料的力学性能，它是零部件设计和材料选用的主要依据，也是控制材料质量的重要参数。材料的力学性能需通过各种力学性能试验进行测定，主要性能指标有强度、硬度、塑性、韧性等。常规的力学性能测试方法有拉伸试验、冲击试验、硬度试验、弯曲试验、压扁试验、扩口试验等。

一、拉伸试验

金属拉伸试验是用静载荷对金属试样进行轴向拉伸，直至拉断，在整个试验过程中，可以真实地看到材料在外力作用下产生的弹性变形、塑性变形和断裂等各阶段，可以测量得到材料的抗拉强度、屈服强度、延伸率和断后伸长率等性能指标。立式拉伸试验机如图 2-15 所示。

二、冲击试验

韧性是指金属在冲击载荷作用下，抵抗破坏的能力。冲击韧性反映了材料在断裂前吸收冲击功的能力，一般是通过冲击试验来测定，常用试验方法为夏比冲击试验。夏比冲击试验是将规定形状、尺寸和缺口形状的试样，放在冲击试验机的试样支座上，然后让规定高度和重量的摆锤自由落下，产生冲击载荷将试样折断，记录冲击吸收功，冲击吸收功越高，表明材料的冲击韧性越好。冲击试验对材料的变脆倾向和冶金质量、内部缺陷情况极为敏感，因此在火电机组金属监督工作中，冲击试验主要用来判断材料的冶金质量和热加工后的产品质量，以及揭示材料中的缺陷情况。摆锤式冲击试验机如图 2-16 所示。

图 2-16　摆锤式冲击试验机

三、硬度试验

硬度是表征金属材料抵抗局部变形的能力。金属材料的硬度与强度密切相关，一般情况下，硬度较高的金属材料其强度也较高。通过硬度试验，不仅可以估算材料的强度，还可以评估材料的热处理状况。

根据试验方法不同，硬度试验分为压入法、回弹法和刻画法三种。常见的硬度试验方法有布氏硬度法、洛氏硬度法、维氏硬度法和里氏硬度法。

1. 布氏硬度

布氏硬度试验是用一定直径的钢球或者硬质合金球体，以相应的试验压力压入试样表面，经规定保持时间后卸除试验压力，通过测量压痕直径来计算硬度的一种试验方法。布氏硬度常用 HBS 或 HBW 来表示。布氏硬度具有试验数据稳定、重复性好的优点，在操作上影响试验结果的因素少。台式布氏硬度计如图 2-17 所示。

图 2-17　台式布氏硬度计

由于布氏硬度试验的压痕大，设备不便携，故对成品的检测较困难。这一困难由便携式布氏硬度计的推广应用而得到改善。目前，便携式布氏硬度计在火电机组金属监督检验中，得到了广泛应用，可用于汽轮机高温紧固螺栓、薄壁和厚壁管道母材及焊接接头的硬度检测。

2. 洛氏硬度

洛氏硬度试验是将压头按要求压入试样表面，经规定保持时间后卸除主试验力，通过测量压痕深度值来计算硬度值。洛氏硬度通常由 HRA、HRB、HRC 来表示。由于洛氏硬度的试验力小，压痕也小，故可直接在成品工件上进行测试。但是由于压痕小，测量数值代表性差，若试验试样中有偏析及组织不均匀等情况，则所测量硬度值重复性差。台式洛氏硬度计如图 2-18 所示。

图 2-18　台式洛氏硬度计

3. 维氏硬度

维氏硬度试验是将夹角为 136° 的正四棱锥体金刚石压头，以选定的试验力压入试样表面，经规定保持时间后卸除试验力，通过测量正方向压痕的对角线平均值来计算硬度值。维氏硬度通常用 HV 表示。维氏硬度的测量范围广，几乎适用于各种金属材料；测量精度高，重复性好。显微维氏硬度的试验力小，对试样的化学成分不均匀或组织不均匀具有较敏感的鉴定能力。在火电机组的金属监督检验中，可以对特别细小的试样，甚至是金属组织中的某一组成相或涂层、镀层等表面处理层进行硬度测试。但是显微

图 2-19　台式维氏硬度计

维氏硬度的制样较复杂，测试过程复杂，测试效率低。台式维氏硬度计如图 2-19 所示。

4. 里氏硬度

里氏硬度试样是用规定质量的冲击体在弹力作用下，以一定速度冲击试样表面，通过冲击头在距表面 1mm 处的回弹速度与冲击速度的比值计算硬度值的试验方法。里氏硬度通常用 HL 来表示。里氏硬度可以换算成布氏硬度、洛氏硬度或维氏硬度。

里氏硬度计体积小、质量轻，携带方便，试验效率高。同时对测试面的压痕很小，不损伤试样表面，既可以在平面试样上进行测试，也可以在弧面试样上测试。因此，里氏硬度在火电机组金属监督检验中使用范围最广，频率最高。但是，里氏硬度测试数据受操作方法、环境等人为因素影响较大；硬度值转换为其他硬度值时，因为各种测试原理无明确的物理关系，会产生误差。因此，在使用过程中，测试数据有时需在一定的试验

图 2-20　便携式里氏硬度计

数据基础上进行修正。便携式里氏硬度计如图 2-20 所示。

四、弯曲试验

弯曲试验是测定材料承受弯曲载荷时的力学特性试验。弯曲试验主要是测定脆性材料和低塑性材料的抗弯强度并能反映塑性指标的挠度，还可用来检查材料的表面质量。弯曲试验分为力学性能弯曲试验和工艺试验弯曲试验两类。对于脆性材料弯曲试验一般只产生少量的塑性变形即可破坏，断裂后可测定其抗弯强度、塑性等力学指标，属于力学性能弯曲试验。而对于塑性材料则不能测出弯曲断裂强度，但可用规定尺寸弯心将其弯曲至规定程度，检验其延展性和均匀性，并显示表面有无裂纹，属于工艺试验弯曲试验。

火电机组金属监督中应用较广泛的是工艺试验弯曲试验。对塑性材料试样或金属管进行弯曲试验时，一般不断裂，将试样加载弯曲到规定程度后，检验其弯曲变形能力，观察弯曲面是否有起层、开裂等现象。

五、压扁试验

压扁试验是用以测定圆形横截面金属管塑性变形性能，并可揭示其缺陷的一种试验方法。在火电机组金属监督检验中，主要用于检验无缝金属管管材或焊接接头的塑性变形能力以及是否存在裂纹缺陷。在进行压扁试验时，将试样放在两个平行板之间，用压力机或其他加载方法，均匀地压至有关的技术条件规定的压扁距，检查试样弯曲变形处，无裂缝、裂口或焊缝开裂，即认为合格。

六、扩口试验

扩口试验是用以测定圆形横截面金属管塑性变形能力的一种试验方法。在进行扩口试验时，将具有一定锥度的顶芯压入金属管试样一端，使其均匀地扩张到有关技术条件规定的扩口率，然后检查扩口处是否有裂纹等缺陷，以判定合格与否。在火电机组金属监督检验中，扩口试验主要用于外壁不大于 150mm、壁厚不大于 10mm 的锅炉受热面管的检验。

第十二节 化学成分分析方法

金属材料化学成分分析的目的是检测金属材料中的化学组分及各组分的含量。按分析的任务可分为定量分析和定性分析。鉴定金属材料由哪些元素所组成的试验方法称为定性分析。测定各组分含量关系的试验方法称为定量分析。根据分析原理的不同，分析方法可分为化学分析法和光谱分析法。

一、化学分析法

化学分析法是以物质的化学反应为基础的分析方法。根据其利用的化学反应方式和使用仪器不同，分为重量分析法和滴定分析法。化学分析方法是国家规定的仲裁分析方法。

1. 重量分析法

重量分析法是指根据物质的化学性质，选择合适的化学反应，将被测组分转化为一种组成固定的沉淀或气体，通过钝化、干燥、灼烧或吸收剂的吸收等一系列的处理后，精确称重，测量出被测组分的含量。

2. 滴定分析法

滴定分析法是指根据滴定所消耗标准溶液的浓度和体积以及被测物质与标准溶液所进行的化学反应计量关系，求出被测物质的含量。

化学分析法具有测量准确度高、所用仪器设备相对简单的优点，但该方法必须在试验室完成，且试验过程所需时间较长，对操作人员专业水平要求较高，不适合产品大批量的检测。

二、光谱分析法

光谱分析法是根据元素被激发后所产生的特征光谱来确定金属的化学成分及大致含量的方法。通常借助于电弧、电火花、激光、X射线等外部能源激发试样，使被测元素激发出特征光谱，再依据光的强度与待测物质含量确定的函数关系来准确分析该元素的含量。根据仪器设备不同，可分为台式直读光谱仪、X射线荧光光谱分析仪、便携式火花直读光谱仪。

1. 台式直读光谱仪

直读光谱仪属于原子发射光谱法的一种，根据原子发射的特征光谱来测定物质的组成。台式直读光谱仪是在试验室内进行金属材料化学成分定量分析的重要设备，其优点是自动化程度高、测量精度高、分析速度快、可同时进行多元素定量分析。缺点是仪器价格较高，对试验室环境及试样要求较高。台式直读光谱仪如图2-21所示。

图2-21　台式直读光谱仪

2. X射线荧光光谱分析仪

X射线荧光光谱分析仪又称手持式合金分析仪或便携式合金分析仪，是基于X射线荧光光谱法而进行分析的一种设备，通常由X射线管、滤光片、探测器和数据处理软件组成。X射线荧光光谱分析仪是现场进行金属合金成分分析的主要仪器。其优点是结构轻便、适于现场检测、操作简单、检测效率高、属于无损检测，不会对被检样品造成破坏。缺点是该方法属于半定量分析，无法对非金属元素进行分析。X射线荧光光谱分析仪如图2-22所示。

图2-22　X射线荧光光谱分析仪

3. 便携式火花直读光谱仪

便携式火花直读光谱仪又称看谱镜或看谱仪，属于原子发射光谱法的一种，工作原理同台式直读光谱仪，不同之处在于便携式火花直读光谱仪采用眼睛来观测谱线的强度，所以仅适用于可见光波段，波长为390～700nm，无法对谱线的强度进行定量分析，所以专门用于钢铁及有色金属的定性及半定量分析。看谱镜的设备结构简单，价格低廉，使用成本低，适用于大批量检测，一般在火力发电厂基建安装期应用较广泛。

第十三节　金属断口分析方法

金属破断后获得的一对相对匹配的断裂表面及其外观形貌称为断口。断口记录着裂纹的发生、扩展和断裂的全过程，断口的形貌、色泽、粗糙度、裂纹扩展途径等受断裂时的应力状态、环境介质和材料特性的制约，并与时间有关。因此，通过断口观察可判断断裂的起因（裂纹源）、应力状态、断裂性质、断裂机制、裂纹扩展的速率以及环境因素对断裂的影响等。断口分析技术在火电机组金属监督检验中，主要用于金属部件的失效原因分析。

一、断口分析方法分类

1.断口宏观分析方法

断口宏观分析是指借助肉眼、放大镜、微距相机或体式显微镜等低倍放大设备，对金属材料及其部件的断裂面进行形貌观察与分析。宏观分析一般作为断口分析的第一步，通过宏观分析对断口进行全面观察，初步判断断裂性质（脆性、韧性、疲劳、应力腐蚀等）、裂纹源位置和裂纹扩展方向，在此基础上可以针对性地对断口进行微观分析。

宏观断口分析的主要内容如下：

（1）断口与主正应力（主切应力）的关系；

（2）断口的平直情况、有无塑性变形、粗糙程度等；

（3）断口的主要特征形貌及各特征形貌面积的比例，如最后瞬断区所占比例；

（4）有无放射棱、人字缝、海滩纹、棘轮标记等；

（5）裂源区的位置。例如，表面或者内部，是否在应力集中区域，是否存在损伤区域；

（6）断口的颜色（氧化色、腐蚀产物颜色、新鲜光亮情况等）。

2.断口截面金相分析方法

当需要判断断口是否为沿晶断裂或者观察断口上是否有二次裂纹、观察断口表面氧化状况、观察断面靠近断裂部件外缘表面是否有缺陷（可能成为裂源）时，截取垂直于断口截面的试样进行金相检验是很有效的方法。该方法会对断口造成不可逆的截取破坏，因此前提是断口全貌已经观察完毕。

3.断口电子显微分析方法

为得到比光学显微镜更大的放大倍数及景深，需要用到电子显微镜。电子显微镜分析是将聚集成很多很细的电子束打到待测样品的微小区域上，产生各种不同的物理信息，把这些信息加以收集、整理，并进行分析，得出材料的微观形貌、结构和成分等有效资料。

扫描电子显微镜（Scanning Electron Microscope，SEM）是介于透射电镜和光学显微镜之间的一种微观形貌观察手段，可直接利用样品表面材料的物质性能进行微观成像。它是将电子束聚焦后以扫描的方式作用于样品表面，产生一系列物理信息，收集其中二次电子、背散射电子等信息，这些信息经检测器接收、放大并转换成调制信号，最后在荧光屏上显示反映样品表面各种特征的图像。扫描电子显微镜的优点是分辨率高，放大倍数大（12~100万倍），景深大，视野大，成像富有立体感，可直接观察各种试样凹凸不平表面的细微结构，制样简单。

扫描电子显微镜中可以同时装配 X 射线能谱仪，可实现对样品的表面形貌、微区成分等方面的同步分析。X 射线能谱仪（Energy Dispersive Spectroscopyr，EDS）的原理是利用 X 射线光子特征能量不同进行成分分析。利用束径零点几微米的高能电子束，激发出试样几立方微米范围的各种信息，进行成分分析。EDS 可快速、自动进行多种方式分析，能同时测量所有元素，并自动进行数据处理和数据分析，在很短时间内即可完成定性、定量分析。由于 EDS 分析电子束流小，分析过程中一般不会对样品造成损坏。扫描电子显微镜如图 2-23 所示。

二、典型断口的特征与分析

1. 韧性断口

韧性断口又称塑性断口，其断裂前发生了明显的宏观塑性变形。韧性断口一般分为杯锥状、凿峰状和纯剪切断口，其中塑性金属材料拉伸圆棒试样拉伸杯锥状断口是一种最为常见的韧性断口。杯锥状断口通常可分为三个区域：纤维区、放射区和剪切唇区，也就是常说的断口特征三要素。纤维区是大量塑性变形后裂纹萌生并缓慢扩展的结果，晶界被拉长似纤维，由于散射能力强，颜色发暗。紧邻纤维区的就是放射区，裂纹由缓慢扩展向快速失稳扩展转化，放射区的特征是放射花样，放射方向与裂纹扩展方向平行，并逆向指向裂纹源。最后断裂的区域形成剪切唇，其表面光滑，与拉伸应力方向呈 45° 角，它是裂纹在较大的平面应力下发生不稳定快速扩展形成的切断型断口。

图 2-23　扫描电子显微镜

韧性断口的微观特征有滑移分离和韧窝。滑移分离是金属表面在外载荷下塑性变形时沿着一定的晶体学平面和方向滑移的现象，在断口上呈现蛇形滑动特征，随着变形量增大，会形成涟波花样，直至无特征的平坦面。金属韧性断口最主要的微观特征是韧窝。首先材料内部分离形成空洞，在滑移作用下空洞逐渐长大并不断相互合并，就形成了韧窝断口。

2. 脆性断口

脆性断口没有明显的宏观塑性变形，断口相对平坦，断口表面或呈放射状、或呈人字纹、或呈颗粒状，有时呈无定型的粗糙表面。脆性断口分穿晶（准）解理断口和沿晶脆性断口，穿晶解理断口较光亮（解理小刻面），沿晶脆性断口相对较灰暗。

穿晶解理断裂是金属在外加正应力作用下，沿某些特定低指数结晶平面发生的一种低能断裂现象。解理断口的微观特征有解理台阶、河流花样等，它们都是解理裂纹或解理面与不同角度晶界、组织缺陷等相互作用的结果；准解理断裂是介于解理断裂与韧窝断裂之间的一种过渡断裂形式，也属于脆性断裂范畴，在现实中这种断裂更为常见。准解理是不连续的断裂过程，各隐藏裂纹连接时，常发生较大的塑性变形，形成所谓的撕裂棱，甚至是韧窝；沿晶断裂是由于晶界弱化后导致的断裂，微观上断口呈现出不同程度的晶粒多面体外形岩石状花样或冰糖状形貌，晶粒明显且立体感强，晶面上多显示光滑无特征形貌。

3. 疲劳断口

疲劳分为热疲劳、机械疲劳、腐蚀疲劳三类。热疲劳是由于温度的循环变化而产生的循环热应力所导致的疲劳。机械疲劳的交变应力是由机械力引起的，根据载荷类型又可分为弯曲疲劳、扭转疲劳、接触疲劳和振动疲劳等。腐蚀疲劳是腐蚀环境和循环应力（应变）的复合作用所导致的疲劳。

疲劳断口由疲劳源区、疲劳裂纹稳定扩展区、快速断裂区三部分组成。多数的疲劳断口诊断都是依靠宏观断口来确定的。例如，低周疲劳断口和腐蚀疲劳断口，在微观下可能观察不到疲劳条带。疲劳断口的宏观特征有疲劳弧线、疲劳台阶和棘轮标记。

对疲劳断口的疲劳源区域进行高倍观察时，重点是有无摩擦痕迹和材料微观缺陷，以便判断裂纹的起源。疲劳扩展区为疲劳裂纹稳定扩展的第二阶段，疲劳条带是该区域的典型微观形貌特征。最终断裂区的微观形貌表现为静态瞬时特征，通常为韧窝，有时也可能出现沿晶、准解理或解理形貌。

4. 应力腐蚀断口

应力腐蚀断口的宏观特征与上文讲述的脆性断口特征类似，无塑性变形、断面与主应力方向垂直。所不同的是，应力腐蚀断口表面由于腐蚀或氧化的作用可能呈暗色。应力腐蚀一般为多源，这样可能会形成高低不平的断口表面。应力腐蚀断口形成的两个必要条件是应力和腐蚀介质。

应力腐蚀裂纹可能是沿晶的，也可能是穿晶的，其微观形貌的基本特征也是沿晶特征或解理特征，所不同的是，在裂纹起始区大多有腐蚀产物，有时在腐蚀坑内会看到龟裂的泥块花样。断口上常呈现腐蚀形貌和二次裂纹。

第十四节　无损检测方法的应用选择

一、金属监督设备无损检测方法的选择

1. 原材料检测

（1）板材：UT。

（2）锻件和棒材：UT、MT、PT。

（3）管材：UT、RT、MT、PT。

（4）螺栓：UT、MT、PT。

2. 焊接接头检测

（1）破口部位：UT、MT、PT。

（2）清根部位：MT、PT。

（3）对接焊缝：UT、RT、MT、PT。

（4）角焊缝和 T 形焊缝：UT、RT、MT、PT。

3. 其他检测

（1）工卡具焊疤：MT、PT。

（2）复合材料复合层检测。

1）爆炸复合层：UT。

2）堆焊复合层。

a. 堆焊前：MT、PT。

b. 堆焊后：UT、PT。

（3）水压试验后：MT。

二、检测方法和检测对象的适应性

检测方法和检测对象的适应性见表 2-1。

表 2-1　　　　　　　　　　　　检测方法和检测对象的适应性

检测对象		内部缺陷检测方法		表面近表面缺陷检测方法		
		RT	UT	MT	PT	ET
试件分类	锻件	×	●	●	●	△
	铸件	●	○	●	○	△
	压延件（管 / 板 / 型材）	×	●	●	○	●
	焊接接头	●	●	●	●	×
内部缺陷	分层	×	●	—	—	—
	疏松	×	○	—	—	—
	气孔	●	○	—	—	—
	缩孔	●	○	—	—	—
	未焊透	●	●	—	—	—

续表

检测对象		内部缺陷检测方法		表面近表面缺陷检测方法		
		RT	UT	MT	PT	ET
内部缺陷	未熔合	△	●	—	—	—
	夹渣	●	○	—	—	—
	裂纹	○	○	—	—	—
	白点	×	○	—	—	—
表面缺陷	表面裂纹	△	△	●	●	●
	表面针孔	○	×	△	●	△
	折叠	—	—	○	○	○
	断口白点	×	×	●	●	—

注　●很适用；○适用；△有附加条件适用；×不适用；—不相关。

第三章 锅炉集箱监督检验典型案例分析

锅炉集箱又称联箱，一般选用较大直径的锅炉钢管和两个端盖焊接而成，其上开有管孔、焊接管座或者接管，如图3-1所示。集箱的作用是连接省煤器、水冷壁、过热器、再热器等受热面管，给水管道、下降管、蒸汽管道等汽水连接管道，以及排气（汽）、排污等管子，并对汽水工质进行汇集和分配。按其用途分为省煤器集箱、水冷壁集箱、过热器集箱、再热器集箱等。按其所处位置分为上集箱、下集箱或进口集箱、出口集箱。

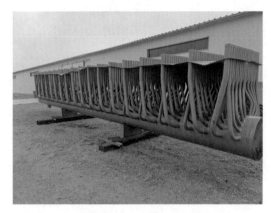

图 3-1　锅炉集箱

按其工质温度分为高温集箱和低温集箱，高温集箱指工作温度高于或等于400℃的集箱，低温集箱指工作温度低于400℃的集箱。

第一节　锅炉集箱损伤模式及缺陷类型

一、锅炉集箱材料

锅炉集箱用材料由其工作条件决定，应具有以下性能：

（1）合适的常规力学性能，包括室温、高温拉伸性能、冲击吸收能量。

（2）优异的蠕变强度、持久强度、持久塑性、抗氧化性能和抗高温腐蚀性能。

（3）在高温下长期运行中，组织稳定性好；良好的工艺性能，特别是焊接性能要好。

亚临界300MW级、600MW级机组的锅炉高温集箱常用材料为P91/10Cr9Mo1VNbN、P22/12Cr2MoG，超（超）临界机组锅炉高温集箱常用材料为P91/10Cr9Mo1VNbN、P92/10Cr9MoW2VNbBN、P122/10Cr11MoW2VNbCu1BN等。壁温小于或等于520℃/550℃的锅炉集箱常用材料为P12/15CrMoG等，500～560℃间的锅炉集箱常用材料为P22/12Cr2MoG、12Cr1MoVG等。壁温小于或等于430℃/450℃的锅炉集箱常用材料为20G、15MoG、SA-210C、SA-106B等。

二、锅炉集箱损伤模式

锅炉集箱的支撑和受载条件复杂，主要载荷为内应力和热应力，部分吊挂集箱还承受较大结构载荷。过热器和再热器集箱在工质系统内承受着高工作温度，而省煤器集箱和水冷壁集箱承受着高工作应力。集箱工作条件复杂，工作过程中除了承受内压力产生的应力外，由于锅炉在宽度和深度方向的温度偏差和集箱内工质分配偏差导致产生集箱轴向热应力和径向热应力。锅炉在调峰、两班制方式下运行或锅炉负荷变化时，集箱疲劳损伤显著增加。

过热器集箱（含集汽集箱）和再热器集箱主要损伤模式为蠕变损伤、疲劳损伤、蠕变与疲劳交互作用损伤及腐蚀损伤。水冷壁集箱和省煤器集箱主要损伤模式为疲劳损伤、腐蚀损伤。一般认为在锅炉启停过程及紧急停炉过程中，集箱应力变化幅度较大，疲劳寿命损耗加剧，此时疲劳寿命损耗占据主导地位；当锅炉处于正常运行时，集箱内过热蒸汽温度很高，其蠕变损耗占的比重大；当锅炉负荷发生剧烈波动，由于其承受交变应力的作用，此时过热器集箱和再热器集箱寿命损耗主要是两者相互作用的结果。

三、锅炉集箱缺陷类型

锅炉过热器集箱、再热器集箱、集汽集箱常见的主要缺陷有表面氧化、腐蚀、折叠、重皮、集箱内部异物堆积、机械损伤、壁厚不满足设计要求、钢管分层、焊缝硬度异常和组织异常、母材硬度异常和组织异常、接管角焊缝和对接焊缝表面裂纹、角焊缝和对接焊缝超标埋藏缺陷等。

锅炉水冷壁集箱和省煤器集箱材料一般为碳钢或者低合金钢，焊接工艺成熟，且集箱工作温度较低，在实际检验过程中，缺陷发现数量较少。省煤器集箱常见的主要缺陷有烟道集箱磨损、进口集箱内部存有异物、氧腐蚀、角焊缝表面裂纹和埋藏缺陷。水冷壁集箱常见的主要缺陷有内外表面腐蚀、内部异物堆积、节流圈脱落、堵塞、挡板开裂及倒塌、密封面划痕、主焊缝表面裂纹和内部埋藏缺陷、角焊缝表面裂纹，其中，内部异物堆积、内表面腐蚀与主焊缝以及角焊缝表面裂纹为高发缺陷，检验中应高度重视。

过热器减温器集箱常见的主要缺陷有筒体氧化、腐蚀、喷水管开裂、喷水管冲刷开裂、定位销钉固定焊缝表面裂纹、管座角焊缝表面裂纹、内衬套热疲劳裂纹、喷水管堵塞、喷头损坏、内部固定件缺失、对接焊缝表面裂纹、筒体母材表面裂纹、对接焊缝超标埋藏缺陷等。再热器减温器常见的主要缺陷有喷水管开裂、喷水管座热疲劳裂纹、内部固定件缺失、对接焊缝表面裂纹、筒体母材表面裂纹、喷管壁厚减薄、内衬套变形等。

1. 锅炉集箱母材裂纹

某 350MW 超临界机组锅炉折焰角入口汇集集箱规格为 $\Phi 512 \times 122mm$，如图 3-2 所示。集箱长度为 14110mm，材质为 SA335P22，设计压力为 29.9MPa，设计温度为 445℃。集箱锻件母材存在原始缺陷，水压试验时，筒体母材横向开裂，造成泄漏。缺陷为锻造时形成的母材原始缺陷，如图 3-3 所示。

图 3-2 锅炉折焰角入口汇集集箱　　　　图 3-3 集箱母材水压泄漏

2. 锅炉集箱壁厚超差

某 300MW 亚临界机组锅炉省煤器入口集箱规格为 $\Phi 324 \times 50mm$。安装前对集箱进行壁厚检验发现，集箱筒体实测壁厚最大值为 61.6mm，按照 GB/T 5310《高压锅炉用无缝钢管》要求，对于集箱外径 $D \geqslant 219$、集箱壁厚 $S > 20mm$ 的普通级热轧钢管，其公称壁厚允许正偏差小于或等于 +12.5%，该集箱公称壁厚正偏差为 23.2%。壁厚超标导致的不良后果如下：

（1）影响集箱内工质流量及工质分配；

（2）集箱质量增大，支吊装置承载力及热位移发生变化；

（3）集箱与其相连的管道焊接组对困难，焊接接头尺寸超差，导致焊接接头应力集中。

3. 锅炉集箱母材硬度值超标

某 350MW 超临界机组锅炉末级过热器出口汇集集箱，规格为 $\Phi 457 \times 95mm$，集箱长度为 16000mm。安装前对集箱筒体母材进行了硬度检测，发现筒体 SA335P91 母材部分区域硬度值异常。采用里氏硬度方法测试并换算为布氏硬度值，硬度最高值为 432HB，最低值为 120HB，最大硬度差值为 285HB，不符合材料硬度标准。硬度值异常区域如图 3-4 所示。

图 3-4 锅炉末级过热器出口汇集集箱硬度值异常区域

4. 锅炉集箱内壁折叠缺陷

某 350MW 超临界机组锅炉末级过热器入口集箱，规格为 $\Phi 219 \times 40mm$，集箱长度为 1150mm，材质为 SA335P91，设计压力为 28MPa，设计温度为 540℃。集箱安装前，对集箱内部进行内窥镜检查，发现末级过热器入口集箱筒体内壁母材存在长约 100mm 的折叠缺陷，如图 3-5 所示。

图 3-5 末级过热器入口集箱母材折叠

5. 锅炉集箱内壁产生氧化皮

某 350MW 超临界机组锅炉末级过热器出口集箱，规格为 $\Phi219\times40$mm，集箱长度为 1150mm，材质为 SA335P91，设计压力为 28MPa，设计温度为 540℃。集箱安装前，对集箱内部进行内窥镜检查，发现出厂编号为 B25、B28、B38、B39 的 4 个末级过热器出口集箱内壁附着大量氧化皮，如图 3-6、图 3-7 所示。

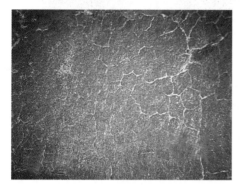

图 3-6 B25 号集箱内壁氧化皮　　　　　图 3-7 B28 号集箱内壁氧化皮

6. 锅炉集箱裂纹缺陷

某 350MW 超临界机组锅炉高温再热器集箱，规格为 $\Phi273\times30$mm，集箱长度为 690mm，材质为 SA335P91，设计压力为 5.16MPa，设计温度为 621℃。集箱安装前进行目视检测，发现集箱筒体、平端盖及焊缝存在连续长约 100mm 的裂纹缺陷，如图 3-8、图 3-9 所示。

图 3-8 B124 高温再热器集箱裂纹　　　　图 3-9 B134 高温再热器集箱裂纹

7. 锅炉集箱内部遗留异物

锅炉集箱在制造、安装过程中焊接接头根部存在较大焊瘤，如图 3-10 所示。锅炉屏式过热器入口集箱内壁在安装结束后进行内窥镜检查发现遗留异物，如图 3-11 所示。铁屑、焊渣、焊瘤（运行后易脱落）等异物在运行中聚集并堵塞受热面管，易发生短时过热或者长时过热失效。

图 3-10　集箱内部遗留焊渣　　　　图 3-11　集箱内部安装遗留铁块

8. 锅炉减温器喷管磨损

某 300MW 亚临界机组锅炉再热器甲侧微喷减温器喷管孔桥断裂，喷水孔相连，周围喷管基体明显减薄，整体呈现严重锈蚀状态，如图 3-12 所示。一方面减温水大量且频繁投入，导致喷管过量磨损；另一方面，大量投入的减温水与蒸汽混合，导致喷管振动严重，使得喷管两端与混温套筒接触处频繁摩擦和撞击，喷管平行于介质方向伤痕明显，可见是由于撞击引起，而上下两侧痕迹较浅，主要是由于摩擦引起磨损。

图 3-12　减温器喷管

9. 锅炉集箱管孔热疲劳裂纹

锅炉高温再热器出口集箱放空气管座角焊缝经渗透检验，发现长约 12mm 裂纹。切除管座角焊缝后对集箱内壁进行内窥镜检查，发现集箱内壁管孔为热疲劳开裂，如图 3-13、图 3-14 所示。集箱规格为 $\Phi 508 \times 20mm$，材质为 12Cr1MoVG。

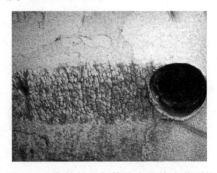

图 3-13　高温再热器出口集箱排空气管　　图 3-14　集箱排空气管孔内壁热疲劳裂纹

10. 锅炉过热器集箱接管角焊缝裂纹

某燃煤发电机组，锅炉型号为 B&WB-1221/25.4-M，为超临界参数、螺旋炉膛、一次中间再热锅炉，并设有无循环泵的内置式启动系统。锅炉在最大连续负荷（B-MCR）工况时，过热蒸汽蒸发量为 1221t/h，过热蒸汽出口压力为 25.4MPa，温度为 571℃。过热蒸汽通过二级减温器进入后屏过热器进口集箱（ID285×75mm、12Cr1MoVG），经 25 个 Φ219×50mm、12Cr1MoVG 后屏过热器进口分集箱将蒸汽引入后屏过热器管组。

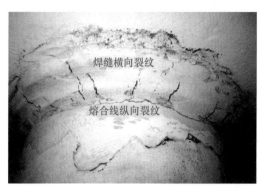

图 3-15　集箱接管角焊缝横向裂纹和纵向裂纹

经渗透检测，发现后屏过热器进口分集箱接管（Φ51×8mm，材质为 12Cr1MoVG）角焊缝有横向裂纹和纵向裂纹，如图 3-15 所示。

第二节　锅炉集箱监督检验方法

过热器集箱、再热器集箱、集汽集箱、水冷壁集箱和省煤器集箱可采用目视检测（直接目视检测和间接目视检测）、壁厚测量、几何尺寸测量、渗透检测、磁粉检测、超声波检测（包括 A 型脉冲超声波检测方法、相控阵超声波检测方法和衍射时差法）、射线检测、涡流检测、硬度检测、金相组织检测、化学元素分析、扫描电镜等方法进行检测和分析。

对于集箱孔桥部位，属于集箱上的应力复杂区域，应当加强检查，但通常情况下，由于结构限制，进行无损检测的难度较大，条件具备时，应对集箱孔桥部位进行无损检测抽查。高温过热器、高温再热器集箱和集汽集箱为高温集箱，由于蠕变现象的存在，会导致组织劣化和性能下降，在役机组应进行硬度和金相检测，同时孔桥部位应力较为复杂，要求对条件具备的引入管孔桥部位进行硬度和金相检测抽查。检查周期按照 TSG 11《锅炉安全技术规程》、DL/T 438《火力发电厂金属技术监督规程》等要求确定。

对超（超）临界锅炉，安装前和安装后应重点对集箱、减温器等内壁进行 100% 内窥镜检查，重点检查集箱内部孔缘倒角，接管座角焊缝根部未熔合、未焊透、超标焊瘤等缺陷，以及安装遗留异物和杂物，水冷壁或集箱节流圈错位、脱落等。锅炉冲管后及整套启动前应对屏式过热器、高温过热器、高温再热器进口集箱以及减温器的内套筒衬垫部位进行内窥镜检查，重点检查有无异物堵塞。

对服役温度高于或等于 400℃ 的碳钢、钼钢制集箱，当运行至 10 万 h 时，应进行石墨化检查。已运行 20 万 h 的 12CrMoG、15CrMoG、12Cr2MoG（2.25Cr-1Mo、P22、

10CrMo910）、12Cr1MoVG 钢制集箱，应检查金相组织、蠕变损伤。

9% ~ 12%Cr 系列钢包括 10Cr9Mo1VNbN/P91、10Cr9MoW2VNbBN/P92、10Cr11MoW2VNbCu1BN/P122、X20CrMoV121、X20CrMoWV121、CSN41 7134 等。在役机组应对 9% ~ 12%Cr 系列管材进行硬度检验和金相组织检验，直管段母材的硬度应均匀，δ - 铁素体含量不超过相关标准要求。对 P92 钢管端部（0 ~ 500mm 区段）100% 进行超声波检测，重点检查夹层类缺陷。对服役温度高于 600℃的 9% ~ 12%Cr 钢制集箱，机组每次 A 修或 B 修，应对外壁氧化情况进行检查，宜对内壁氧化层进行测量；特别关注再热蒸汽集箱接管外壁氧化情况和内壁氧化层的测量。

第三节 典型案例分析

一、高温过热器入口集箱三通对接接头开裂

过热器是电站锅炉中将蒸汽从饱和温度进一步加热至过热温度的部件，高温过热器是过热器系统的最后一级过热器。高温过热器是电站锅炉中传递能量、提高热效率的重要设备。该设备运行工况恶劣，长期处于高温、高压环境中，如果与高温过热器连接的集箱、管道等部件的焊缝出现裂纹缺陷，就有可能发生泄漏事故，导致机组停运。

（一）设备概况

某火力发电厂 330MW 机组在锅炉 A 级检修中，经渗透检测发现高温过热器入口集箱三通焊接接头存在多条裂纹缺陷，裂纹走向均为横向分布。三通材质为 12Cr1MoVG，规格为 $\Phi406.4 \times \Phi355.6 \times \Phi355.6$。锅炉型号为 DG1065/18.2-Ⅱ6，亚临界自然循环汽包炉，一次中间再热，四角切圆燃烧，平衡通风，单炉膛 π 型布置，全钢架悬吊结构，紧身封闭，固态排渣。主蒸汽温度为 535℃、压力为 12.75MPa。高温过热器入口集箱与管道连接的三通对接接头在服役中发生开裂，给机组的安全稳定运行带了来极大的威胁。截至此次 A 级检修时，机组累积运行约 62000h。

（二）试验分析

1.宏观形貌观察与分析

开裂接头为高温过热器入口集箱三通与导汽连通管对接接头，接头上存在多条互相平行的横向裂纹，大部分裂纹主体位于焊缝内，个别裂纹已从焊缝扩展至熔合区。各裂纹均呈直线形态，开口细小，最长裂纹长度约为 15mm，

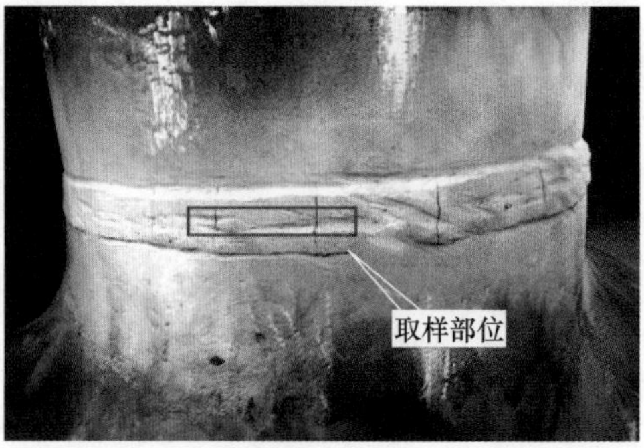

图 3-16 高温过热器入口三通焊缝宏观形貌

所有裂纹均未贯通管壁厚度，未造成运行泄漏。对接接头及其附近管材未见明显原始缺陷、机械损伤、氧化及腐蚀等痕迹，也未见明显的塑性变形，如图 3-16 所示。

2.断口微区检测与分析

将高温过热器入口集箱三通焊缝开裂部位剖开，利用扫描电子显微镜（SEM）对断口微观形貌特征进行观察。结果显示，断口上起始开裂部位呈现典型的"冰糖状"晶间开裂形貌，局部伴有二次裂纹。局部位置有明显的呈河流花样的解理小刻面，断口整体呈脆性断裂特征，如图3-17所示。

图3-17　温过热器入口三通焊缝断口SEM形貌

3.显微组织检测与分析

在开裂的高温过热器入口集箱三通焊缝上取样进行显微组织检测，可以看出，焊缝的组织为柱状晶形态的回火索氏体，组织状态基本正常，未见过热组织及淬硬的马氏体等异常组织。在焊缝组织中除主裂口外，还存在多条微裂纹，这些裂纹均沿粗大的原奥氏体晶界分布，长度大多为几十微米至几百微米，具有典型的沿晶开裂形貌特征；同时裂纹内部存在氧化的情况，说明这些微裂纹

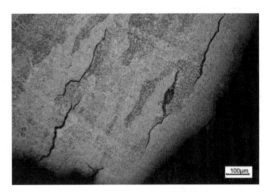

图3-18　高温过热器入口集箱三通焊缝显微组织

形成温度较高，如图3-18所示。同时取样组织中明显可见有分散的晶间孔穴，也有由孔穴串集而成的晶界开裂，具有热裂纹的开裂特征。

4.化学成分检测与分析

对高温过热器入口集箱三通焊缝取样进行化学成分检测，结果如表3-1所示。可以看出，接头焊缝熔敷金属的化学成分符合DL/T 869—2012《火力发电厂焊接技术规程》对牌号为R317的焊材的要求。

表3-1　　　　　　高温过热器入口集箱三通焊缝R317化学成分检测结果　　　　　%

项目	C	Si	Mn	Cr	Mo	V	P	S
实测值	0.08	0.33	0.70	1.18	0.33	0.28	0.020	0.010
标准要求	0.05 ~ 0.12	≤ 0.60	≤ 0.90	0.80 ~ 1.50	0.40 ~ 0.65	0.10 ~ 0.35	≤ 0.035	≤ 0.035

5.力学性能测试与分析

对开裂的高温过热器入口集箱三通焊缝取样进行硬度测试，结果如表3-2所示。可以看出，焊缝的实测布氏硬度值高于DL/T 869—2012《火力发电厂焊接技术规程》的要求，导致焊缝的韧性储备不足。

表 3-2 高温过热器入口集箱三通焊缝硬度检测结果（20℃）

检测项目	母材硬度 HBW	焊缝硬度 HBW
标准要求值	135 ~ 195	不高于母材硬度加 100，且 ≤ 270
实测值	—	286

（三）试验结果

从断口形貌分析，高温过热器入口集箱三通对接接头存在多条缝横裂纹，裂纹主要位于焊缝内，部分延伸至母材。微区形貌显示，断口呈典型的沿晶开裂形貌特征。

从化学成分分析，高温过热器入口集箱三通焊缝熔敷金属的化学成分符合要求，排除错用焊材导致的可能。

从金相组织分析，高温过热器入口集箱三通焊缝的组织基本正常，未见过热组织及淬硬的马氏体等异常组织。在焊缝中存在多条沿粗大的原奥氏体晶界分布、长度大多为几十微米至几百微米的微裂纹。同时，微裂纹内部存在氧化的情况，说明这些微裂纹形成温度较高，具有较为典型的焊接高温阶段形成的结晶热裂纹的特征。

从力学性能分析，高温过热器入口集箱三通焊缝的硬度值明显高于标准要求，说明焊后热处理工艺不能满足要求，导致焊缝的韧性储备不足，抗裂能力下降。

从受力角度分析，高温过热器入口集箱与三通及蒸汽连接管道组成的管系在运行过程中既要承受内部高温高压介质形成的一次应力的作用，还要承受机组启停及负荷变化时在管系中形成的二次应力的作用。在上述两种应力的叠加作用下，焊缝中的结晶微裂纹会进一步扩展，形成宏观的开裂损伤。

（四）试验结论

高温过热器入口集箱三通对接接头开裂的主要原因：在安装过程中由于焊接工艺或操作不当，致使该焊缝内形成大量细小的结晶热裂纹。同时，接头焊后热处理不当，致使焊缝的硬度偏高，韧性储备不足，抵抗裂纹扩展能力下降。锅炉长时间运行过程中，在管道内部介质压力形成的一次应力和管系膨胀收缩产生的二次应力共同作用下，焊缝内的细小结晶裂纹不断扩展，最终导致宏观开裂。

二、屏式过热器集箱接管座断裂

（一）设备概况

某火力发电厂 2 号锅炉于 2004 年 10 月 8 日投产运行。锅炉型号为 DG670/13.7-22，过热蒸汽压力为 13.7MPa、温度为 540℃。

2007 年 12 月 31 日，该锅炉屏式过热器（全大屏）集箱的第 57 排、53 排接管座沿着集箱角焊缝横向断裂泄漏。停锅炉检查时发现，第 54 排接管座的角焊缝也发生了类似开裂。接管座材质为 12Cr1MoVG，规格为 $\Phi 42 \times 5.0mm$。

（二）试验分析

1. 宏观形貌观察与分析

两个管座断裂部位均位于接管座与集箱的角焊缝热影响区区域。第 57 排接管座的断口存在疲劳弧线，呈疲劳断裂特征。根据疲劳弧线的弯曲方向，可以判定管子是由一侧外表面向另一侧断裂，如图 3-19 和图 3-20 所示。

图 3-19　管座断口整体宏观形貌　　图 3-20　管座断口局部宏观形貌

第 53 排接管座的断口不但存在疲劳断裂特征，且有脆性断裂的特征，如图 3-21 和图 3-22 所示。据此可以判定管子是先发生疲劳断裂，随后产生了脆性断裂。

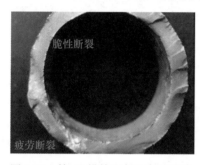

图 3-21　第 53 排管座断口宏观形貌　　图 3-22　第 53 排管座断口局部宏观形貌

2. 显微组织检测与分析

第 57 排管座母材微观组织为铁素体＋珠光体，球化 2 级，如图 3-23 所示。第 53 排管座母材微观组织为铁素体＋珠光体，球化 2.0 级，如图 3-24 所示。

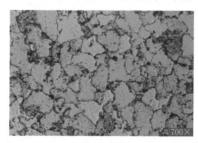

图 3-23　第 57 排管座母材微观组织　　图 3-24　第 53 排管座母材微观组织

第 57 排管座的热影响区存在着沿管子周向的裂纹，几条裂纹方向平行，有分叉，裂纹扩展的第 1 阶段和第 2 阶段的方向成 45° 角，为典型的疲劳裂纹，如图 3-25 和图 3-26

所示。第 53 排管座的断裂部位靠近热影响区的母材侧，试样无周向裂纹。

图 3-25　第 57 排管座热影响区裂纹扩展 1 阶段

图 3-26　第 57 排管座热影响区裂纹扩展 2 阶段

3. 力学性能测试与分析

在与两个接管座焊接的屏式过热器直管段，各取 3 个试样进行力学性能测试，分析结果如表 3-3 所示。从试验数据分析，除了第 57 排屏式过热器受试样长度的限制，断后伸长率无法测定外，屏式过热器管子检测的其他性能均符合 GB/T 5310《高压锅炉用无缝钢管》标准的要求。

表 3-3　　　　　　　　　　力学性能测试结果（20℃）

力学性能指标	屈服极限 R_e（MPa）	强度极限 R_m（MPa）	延伸率 A（%）
57 排屏过管样	389	578	—
53 排屏过管样	382	539	28
GB/T 5310《高压锅炉用无缝钢管》	≥ 255	470 ~ 640	≥ 21

4. 化学成分检测与分析

在第 57、53 排的接管座上，各取 1 个试样进行化学元素成分含量检测，结果如表 3-4 所示。从试验数据来看，管子的化学成分含量符合相关标准的要求。

表 3-4　　　　　　　　　　化学成分检测结果　　　　　　　　　　%

元素	C	Si	Mn	S	P	Cr	Mo	V
57 排管样	0.11	0.212	0.58	0.0029	0.024	1.07	0.298	0.213
53 排管样	0.14	0.26	0.59	0.0073	0.019	1.09	0.315	0.271
GB/T 5310《高压锅炉用无缝钢管》	0.08 ~ 0.15	0.17 ~ 0.37	0.40 ~ 0.70	≤ 0.030	≤ 0.030	0.90 ~ 1.20	0.25 ~ 0.35	0.15 ~ 0.30

（三）试验结论

通过对两个断口宏观形貌和热影响区的裂纹微观特征的分析，集箱接管座开裂主要原因是由于弯曲疲劳发生的断裂。管子弯曲疲劳断裂往往是由于屏管振动，在管子固定端的根部产生应力集中，加上管子膨胀不畅产生的应力作用，会在角焊接热影响区这样的应力集中部位产生开裂。

（四）监督建议

由于应力、疲劳、高温等因素，集箱的环焊缝和管座角焊缝在长期运行过程中容易出现缺陷，应在机组定期检验中对高温过热器、屏式过热器、高温再热器集箱和集汽集箱环焊缝和管座角焊缝进行无损检测抽查。

三、过热器二级减温器集箱开裂

减温器集箱是用水作冷却介质调节过热器、再热器蒸汽温度的装置，其作用是控制和保持过热蒸汽温度或再热蒸汽温度为规定值，并防止过热器、再热器管过热。减温器包括过热器之间的减温器、再热器之间的减温器和再热蒸汽冷段管道上的减温器。

（一）设备概况

某火力发电厂 6 号锅炉的型号为 WGZ220/9.8-13，于 1995 年 12 月投产运行，过热蒸汽压力为 9.81MPa、温度为 540℃。2006 年 7 月，锅炉甲侧过热器二级减温器在运行中发生开裂泄漏。至 2006 年 7 月，6 号锅炉累积运行时间约为 72000h。过热器二级减温器集箱材质为 12Cr1MoVG，规格为 $\Phi273 \times 30mm \times 3500mm$。

（二）试验分析

1. 宏观形貌观察与分析

检查发现集箱筒体出现环向宏观裂纹，裂纹位于集箱锅炉后侧，距东侧集箱环焊口 900mm，裂纹长度为 45mm。外表面检查裂纹仅有 1 条，周围无小裂纹，其形貌如图 3-27 所示。裂纹处距支吊架 300mm，距减温器集箱喷嘴 2000mm。该集箱于 1998 年曾开裂一次，裂纹形貌与此次相似。两次裂纹相距 220mm 左右。

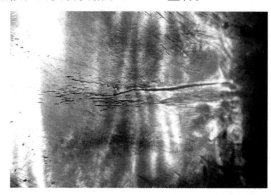

图 3-27　集箱裂纹宏观形貌

2. 显微组织检测与分析

对集箱裂纹进行了现场复膜金相检验。显微镜下观察，裂纹较直，较少分叉。部分区域裂纹有分叉，然后继续沿原方向扩展，其微观形貌如图 3-28 所示。部分区域裂纹呈锯齿状，如图 3-29 所示。

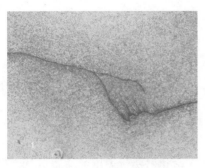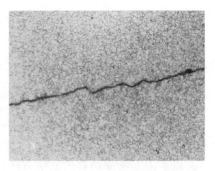

图 3-28　分叉裂纹微观形貌　　　　　图 3-29　锯齿裂纹微观形貌

裂纹尖端形貌及金相组织如图 3-30 所示。裂纹较宽，穿晶扩展，尖端粗钝。金相组织为铁素体 + 少量珠光体 + 碳化物，组织球化级别为 3.0 级，属中度球化。

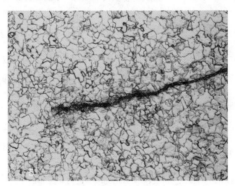

图 3-30　裂纹尖端形貌及金相组织

（三）试验结论

集箱筒体材质金相组织为中度球化，筒体材质硬度合格，材质组织、性能方面基本满足运行条件。经过对集箱的支吊架进行检查，未发现松动、卡死等异常情况。从两次开裂分析判断，该集箱筒体管材存在原始制造缺陷，该缺陷在冷热交变载荷作用下，产生热疲劳裂纹并扩展，造成集箱该区域 2 次开裂。

第四章 受热面监督检验典型案例分析

受热面是将锅炉燃烧产生的热量传递给汽水介质的主要部件，包括省煤器、水冷壁、过热器和再热器，被称为"四小管"。作为电站锅炉的重要组成部分，其可靠性直接关系到锅炉的安全稳定运行。据各发电集团统计，火力发电机组约40%的非停事件是由于"四小管"泄漏引发的，其占锅炉非停事件的比例大于或等于60%。因此，对于锅炉"四小管"的监督检验应引起足够的重视。

第一节 受热面损伤模式及缺陷类型

一、受热面常用材料

受热面管布置于锅炉炉膛、烟道或尾部竖井内，在承受高温火焰或烟气热辐射的同时，还要承受烟气及飞灰的腐蚀、磨损等恶劣工况的作用。因此，其用钢要求较为严苛。

1. 过热器和再热器钢管用钢应满足的要求

（1）应具有足够高的蠕变强度、持久强度和持久塑性，并具有良好的长期高温组织稳定性。对于同一钢号，其用于过热器管时的最高允许使用温度可比用于蒸汽管道时高30 ~ 50℃。

（2）具有良好的抗高温氧化性能，工作温度下的氧化速率不大于0.1mm/a。

（3）具有良好的冷热加工性能和焊接性能。过热器和再热器常用的材料有12Cr1MoVG、12Cr2MoG（10CrMo910、T22）、12Cr2MoWVTiB（G102）、07Cr2MoW2VNbB（T23）、10Cr9Mo1VNbN（T91）、10Cr9MoW2VNbBN(T92)、10Cr11MoW2VNbCu1BN（T122）、TP304H、TP316H、TP321H、TP347H、Super304H、TP347HFG、HR3C等。

2. 水冷壁管和省煤器管用钢应满足的要求

（1）应具有一定的室温和高温强度，以保证合理的管壁厚度，有利于加工和良好的传热效果。

（2）具有良好的抵抗热疲劳性能和传热性能，以防止因热疲劳或机械疲劳而导致的过早损伤。

（3）具有良好的抗高温烟气腐蚀性能，耐磨损性能、工艺性能，特别是良好的焊接性能。受热面管常用的材料有 20G、SA-210C、15CrMoG、12Cr1MoVG、12Cr2MoG、07Cr2MoW2VNbB 等。

二、受热面损伤模式

过热器和再热器主要损伤模式有蠕变损伤、疲劳损伤、蠕变与疲劳交互作用损伤、腐蚀损伤及磨损损伤。水冷壁和省煤器主要损伤模式有疲劳损伤、腐蚀损伤及磨损损伤。

受热面失效是锅炉安全使用中最突出的矛盾，其常见的损伤形式有短时过热、长时过热、应力撕裂、烟气侧腐蚀、蒸汽测腐蚀、应力腐蚀、晶界腐蚀、热疲劳、机械疲劳、飞灰磨损、吹灰器吹损、原始缺陷、蠕变损伤、焊接缺陷、热处理裂纹及过载损伤等。

三、受热面常见缺陷类型

锅炉受热面在制造、运输、安装过程中，易在钢管内部或外部形成夹杂、微裂纹、外部划痕、内凹、刮伤等加工、运输缺陷，以及裂纹、未焊透、未熔合、夹渣、气孔、焊瘤、角变形等焊接缺陷。运行过程中由于机组启停或负荷变动产生的热交变应力在缺陷部位产生应力集中，当应力超出材料本身的强度极限时，可引发受热面爆漏。因此，加强受热面制造过程中质量控制及运输、安装过程中的质量管理工作，是从源头杜绝受热面爆管的一项重要措施。

受热面在运行过程中的超温、超压、炉型结构不合理、膨胀不畅、腐蚀、结垢、结焦、磨损等也是造成受热面管失效的主要因素。

水冷壁服役后常见的主要缺陷有变形、鼓包、过热爆管、过烧、腐蚀、氢脆、冲蚀、磨损、砸伤、开裂等，包括吹灰器区域吹灰冲蚀、冷灰斗（前、后）掉渣冲蚀、膜式壁结焦、燃烧器区域鳍片开裂和飞灰磨损、炉膛水冷壁管机械损伤、鳍片漏焊、人孔门区域鳍片开裂、燃烧器区域高温腐蚀、吹灰器区域鳍片开裂、管卡移位及脱落，折焰角处飞灰磨损、燃烧器区域高温氧化、折焰角区域鳍片裂纹、管卡变形及烧损，对接焊缝表面裂纹、观火孔处飞灰磨损、膜式壁结渣和变形、燃烧器区域鳍片过烧和裂纹、冷灰斗下弯头处鳍片开裂等。

省煤器服役后常见的主要缺陷有防磨瓦移位（含转向、脱落）、防磨瓦变形（含烧损、开裂）、飞灰磨损、钢管变形及移位、防磨瓦固定焊缝开裂、省煤器管及悬吊管机械损伤、省煤器悬吊管与低温过热器及低温再热器管碰磨、管卡移位（含转向、脱落）、管卡固定焊缝表面裂纹、管排变形及移位、低温腐蚀、省煤器入口段内部氧腐蚀等。低温段省煤器管易发低温腐蚀，低温受热面时，与温度较低的受热面金属接触，这是因为烟气中的水蒸气和硫酸蒸汽进入发生凝结而对金属壁面造成腐蚀。

顶棚过热器、包墙过热器、低温过热器、低温再热器服役后常见的主要缺陷有防磨瓦移位和变形（含烧损、开裂）、受热面管变形及移位、吹灰器区域吹灰冲蚀、飞灰磨损、与烟井包墙碰磨、高温腐蚀、鼓包、机械损伤、阻流板损坏等。

屏式过热器、高温过热器、高温再热器服役后常见的主要缺陷有防磨瓦移位和变形（含烧损、开裂）、吹灰器区域吹灰冲蚀、管卡变形、受热面管结渣（结焦）、夹持管及其支撑块处碰磨、受热面管变形及移位、烟气走廊处飞灰磨损、受热面管组织异常、机械损伤、高温腐蚀、异种钢接头应力腐蚀和开裂、钢管内壁氧化皮剥落和堆积等。

（一）末级过热器管原始裂纹缺陷

某发电厂 1 号锅炉为 SG-2141/25.5 型、660MW 等级的超临界参数、变压直流、一次再热、平衡通风、紧身封闭、固态排渣、全钢构架、全悬吊结构 Ⅱ 型锅炉。该锅炉的过热蒸汽最大连续蒸发量（B-MCR）为 2141t/h，额定蒸发量（BRL）为 2076t/h，额定蒸汽压力为 25.5MPa、温度为 571℃；再热蒸汽的蒸汽流量（B-MCR/BRL）为 1772/1712t/h，进口 / 出口蒸汽压力为 4.50/4.31MPa，进口 / 出口蒸汽温度为 327/569℃，给水温度为 288/286℃。

2015 年 5 月安装阶段进行水压试验过程中末级过热器出口管段发生开裂泄漏，开裂部位管段材质为 SA-213T91、规格为 $\Phi38\times7.0$mm，开裂形貌如图 4-1 所示。

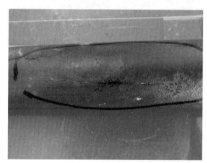

图 4-1　末级过热器 T91 钢管开裂裂纹

分析结果表明，T91 钢管在轧制阶段加工工艺不当，导致钢管内壁存在众多深浅不一的纵向裂纹或类裂纹缺陷是造成本次泄漏的主要原因。锅炉进行水压试验时，在管内介质压力作用下，钢管内壁的裂纹缺陷扩展贯穿管壁而引发末级过热器管泄漏。

（二）水冷壁管短时过热爆漏

某发电厂 2 号锅炉为 DG-670/13.7-20 型、超高压、一次中间再热、自然循环、汽包煤粉锅炉，过热蒸汽压力为 13.7MPa，温度为 540℃，额定蒸发量为 670t/h。2013 年 10 月该机组锅炉水冷壁在运行过程中发生泄漏，泄漏管段材质为 20G，规格为 $\Phi60\times6.5$mm，爆口形貌如图 4-2 所示。

图 4-2　水冷壁管短时过热爆口形貌

分析结果表明，锅炉在运行过程中发生"烧干锅"现象，造成水冷壁内介质严重不足、钢管向火侧管壁快速升温至无法承受内部介质压力而引发的水冷壁管短时过热爆漏。

（三）水冷壁管焊缝焊接缺陷

某发电厂 3 号锅炉为 HG-1140/25.4-YM1 型的超临界参数、变压运行螺旋管圈直流炉、单炉膛、一次再热、采用前后墙对冲燃烧方式、平衡通风、紧身封闭、固态排渣、全钢构架、全悬吊结构 Ⅱ 型锅炉。过热蒸汽最大出口压力为 25.4MPa，出口最高温度为 571℃；再热蒸汽最大出口压力为 3.931MPa，出口最高温度为 569℃。

该机组自投产运行以来，频繁发生水冷壁管焊接接头泄漏失效，泄漏水冷壁管段的材质为 15CrMoG、规格为 $\Phi 38 \times 7.3mm$，泄漏部位形貌如图 4-3 所示。

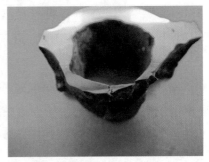

图 4-3 水冷壁管焊接接头泄漏部位形貌

第二节 受热面监督检验方法

过热器、再热器、水冷壁和省煤器可采用目视检测（直接目视检测和间接目视检测）、壁厚测量、几何尺寸测量、渗透检测、磁粉检测、超声波检测（包括 A 型显示超声波检测方法、相控阵超声波检测方法）、射线检测（胶片照相、计算机辅助 X 射线检测 CR、数字 X 射线检测 DR）、涡流检测（远场涡流）、氧化皮厚度检测、氧化皮堆积量检测、硬度检测、金相组织检测、化学元素分析、扫描电镜等方法进行检测和分析。

为了及时了解和掌握受热面钢管的性能，还应结合锅炉检修，对特定区域受热面钢管进行割管取样，并送有资质试验室进行力学性能、金相组织及垢量分析。水冷壁钢管应在燃烧器周围和热负荷较高区域进行割管取样，检查内壁结垢、腐蚀情况，测量向火侧、背火侧垢量，分析垢样成分。应注意的是，除燃烧器周围以及热负荷较高区域外，对于加氧运行的超临界锅炉，还应考虑对水冷壁螺旋段与垂直段交接区域的垂直段进行割管，此处也会存在氧化皮脱落部位发生腐蚀的情况。省煤器钢管应在省煤器进口端进行割管取样，检查省煤器进口端钢管内壁是否有严重结垢和氧腐蚀。对高温过热器和高温再热器割管进行金相组织及碳化物分析，并检查钢管外壁氧化皮厚度和晶界氧化裂纹深度。

受热面管与锅炉其他部件相比，其失效具有特殊性。从制造、安装方面看，受热面管数量庞大，不确定影响因素多，从运行、检修角度看，受热面管的工况恶劣、布置复杂，现场检查困难。同时，由于锅炉结构复杂，其运行参数易偏离设计，也使得受热面管的失效具有一定的特殊性。因此，既要从设计、制造、安装、监造、运行、检修、检验等环节把好质量关，也要注意分析每一次失效的机理和原因，对历史上出现的泄漏事故进行统计和对比，真正认识其失效的本质。

经过多年的研究和运行实践经验，我国已经形成了比较完善的受热面监督管理体系，国家和电力行业均颁布了规范、有效的管理和检验标准、规程和导则，各发电集团也制定了相应的受热面管理和监督细则。锅炉受热面设计、制造、安装、运行和检验等环节所涉及的主要标准见附录 B。标准对锅炉受热面在制造阶段、安装阶段及服役过程中的监督检验均提出了明确的要求，各级金属技术监督人员应熟悉各项规定的内容和要求，并结合本厂锅炉特点和受热面的结构、实际运行状况，制定适用于本单位的更加具有针对性和适用性的监督管理措施。

第三节　典型案例分析

一、末级过热器短时过热爆漏分析

（一）设备概况

某发电公司 6 号锅炉为 HG-2141/25.4-HM15 型 660MW 等级、一次中间再热、超临界压力变压运行带内置式再循环泵启动系统的单炉膛、平衡通风、固态排渣、全钢架、全悬吊结构、紧身封闭布置的 Π 型锅炉。

该锅炉自投产以来，末级过热器先后发生多次爆漏失效，其中有 4 次爆漏的位置位于锅炉 69.9m 标高处的 SA-213T91 与 SA-213TP347H 异种钢焊缝上方 100mm 范围内的 T91 管段处。末级过热器使用材料分别为 SA-213T91 及 SA-213TP347H，规格分别为 $\varphi51 \times 10$mm 和 $\varphi51 \times 11$mm，共 36 屏，每屏 19 根钢管，屏间横向节距为 550mm。

（二）试验分析

1. 宏观形貌观察与分析

经现场勘查及宏观分析，末级过热器管爆漏点位于 SA-213T91 与 SA-213TP347H 异种钢焊缝上方 100mm 范围内的 T91 管段处，爆口沿轴向分布开口较大、呈喇叭状，爆口边缘减薄明显且锋利，为韧性断裂，除爆口处外其余部位未见明显减薄胀粗，钢管内外壁未见明显氧化皮及腐蚀损伤等形貌，如图 4-4 所示。

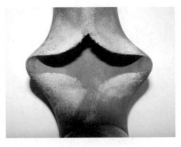

图 4-4　爆口现场及宏观形貌

2. 化学成分检测与分析

对末级过热器爆破管段的 T91 及 TP347H 管材分别进行化学成分检测，两种管材的化学成分均符合 ASTM A213/A213M《锅炉、过热器和换热器用无缝铁素体和奥氏体合金钢管子》的要求，不存在材质错用以及化学成分不合格问题。

3. 显微组织检测与分析

对末级过热器管爆漏管段取样进行显微组织检测与分析。T91 管段爆口处的金相组织中马氏体发生回复，马氏体的位向消失，晶粒发生明显拉长畸变，局部形成撕裂空洞，碳化物颗粒聚集长大明显。爆口对侧母材的金相组织正常，仍具有较为清晰的马氏体位相，未见明显老化，如图 4-5 所示。

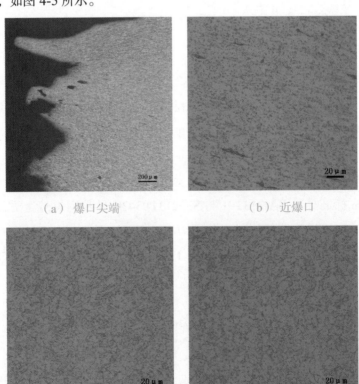

（a）爆口尖端　　　　　　　　　（b）近爆口

（c）爆口对侧　　　　　　　　　（d）爆口远端

图 4-5　爆破管段各部位金相显微组织

4. 力学性能测试与分析

对末级过热器 T91 管段及 TP347H 管段分别进行力学性能测试，如表 4-1 和表 4-2 所示。由此可知，末级过热器 T91 管材及 TP347H 管材的屈服强度、抗拉强度、断后伸长率等指标符合相关标准要求。

表 4-1　　　　　　　　　　T91 管段力学性能测试结果（20℃）

检测项目	屈服强度（MPa）	抗拉强度（MPa）	断后伸长率（%）	冲击吸收功（J）
ASTM A213/A213M《锅炉、过热器和换热器用无缝铁素体和奥式体合金钢管子》	≥ 415	≥ 585	≥ 20	40
T91 管段实测值	454	612	31.0	100.9

表 4-2　　　　　　　　　　TP347H 管段力学性能测试结果（20℃）

检测项目	屈服强度（MPa）	抗拉强度（MPa）	断后伸长率（%）	冲击吸收功（J）
ASTM A213/A213M《锅炉、过热器和换热器用无缝铁素体和奥式体合金钢管子》	≥ 205	≥ 515	≥ 35	—
TP347H 管段实测值	255	590	59.5	—

5. 断口分析

利用扫描电子显微镜（SEM）对末级过热器管爆口进行微观形貌分析，发现其断口存在大量撕裂棱及撕裂状韧窝，如图 4-6 所示。说明，其爆裂主要是以韧性开裂为主，钢管具有较好的韧性和塑性，同时也符合钢管短时超温过热爆破的特征。

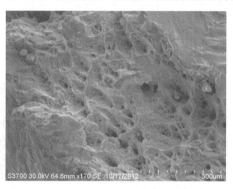

图 4-6　T91 管段爆口 SEM 形貌

6. 壁厚校核与分析

为了确认末级过热器管的壁厚是否能够满足设计要求，按照 GB/T 16507—2013《水管锅炉》对钢管壁厚进行壁厚校核。该标准中给出钢管和锅炉范围内管道的直管最小需要

壁厚计算式为

$$\delta_{\min} = \frac{pD_w}{2\varphi_h[\sigma]+p} + C_1$$

式中 p——计算压力，MPa；

D_w——管道或钢管的外径，mm；

φ_h——焊缝减弱系数，对于无缝钢管取值为 1.0；

$[\sigma]$——设计温度下的许用应力，MPa；

C_1——设计计算和校核计算考虑腐蚀减薄的附加厚度，一般取 0.5mm。

（1）T91 钢管的壁厚校核。在该钢管的壁厚校核计算中，按照锅炉厂给定参数：T=590℃，p=28.0MPa，D_w=51mm，不同温度下的许用应力查表，590℃时 T91 钢管的许用应力 $[\sigma]$ 最小值为 69.0MPa。

将上述参数代入公式，则最小需要壁厚 $\delta_{\min}$ 的计算过程为

$$\delta_{\min} = \frac{28.0 \times 51}{2 \times 1 \times 69.0 + 28.0} + 0.5 = 9.1(\text{mm})$$

因此，最小需要壁厚 $\delta_{\min}$ 为 9.1mm。

（2）TP347H 钢管的壁厚校核。在该钢管的壁厚校核计算中，按照锅炉厂给定参数：T=590℃，p=28.0MPa，D_w=51mm，不同温度下的许用应力查表，590℃时 TP347H 钢许用应力最小值为 99.0MPa。

将上述参数代入公式，则最小需要壁厚 $\delta_{\min}$ 的计算过程为

$$\delta_{\min} = \frac{28.0 \times 51}{2 \times 1 \times 99.0 + 28.0} + 0.5 = 6.8(\text{mm})$$

因此得到最小需要壁厚 $\delta_{\min}$ 为 6.8mm。

对 T91 与 TP347H 异种钢焊口两侧钢管的实际壁厚进行测量，T91 管段的壁厚在 9.1 ~ 9.8mm 之间，TP347H 钢管的实测壁厚在 10.1 ~ 10.8mm 之间，两种材质的钢管的实际壁厚均符合设计所需最小壁厚要求。

7. 内壁氧化皮检测与分析

对 T91 及 TP347H 管段内壁的氧化皮状态的检测显示，T91 管段内壁氧化皮与钢管结合良好，未见明显剥落；而爆口下部 TP347H 管段内壁氧化皮则发生了明显的剥落。在对与爆漏管段相邻钢管进行检测时，发现 TP347H 钢管内壁存在大量氧化皮，如图 4-7 所示。

图 4-7　TP347H 钢管内壁剥落的氧化皮

（三）试验结论

造成末级过热器爆管的主要原因：TP347H 钢管内壁在高温蒸气环境中形成的大量氧化皮剥落造成管路堵塞是导致末级过热器短时过热爆管的主要原因。而各次爆管的爆口存在于入口侧 T91 与 TP347H 异种钢焊缝上方 100mm 范围内的主要原因如下：

（1）TP347H 管段的壁厚较厚而 T91 钢管的壁厚较薄。

（2）在 T91 钢的最高设计使用温度 590℃条件下，T91 钢的许用应力值为 69.0MPa，而 TP347H 钢的许用应力值为 99.0MPa，TP347H 在该温度下的许用应力较 T91 钢高。

（3）末级过热器低温段向高温段过渡段中，T91 与 TP347H 异种钢焊缝上端的 T91 钢管处于整个 T91 管段中温度最高的部位，也使该处成为服役环境最为恶劣的部位。

（四）监督建议

对于该类型受热面管失效应做到"逢停必查"，及时掌握锅炉受热面管内氧化皮的脱落和堆积情况。由于 TP347H 是粗晶粒的奥氏体不锈钢，极易形成氧化皮且疏松的外层极易脱落，氧化皮的生成无法控制，建议从运行方面严格控制锅炉的蒸汽温度变化率和热偏差，避免氧化皮大规模集中脱落。

从运行角度考虑，对应实际燃用煤种，进行制粉系统校核计算、空气预热器校核计算，确定现有锅炉机组设备对煤种变化适应能力，必要时进行设备改造；检查空气预热器的吹灰器工作能力，治理空气预热器积灰；严格检查燃烧器角度有否偏离，检查浓淡分离器分离效果，对磨损的百叶窗进行修复；摆动燃烧器下倾运行，调整中注意实际摆角的同步性问题。合理调整各层二次风配比，利用 SOFA 风（锅炉分离燃尽风）控制炉膛出口热偏差。运行中（尤其启停炉时）尽可能保证煤质稳定，降低扰动。调整时采用较低平均温度变化率，以保证蒸汽温度在系统扰动时的变化率。

二、屏式再热器长时过热爆漏分析

屏式再热器一般布置于炉膛出口折烟角附件，同时受炉内的直接辐射热和烟气的对流热，连接低温再热器，出口至再热蒸汽热段管道，也是介质温度及金属壁温较高的部件之一。

（一）设备概况

某发电厂 8 号锅炉为 SG-2093/17.5-M912 型的亚临界参数、一次中间再热、控制循环汽包锅炉。锅炉采用摆动式燃烧器调温、四角布置、切向燃烧、正压直吹式制粉系统、单炉膛、Ⅱ型紧身封闭布置、固态排渣、全钢架结构炉。过热蒸汽流量为 2093t/h，过热蒸汽温度为 541℃，过热蒸汽压力为 17.47MPa；再热蒸汽温度为 541℃，再热蒸汽压力为 3.89MPa。2020 年 10 月，8 号锅炉在运行过程中在屏式再热器附近发现管排有泄漏声音，停机检查发现屏式再热器钢管弯管处发生开裂。

泄漏屏式再热器管段的材质为 12Cr1MoVG、规格为 $\Phi 63 \times 4.0mm$。

（二）试验分析

1. 宏观形貌观察与分析

对爆漏的屏式再热器钢管进行宏观形貌检查。由此可知，钢管爆口开口细长，边缘粗钝，未见明显变形、减薄，开裂处可见明显胀粗；管外壁及内壁可见"老树皮"状的氧化皮，并有部分脱落，具有较为典型的长时过热致爆漏特征，未见明显的机械损伤及腐蚀损伤等痕迹，如图 4-8 所示。

（a）钢管外壁　　　　　　　　　　　（b）钢管内壁

图 4-8　屏式再热器泄漏点宏观形貌

2. 化学成分检测与分析

对爆漏的屏式再热器管取样进行化学成分检测，钢管的化学成分符合相关标准对 12Cr1MoVG 材质的要求。

3. 显微组织检测与分析

对开裂的屏式再热器钢管自开裂处垂直于裂纹取样进行显微组织检测，如图 4-9 所示。可见开裂处显微形貌为完全球化组织并有少量晶界蠕变孔洞。在高倍下观察开裂侧与开裂对侧的金相组织，可见开裂侧金相组织为铁素体 + 析出碳化物，球化等级为 5.0 级，珠光体区域已完全消失，碳化物聚集长大呈颗粒状，粗大的碳化物呈球状、链状分布在晶界上；开裂对侧金相组织为铁素体 + 析出碳化物，球化等级为 4.0 级，珠光体区域已完全消失，碳化物聚集长大呈颗粒状，粗大的碳化物呈球状、链状分布在晶界上。

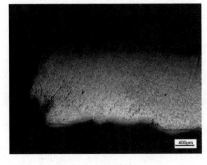
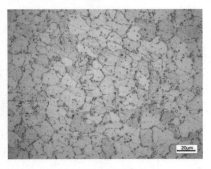

（a）开裂处　　　　　　　　　　　（b）开裂处母材

图 4-9　屏式再热器开裂处金相组织（一）

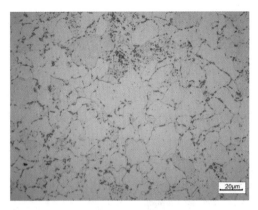

（c）开裂对侧

图 4-9　屏式再热器开裂处金相组织（二）

（三）试验结论

造成本次 8 号锅炉屏式再热器管开裂泄漏的主要原因是屏式再热器钢管在运行过程中长时间处于过热状态，导致管壁组织球化严重，力学性能下降明显，最终无法承受管内压力，发生开裂爆漏。

（四）监督建议

应排查相近管屏钢管有无胀粗、鼓包等长时过热蠕变特征；检查周边管屏钢管管材球化程度，根据球化程度进行相应处理措施（材质评定与寿命评估、换管、加强监督等）。

三、水冷壁管应力撕裂泄漏分析

水冷壁是锅炉的主要受热部分，大型电站锅炉水冷壁一般采用膜式壁结构，分布于锅炉炉膛的四周。它的内部为流动的水或蒸汽，外部接受锅炉炉膛火焰的热量。水冷壁的作用是吸收炉膛中高温火焰或烟气的辐射热量，在管内产生蒸汽或热水，并降低炉墙温度，保护炉墙。在大容量锅炉中，炉内火焰温度很高，热辐射的强度很大。锅炉中有 40%～50%，甚至更多的热量由水冷壁吸收。

（一）设备概况

某发电厂 1 号锅炉为 DG1239/17.4-Ⅱ23 型的亚临界参数、自然循环、单汽包、单炉膛、一次中间再热、平衡通风、紧身封闭、固态排渣、全钢构架、四角切圆摆动调温煤粉锅炉。该机组于 2016 年 1 月投产运行。

2020 年 12 月，就地检查发现 1 号锅炉前墙 18m 右侧吹灰器处有异常声音，经过排查，拆除该吹灰器发现吹灰孔异型水冷壁管泄漏。机组停运待锅炉放水冷却后，搭设脚手架，检修人员进入炉膛检查，该吹灰孔左侧异型水冷壁管在下数第一个弯弧处有一裂纹（炉内部分），该处鳍片被吹漏，弯弧裂纹扩展至炉外，该吹灰孔右侧异型水冷壁管被冲刷出数个凹坑，吹灰孔左右侧异型水冷壁管邻边垂直水冷壁未见冲刷痕迹。

泄漏的水冷壁管段的材质为 SA-210C，规格为 $\Phi 63.5 \times 7.5mm$。

（二）试验分析

1. 宏观形貌观察与分析

结合现场勘查情况可知，水冷壁管开裂位置位于水冷壁前墙 18m 右侧吹灰器让位孔处的左侧异型管与非规则鳍片焊缝的熔合线处，裂口开口细小，具有撕裂状形貌特征。开裂处管壁未见明显胀粗，外壁未见明显氧化及腐蚀损伤痕迹。其泄漏的高压介质将造成与其相邻的让位孔右侧异型管吹损损伤，如图 4-10 所示。

（a）整体形貌　　　　　　　　　（b）泄漏点

图 4-10　泄漏的水冷壁管宏观形貌

2. 化学成分检测与分析

对泄漏的水冷壁管取样进行化学成分检测，如表 4-3 所示。由此可知，水冷壁管材质中各元素含量均符合相关标准对 SA-210C 的要求。

表 4-3　　　　　　　　　水冷壁取样管化学成分检测结果　　　　　　　　　　%

检测元素	C	Si	Mn	P	S
ASME SA—210/SA—210M《锅炉和过热器用无缝中碳钢管子》要求	≤ 0.35	≥ 0.10	0.29 ~ 1.06	≤ 0.035	≤ 0.035
实测值	0.23	0.26	0.75	0.009	0.003

3. 显微组织检测与分析

对泄漏的水冷壁钢管取样进行金相组织检测。吹灰器让位孔左侧异型水冷壁管的开裂泄漏点位于鳍片与钢管角焊缝的熔合区，沿熔合线由外壁向内壁扩展，外宽内窄，组织为铁素体 + 珠光体，球化级别为 2.0 级轻度球化，晶粒未见明显拉长畸变。此外还有焊缝覆盖区域钢管母材外壁向内壁扩展的裂纹，具有典型的应力撕裂状开裂形貌，如图 4-11 所示。

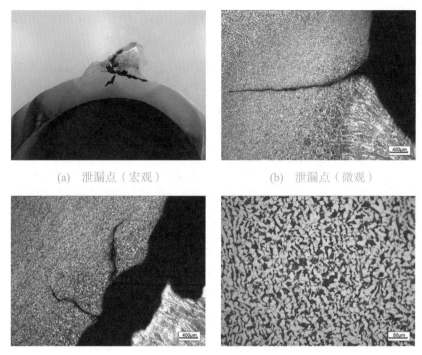

(a) 泄漏点（宏观）　　　　　(b) 泄漏点（微观）

(c) 焊缝覆盖区裂纹　　　　　（d）组织

图 4-11　泄漏的让位孔左侧水冷壁管金相组织

吹灰器让位孔右侧异型水冷壁管虽未泄漏，但其鳍片与钢管角焊缝的熔合区也存在沿熔合线由外壁向内壁扩展的外宽内窄的裂纹缺陷，组织为铁素体＋珠光体，球化级别为 2.0 级轻度球化，晶粒未见明显拉长畸变。此外还有焊缝覆盖区域钢管母材外壁向内壁扩展的裂纹，也具有典型的应力撕裂状开裂形貌，如图 4-12 所示。

 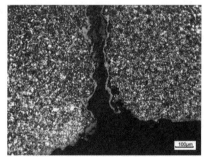

(a) 横截面　　　　　　　(b) 鳍片焊缝熔合区开裂

图 4-12　让位孔右侧水冷壁管金相组织

（三）试验结论

造成 1 号锅炉水冷壁管泄漏的主要原因是水冷壁吹灰器让位孔处异型管与鳍片的焊接结构复杂、应力集中程度高。锅炉启停及负荷变化过程中钢管与鳍片的膨胀方向及膨胀量不一致，造成沿异型管鳍片焊缝处形成应力撕裂并扩展贯穿管壁而引发开裂泄漏。

（四）监督建议

（1）应排查其他同类型的焊接结构是否存在开裂现象。

（2）应结合现场情况对让位孔处的鳍片焊接结构进行适当改造，以改善该部位的应力集中的情况。

（3）应优化并严格执行运行制度，避免机组频繁启停及短时间、大幅值的负荷变化等工况造成局部膨胀应力过大的情况，以免再次发生类似开裂泄漏。

四、水冷壁管烟气侧高温硫腐蚀损伤

水冷壁管在锅炉燃用高含硫量煤种、炉内局部缺氧形成还原性气氛及腐蚀性气体、未完全燃烧的煤粉冲刷水冷壁表面的条件下形成的高温腐蚀称为高温硫腐蚀。当前，高温硫腐蚀损伤已经成为国内燃用高硫分燃煤电站锅炉水冷壁的主要损伤模式，给电站锅炉的安全、稳定、经济运行带来了很大的困扰。

（一）设备概况

某发电厂锅炉为 SG-1065/17.5-M896 型的亚临界参数、一次中间再热、单锅筒自然循环汽包炉，过热蒸汽流量为 1065t/h，过热蒸汽温度为 541℃，过热蒸汽压力为 17.5MPa。

2016 年以来，两台锅炉均发生炉膛内多根水冷壁钢管严重减薄损伤的情况。减薄损伤的水冷壁管段材质为 SA-210C，规格为 $\Phi 60 \times 6.3mm$。

（二）试验分析

1. 宏观形貌观察与分析

对减薄损伤的水冷壁管段进行宏观形貌观察。水冷壁钢管内、外壁未见明显的机械损伤及明显的氧化皮等缺陷，但烟气侧存在明显的壁厚减薄，且减薄部位表面不光滑，存在较厚尺寸的黑色硬质沉积物，明显区别于烟气飞灰磨损减薄及蒸汽冲刷减薄的宏观形貌。从横截面来看，钢管烟气侧最薄部位已减薄至 1.34mm，如图 4-13 所示。

（a）向火侧形貌 　　　（b）横截面

图 4-13 损伤水冷壁管宏观形貌

2. 化学成分检测与分析

对减薄损伤的水冷壁管段进行化学成分检测，水冷壁管化学成分中各元素含量符合

ASME SA—210/SA—210M《锅炉和过热器用无缝中碳钢管子》对 SA-210C 材质的成分要求。

3. 显微组织检测与分析

对减薄损伤的水冷壁管段取样进行显微组织检测。钢管减薄部位的组织与炉外侧组织相同，均为等轴状均匀分布的铁素体＋珠光体组织，未见明显球化，未见晶粒明显拉长畸变，内外壁表面未见明显的氧化皮，但在减薄部位外壁存在明显区别于管材的沉积物，如图 4-14 所示。

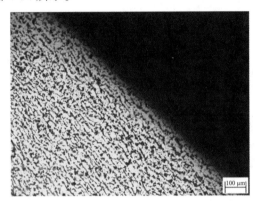 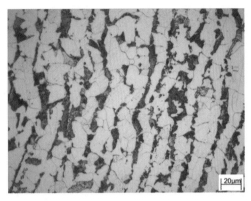

（a）外壁   （b）基体组织

图 4-14 减薄损伤的水冷壁管各部位的显微组织

4. 外壁沉积物检测与分析

利用扫描电子显微镜（SEM）及能谱分析技术（EDS）对减薄损伤水冷壁管段外壁沉积物取样进行检测，发现各水冷壁管迎火侧减薄部位外壁沉积物的组分中 S 元素含量较高，最高区域质量百分比达 21.36%，如图 4-15 所示。

 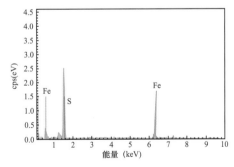

（a）沉积物断面形貌   （b）成分谱图

图 4-15 水冷壁管减薄部位外壁沉积物 EDS 结果

cps—单位能量内每秒计数

（三）试验结论

2 台锅炉水冷壁钢管大面积减薄损伤的主要原因：由于炉膛的燃烧介质中 S 元素含量较

高，在锅炉长期运行过程中大量含 S 元素的硫酸盐沉积到水冷壁钢管表面，在高温环境下在水冷壁钢管烟气侧渐进发生的硫酸盐沉淀热腐蚀即高温 S 腐蚀而引发的大面积减薄损伤，特别是对于处于温度较高的燃烧器区域的水冷壁钢管，其烟气侧高温 S 腐蚀损伤会更为严重。

（四）监督建议

（1）对于高温硫腐蚀普遍存在的情况，应加强各级受热面特别是水冷壁的技术监督及防磨防爆检查，发现问题及时处理。

（2）应从煤种选用、改善炉内流场、调整煤粉输送、控制煤粉细度、调整炉内温度场等方面着手优化运行技术。

（3）可以采用在水冷壁管烟气侧表面进行金属喷涂等方法来提高钢管的耐腐蚀磨损性能等方式来减缓或避免水冷壁管的大面积腐蚀减薄损伤。

五、省煤器管烟气侧低温硫腐蚀泄漏分析

省煤器是锅炉尾部烟道中将锅炉给水加热成汽包压力下的饱和水的受热面，省煤器吸收低温烟气热量的同时，降低了烟气的排烟温度，节省了能源，提高了效率。低温段省煤器管易发低温腐蚀，这是因为烟气中的水蒸气和硫酸蒸汽进入低温受热面时，与温度较低的受热面金属接触，发生凝结而对金属壁面造成腐蚀。燃料中含有硫分，燃烧时，有部分 SO_3 生成，SO_3 与烟气中水蒸气作用，会形成硫酸，它能在较高的温度下凝结。烟气中硫酸蒸汽凝结时的温度称为酸露点温度。它的数值主要与烟气中的 SO_3 含量有关，也与水蒸气含量有关。一般酸露点温度并不随 SO_3 含量的增加呈线性增加。SO_3 增加到某一浓度后，进一步提高 SO_3 含量，酸露点温度的增加变缓。对腐蚀影响最主要的是受热面金属低于露点以下的硫酸凝结量。

（一）设备概况

某发电厂 2 号锅炉为 UG-670/13.7-M 型超高压参数、一次中间再热、单汽包自然循环锅炉。

2014 年 9 月 23 日 15 时，巡检人员发现 2 号锅炉省煤器烟气挡板下斜烟道非金属膨胀节处有漏水，就地检查认为省煤器泄漏，遂申请中调停机消缺，18 时 21 分，2 号机组解列停机。检查发现锅炉省煤器甲侧数第 41 排第 2 根管有漏点。省煤器管泄漏管段的材质为 20G，规格为 $\varPhi 51 \times 5.0mm$。

（二）试验分析

1.宏观形貌观察与分析

对省煤器管段进行宏观形貌观察，发现省煤器管外壁存在较大面积的腐蚀减薄痕迹，腐蚀区域中心存在直径约 $\varPhi 5$ 泄漏破口，钢管表面几乎被结垢层所覆盖，破口附近有蒸汽泄漏后的吹损痕迹，远离破口表面覆盖结垢层处将垢层去除后发现管壁也有明显的自外向内减薄的情况，有腐蚀减薄迹象，内壁也存在较厚的垢层，如图 4-16 所示。

（a）外壁　　　　　　　　　　（b）内壁

图 4-16　省煤器管宏观形貌

2. 化学成分检测与分析

对省煤器管段取样进行化学成分检测。结果表明，省煤器管段的化学成分中各元素含量均符合 GB/T 5310—2017《高压锅炉无缝钢管》对 20G 材质的要求。

3. 显微组织检测与分析

对省煤器管段取样进行显微组织分析，泄漏点处的组织为铁素体＋珠光体，3.0 级轻度球化，未见明显球化现象，且晶粒为均匀等轴状，未见明显的拉伸畸变，如图 4-17 所示。

（a）漏点处　　　　　　　　　　（b）基体

图 4-17　泄漏省煤器管各部位金相组织

4. 微区成分检测与分析

利用能谱分析仪（EDS）对省煤器管外壁所提取的结垢层进行微区成分分析，如图 4-18 所示。由此可知，结垢层中存在含量很高的 O 和 S 元素，特别是 S 元素的质量百分比达到了 14%，这些元素的存在为酸性腐蚀介质 H_2SO_4 的形成创造了必要条件。

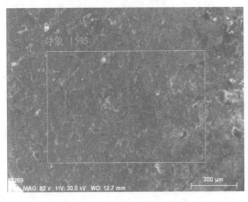
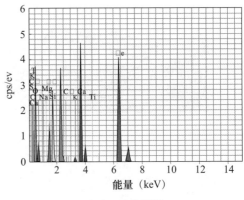

（a）微区形貌　　　　　　　　　　　　　（b）成分谱图

图 4-18　省煤器管段表面结垢层 EDS 谱图

（三）试验结论

造成省煤器管开孔泄漏的主要原因：省煤器管长期在可燃硫分燃烧后 SO_2 及 SO_3 具有一定浓度的烟气环境中运行，当低温烟气中水蒸气浓度达到一定程度时与 SO_3 反应形成 H_2SO_4 蒸汽，这些 H_2SO_4 蒸汽在省煤器管表面凝结对钢管造成了低温硫腐蚀，使管壁减薄并爆漏。

（四）监督建议

低温硫腐蚀对锅炉尾部低温受热面损伤严重，且面积较大。一般从燃料使用角度应使用低硫分煤种，从运行角度应控制尾部省煤器处的烟气温度，避免温度过低使烟气中水蒸气浓度上升；此外，从各管段内壁情况来看，钢管内壁存在大量的氧化皮及腐蚀物和腐蚀坑，说明系统汽水品质也存在问题，应加强汽水品质的监督管理。

六、水冷壁管蒸汽侧氢脆致泄漏分析

（一）设备概况

某发电厂 2 号锅炉为 DG-670/13.7-22 型的超高压参数、一次中间再热、自然循环燃煤锅炉；采用 Ⅱ 型布置、单炉膛、燃烧器四角布置、切圆燃烧、平衡通风、固态排渣、采用三分仓回转式空气预热器、钢构架（双排柱）。最大连续蒸发量为 670t/h，过热蒸汽压力为 13.7MPa、温度为 540℃。

2019 年 4 月 30 日 21 点 45 分，2 号炉侧突发巨响，给水流量由 568t 升至 837t，主蒸汽流量由 536t 骤降至 337t，汽包水位急剧下降，快速降低负荷，炉膛压力高 MFT 动作，锅炉灭火，汽包水位无法维持，汇报中调后停机。停炉冷却后检查发现，炉前甲数第 58 根水冷壁管发生爆漏。

爆漏水冷壁钢管段的材质为 20G，规格为 $\Phi 60 \times 6.5mm$。

（二）试验分析

1. 宏观形貌观察与分析

对爆漏的水冷壁钢管进行宏观形貌检查。水冷壁爆口位于向火侧正中间，爆口沿轴向分布开口较大，长约 200mm，爆口边缘粗钝，未见明显变形、减薄，呈脆性断裂特征，除爆口外其他部位管径无明显涨粗。爆裂部位钢管内壁存在较为严重的连续腐蚀坑，如图 4-19 所示。

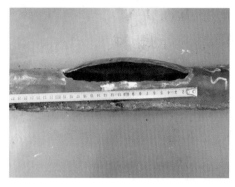

（a）BE-2-2 钢管爆口宏观形貌　　　　　　（b）BE-2-2 钢管爆口处形貌

图 4-19　爆漏水冷壁钢管的宏观形貌

2. 化学成分检测与分析

对爆漏的水冷壁钢管取样进行化学成分检测，结果显示，水冷壁管材中各元素含量均符合 GB/T 5310—2017《高压锅炉无缝钢管》对 20G 材质的成分要求。

3. 显微组织检测与分析

对爆漏水冷壁管段的显微组织进行观察，如图 4-20 所示。由此可知，爆口处的组织为铁素体+少量珠光体，存在严重脱碳现象，同时，组织脆化晶界上分布有大量沿晶裂纹。内壁腐蚀坑处壁组织也存在明显脱碳，并伴有大量沿晶裂纹。

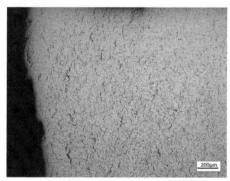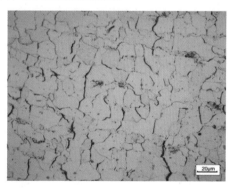

（a）爆口尖端　　　　　　　　　　（b）近爆口处

图 4-20　爆漏水冷壁钢管的金相组织

（三）试验结论

造成 2 号锅炉水冷壁钢管爆漏的主要原因：由于锅炉汽水品质不佳，在高温高压环境下在其向火侧内壁发生垢的沉积，形成钙钠类水垢并浓缩，引发垢下腐蚀（酸性），释放的氢原子或氢离子渗入金属内部与碳化物反应生成 CH_4，引发氢脆损伤，进而在内部高压介质的作用下导致爆漏失效。

（四）监督建议

（1）锅炉水冷壁一旦发生氢脆损伤引发的爆漏事故，其水冷壁管的损伤范围是比较大的，应对水冷壁系统进行全面检查，特别是热负荷较高的区域。

（2）鉴于氢脆损伤的不可逆性，应对存在同类型损伤的受热面进行及时更换。

（3）应加强对锅炉水质的监督，控制氢元素（H）的析出量，同时应定期对水冷壁进行除垢处理。

七、分隔屏过热器应力腐蚀开裂泄漏分析

（一）设备概况

某发电厂 4 号锅炉为 HG-1145/25.4-HM2 型 350MW 等级超临界参数、变压直流、一次中间再热、四角切圆燃烧方式、平衡通风、紧身封闭、固态机械排渣、全钢构架、全悬吊结构单炉膛 Ⅱ 型煤粉锅炉。锅炉的过热蒸汽最大连续蒸发量 (B-MCR) 为 1145t/h，汽水分离器压力为 28.7MPa，温度为 451℃；过热蒸汽出口压力为 25.4MPa，额定蒸汽温度为 571℃；再热蒸汽的进口 / 出口蒸汽压力为 5.448/5.258MPa，温度为 342.6/569℃；给水压力为 29.78MPa，温度为 295.4℃。

2017 年 9 月，4 号锅炉在试运过程中发生泄漏报警；10 月 3 日，停炉进行水压试验检查，发现分隔屏 U 形管组的 5 处现场安装焊接接头发生开裂泄漏。开裂泄漏的分隔屏过热器钢管的材质为 SA-213TP347H，规格为 $\Phi44.5 \times 8.0$mm。

（二）试验分析

1. 宏观形貌观察与分析

分隔屏过热器管的开裂部位位于分隔屏过热器钢管接近焊缝的区域，特别是热影响区最为严重。裂口开口细小，钢管基本无塑性变形，裂缝外壁长约占 2/5 钢管周长，沿熔合线周向分布。外壁未见明显氧化皮及机械损伤等缺陷，也未见明显胀粗及腐蚀等损伤，裂口边缘未见明显减薄；熔合线处未见严重咬边等缺陷，如图 4-21 所示。

（a）宏观形貌　　　　　　　　　　（b）纵向截面

图 4-21　开裂的分隔屏过热器钢管宏观形貌

2. 化学成分检测与分析

对分隔屏过热器钢管取样进行化学成分检测，结果表明分隔屏过热器钢管化学成分中各元素含量符合 ASME SA—213/SA—213M《锅炉、过热器和换热器用无缝铁素体和奥式体合金钢管子》对 TP347H 钢的成分要求。

3. 显微组织检测与分析

对开裂的分隔屏过热器钢管取样进行显微组织检测。宏观金相显示，接头断面除开裂处外无其他明显宏观缺陷。微观金相显示，钢管的基体组织为单相奥氏体并伴有大量孪晶，未见明显老化；焊缝的组织为奥氏体＋δ 铁素体；开裂部位位于近焊缝区域，裂纹数量较多，均呈现树枝状分叉的穿晶断裂模式，裂穿的主裂纹内部有氧化现象，其余大部分裂纹内部未见明显氧化，部分裂纹自基体裂向焊缝，如图 4-22 所示。

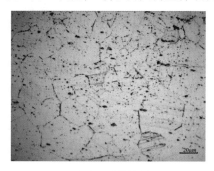 

（a）近焊缝处 　　　　（b）基体组织

图 4-22　开裂分隔屏过热器钢管各部位金相组织

4. 力学性能测试与分析

对开裂泄漏的分隔屏过热器钢管取样进行力学性能测试，分隔屏过热器 TP347H 材质钢管的抗拉强度、屈服强度和断后伸长率符合 ASME SA—213/SA—213M《锅炉、过热器和换热器用无缝铁素体和奥氏体合金钢管子》要求。

5. 断口能谱检测分析

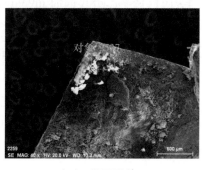 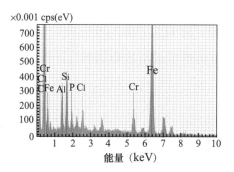

（a）微区形貌 　　　　（b）成分谱图

图 4-23　开裂分隔屏过热器断口 EDS 检测结果

对开裂泄漏的分隔屏过热器钢管取样进行断口微区能谱分析（EDS）检测，如图 4-23

所示。由此可知，在分隔屏过热器 TP347H 材质钢管的断口上存在含量较高的 Cl 元素，质量分数达 1.21%。

（三）试验结论

从受力角度分析，分隔屏过热器钢管的焊接接头附近除承受介质内压形成的一次应力和管系膨胀变形等产生的二次应力外，还会在焊接过程中形成较大的组织应力，因此该区域是钢管承受拉应力最大且最为复杂的区域，当其接触的介质中存在 TP347H 奥氏体不锈钢敏感的腐蚀性介质（含 Cl⁻ 离子介质）时，在大的应力作用下会发生应力腐蚀开裂。

分析认为，本次分隔屏过热器钢管开裂泄漏的主要原因：分隔屏过热器所接触介质中存在含量较多的对于 TP347H 材质钢管敏感的腐蚀性介质 Cl⁻ 离子，使得在钢管应力较大的近焊缝区域发生应力腐蚀开裂，在锅炉启停及运行过程中的膨胀应力作用下，应力腐蚀裂纹逐渐扩展导致钢管开裂泄漏。

（四）监督建议

该类型开裂损伤成规模出现的可能性较大，应对同类型焊接接头进行全面的监督检验，发现问题及早处理；其次，应加强对水质的监测，保证锅炉汽水品质符合要求，特别是要严控 CL⁻ 离子含量。

八、屏式再热器晶间腐蚀开裂泄漏分析

（一）设备概况

某发电厂 8 号锅炉为 WGZ-1165/17.5-1 型亚临界、一次中间再热、自然循环、燃煤汽包锅炉，采用四角切向燃烧、摆动燃烧器调温、固态除渣、平衡通风燃煤锅炉。

2015 年 3 月，在 8 号锅炉检修时，发现屏式再热器右数第 14 排迎风面第 1 根钢管近 TP304H/12Cr1MoVG 异种钢焊接接头处的 TP304H 管材发生开裂泄漏。泄漏管段材质为 TP304H/12Cr1MoVG 异种钢焊接，规格为 $\Phi63 \times 4.0$mm。

（二）试验分析

1. 宏观形貌观察与分析

对开裂泄漏的屏式再热器管进行宏观形貌分析。屏式再热器管上距焊缝约 5mm 处存在长约 45mm 的与焊缝平行的轴向开裂，裂口细小，钢管外壁未见严重氧化皮及机械损伤等缺陷，如图 4-24 所示。

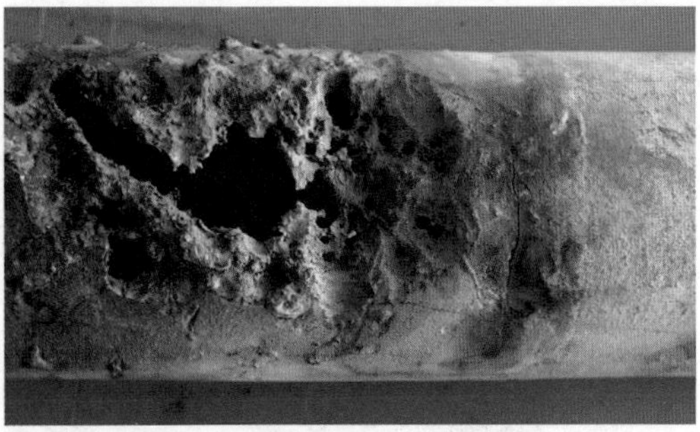

图 4-24 泄漏屏式再热器管宏观形貌

2. 化学成分检测与分析

对开裂泄漏的屏式再热器管 TP304H 侧管材取样进行化学成分检测，屏式再热器管化学成分中各元素含量符合 ASME SA—213/SA—213M《锅炉、过热器和换热器用无缝铁素体和奥氏合金钢管子》对 TP304H 材料的成分要求。

3. 显微组织检测与分析

对屏式再热器管取样进行金相显微组织检测。裂口处的 TP304H 管材组织为单相奥氏体并伴有析出物析出，晶粒呈等轴状均匀分布，未见明显拉长畸变，组织中存在严重的晶间裂纹并伴有晶粒脱落现象，以内壁最为严重，如图 4-25 所示。

4. 力学性能测试与分析

对屏式再热器管 TP304H 侧正常部位母材取样进行力学性能测试，钢管的各项力学

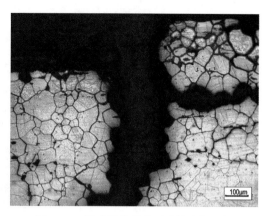

图 4-25　屏式再热器管开裂处金相组织

性能均符合 ASME/SA—213/SA—213M《锅炉、过热器和换热器用无缝铁素体和奥氏体合金钢管子》要求。

（三）试验结论

屏式再热器管开裂泄漏的主要原因：由于 TP304H 管段开裂部位处于近焊缝处，受异种钢焊缝焊接热影响，钢中过饱和的 C 会向晶界扩散并与边缘区域 Fe-Cr-Ni 固溶体中的 Cr 生成 $Cr_{23}C_6$ 和 CrC_4 等碳化物并沉积于奥氏体晶界上，使得碳化物周围钢基体中 Cr 含量降低，形成贫 Cr 区，无法起到钝化作用，在腐蚀介质作用下晶界附近连成网状的贫铬区便优先溶解而产生敏化态晶间腐蚀开裂，最终无法承受介质压力而发生开裂泄漏。

（四）监督建议

对于该类型受热面管损伤应进行彻底的监督检验，排查存在晶间腐蚀开裂的钢管并及时更换。在受热面管选材时应选用经过固溶处理或稳定化处理的不锈钢，以提高其抗晶间腐蚀能力。

九、水冷壁管热疲劳开裂泄漏分析

（一）设备概况

某发电厂 1 号锅炉为 HG-1056/17.5-HM35G 型亚临界参数、一次中间再热、单汽包、全钢架结构的自然循环汽包炉。

2020 年 8 月 26 日 20 时，1 号锅炉 58 号短杆吹灰器处有汽水泄漏声，但声音并不大，进行观察运行。9 月 2 日上午，给水流量突然升高，烟气温度下降，就地检查发现折焰角处声音异常，判断为水冷壁爆管，立即采取停炉处理。泄漏水冷壁管段的材质为 SA-210C，规格为 $\Phi63 \times 7.0mm$。

（二）试验分析

1. 宏观形貌观察与分析

水冷壁管 34m 标高处的漏点为上下 2 处，上方漏点为长度约 4mm 的单一椭圆形孔洞，

其上方 20cm 和下方 150cm 范围内存在众多横向分布的龟裂状裂纹，如图 4-26 所示。

图 4-26　爆漏水冷壁管的宏观形貌

2. 化学成分检测与分析

对爆漏的水冷壁管取样进行化学成分检测，管材的各主要合金元素的含量均符合 ASME SA—210/SA—210M《锅炉和过热器用无缝中碳钢管子》对 SA-210C 材料的成分要求。

3. 显微组织检测与分析

在水冷壁管漏点处及漏点远端分别截取试样进行金相组织检测。漏点处的金相组织为铁素体＋珠光体，晶粒未见拉长畸变，球化等级为 2.0 级，属于倾向性球化。此外，漏点附近钢管向火侧外壁存在多条平行的横向裂纹，具有明显的疲劳开裂裂纹形貌特征。内壁存在结垢现象，如图 4-27 所示。

 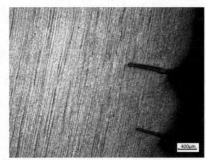

（a）漏点处　　　　　　　　　（b）外壁平行的疲劳裂纹

图 4-27　水冷壁管漏点及外壁微观形貌

（三）试验结论

水冷壁管爆漏点上方和下方均存在众多横向分布的横向裂纹，这些横向裂纹具有典型的热疲劳开裂特征。可以推断为钢管热疲劳开裂，并使得其下方约 40cm 处存在多处沿横向疲劳裂纹形成较多的小尺寸漏点。

（四）监督建议

因漏点部位处于短杆吹灰器吹损位置，应重点排查吹灰器是否存在积水等情况以彻底排除造成水冷壁管热疲劳腐蚀的诱因。

十、顶棚水冷壁管机械疲劳开裂泄漏分析

（一）设备概况

某发电厂 1 号锅炉为 SG-1130/17.5-M4501 型亚临界参数、一次中间再热循环流化床锅炉。锅炉为岛式布置、全钢结构，炉顶设置轻型钢屋盖，采用支吊结合的固定方式。锅炉采用单汽包自然循环、集中下降管、平衡通风、水冷式旋风分离器、循环流化床燃烧方式、滚筒冷渣器、后烟井内布置对流受热面。

2017 年 9 月，1 号锅炉运行过程中发生顶棚水冷壁钢管泄漏，停炉检查时发现炉膛内多根水冷壁钢管存在泄漏或开裂的情况。爆漏水冷壁管段的材质为 SA-210C，规格为 $\Phi 60 \times 7.5$mm。

（二）试验分析

1. 宏观形貌观察与分析

对于泄漏的水冷壁顶棚管进行宏观形貌观察，发现其漏点呈条形孔洞状，且有自开孔处延伸出的规则的与断口平行的周向裂纹缺陷，未见严重氧化皮及腐蚀损伤等缺陷。另一根水冷壁管虽未泄漏，但其外壁向火侧存在多条轴向分布且互相平行的细小裂纹缺陷，如图 4-28 所示。

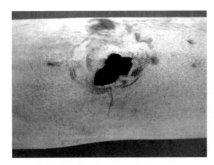

（a）水冷壁管 1　　　　　　　（b）水冷壁管 2

图 4-28　爆漏的水冷壁顶棚管的宏观形貌

2. 化学成分检测与分析

对爆漏的水冷壁管段取样进行化学成分检测，管材的化学成分中各元素含量符合 ASME SA—210/SA—210M《锅炉和过热器用无缝中碳钢管子》对 SA-210C 的要求。

3. 显微组织检测与分析

水冷壁顶棚管漏点处及远离断口处的组织均为铁素体＋珠光体，未见明显球化，也未见明显的拉长畸变，如图 4-29 所示。

对于水冷壁顶棚钢管 2，截取其纵向剖面进行金相观测。该钢管向火侧钢管外壁存在多条相互平行的周向裂纹缺陷，各条裂纹深浅不一，呈自钢管外壁向内壁扩展特征，且各条裂纹内部氧化严重。钢管的组织均为条带状的铁素体＋珠光体，未见明显球化，如图 4-30 所示。

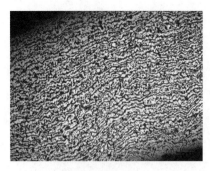 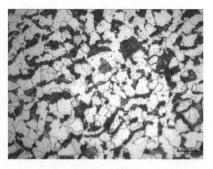

（a）漏点处　　　　　　　　　　　　　　（b）基体

图 4-29　泄漏的水冷壁顶棚管的金相组织

（a）宏观金相　　　　　　　　　　　　　（b）外壁平行裂纹

图 4-30　水冷壁顶棚管 2 各部位显微组织

4. 力学性能测试与分析

对水冷壁顶棚钢管取样进行力学性能测试，钢管的屈服强度、抗拉强度和断后伸长率均符合 ASME A210/A 210M《锅炉和过热器用无缝中碳钢管子》对 SA-210C 材料的要求。

（三）试验结论

从宏观形貌看，水冷壁顶棚管向火侧管壁存在多条互相平行的周向裂纹。从微观形貌看，钢管向火侧钢管外壁存在多条相互平行的周向裂纹缺陷，各条裂纹深浅不一，呈自钢管外壁向内壁扩展特征，且各条裂纹内部氧化严重。因此造成锅炉水冷壁钢管爆漏的主要原因是由于炉膛顶棚水冷壁钢管在锅炉启停及负荷变化过程中受到循环往复载荷的作用，在向火侧管壁上形成互相平行的疲劳开裂，并在弯曲应力作用下逐渐扩展引发的爆漏。

十一、蠕变（Ⅳ型）开裂泄漏分析

高温过热器一般布置于炉膛出口折烟角上方，连接屏式过热器出口至主蒸汽管道，同时受炉内的直接辐射热和烟气的对流热，也是介质温度及金属壁温最高的部件之一。

（一）设备概况

某发电厂 2 号锅炉为 DG-1088.47/17.4-Ⅱ 1 型亚临界参数、一次中间再热、单汽包、循环流化床锅炉。其额定蒸发量为 1088t/h，过热蒸汽压力为 17.4MPa，过热蒸汽温度为 540℃。

2019 年 4 月，2 号锅炉在运行过程中，高温过热器发生泄漏。停机检查发现，高温过热器出口集箱左数第 18 排前数第 8 根管座（标高 55.44m）发生开裂泄漏。

开裂高温过热器管段的材质为 T91，规格为 $\Phi 51 \times 6.5mm$。

（二）试验分析

1. 宏观形貌观察与分析

高温过热器钢管接管座与出口集箱角接头的接管座侧母材近焊缝区域存在贯穿性的周向裂纹缺陷，裂纹长度约为钢管周长的 1/2，裂口开口细小，裂口两侧有轻微的塑性变形。从开裂部位纵向截面来看，裂纹在钢管沿壁厚方向的分布为外壁宽、内壁窄，即裂纹沿钢管外壁向内扩展，大致与钢管轴向呈 45° 夹角。钢管内、外壁均未见明显的机械损伤、腐蚀损伤及明显的氧化皮等缺陷，如图 4-31 所示。

图 4-31　开裂高温过热器钢管宏观形貌

2. 化学成分检测与分析

对高温过热器钢管进行化学成分检测，钢管的各元素含量均符合 GB/T 5310—2017《高压锅炉无缝钢管》的对 T91 材质的要求。

3. 显微组织检测与分析

在高温过热器钢管开裂处取样进行显微组织检测，如图 4-32 所示。由图 4-32 可知，钢管外壁裂纹沿着管座角接头热影响区细晶区向内壁扩展，裂纹尖端存在较为明显的外凸塑性变形，裂纹分布基本与熔合线平行，且裂纹内部已氧化。此外，细晶区内还存在众多细小的蠕变裂纹，部分细小的蠕变裂纹互相连通。裂纹附近细晶区的组织中晶内碳化物粒子数量减少，尺寸粗化，晶界碳化物粒子增多，马氏体位向明显分散，组织中存在较多细小的蠕变孔洞和蠕变裂纹。钢管母材的组织为回火马氏体，马氏体位向还较为清晰，但晶界上的碳化物增多并粗化，晶内碳化物减少。

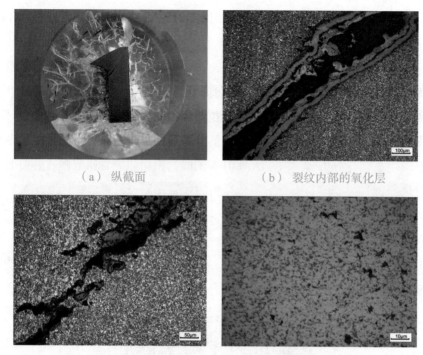

（a）纵截面　　　　　　　　　　（b）裂纹内部的氧化层

（c）热影响区细晶区蠕变裂纹　　　　　（d）蠕变孔洞

图 4-32　高温过热器钢管开裂部位微观组织

4. 力学性能测试与分析

对高温过热器钢管角接头各部位进行硬度检测，如表 4-4 所示。由表 4-4 可知，高温过热器钢管的母材及焊缝硬度值均满足标准要求，而裂口附近焊缝热影响区细晶区的硬度值则明显低于母材和焊缝。

表 4-4　　　　　　　高温过热器钢管接头各部位维氏硬度测试结果（HV30）

检测项目	检测部位	维氏硬度 HV	标准要求 HV
实测值	母材	222	180 ~ 250
	裂纹附近细晶区	189	185 ~ 290
	焊缝	241	185 ~ 290

（三）试验结论

在管系自重及膨胀应力作用下，出口集箱管座角接头部位应力集中水平较高；同时，T91 管座角接头管侧热影响区的细晶区蠕变抗力和持久强度较母材、焊缝偏低，且该区域晶界占比较高，在高的应力作用下，细晶区的高温蠕变加剧并形成众多细小的蠕变微裂纹，微裂纹通过相互连接形成宏观裂纹，属于较为典型的 9% ~ 12%Cr 等级耐热钢的 Ⅳ 型开裂，该裂纹扩展并贯穿整个管壁，最终造成开裂泄漏。

（四）监督建议

对于马氏体钢的 Ⅳ 型蠕变开裂，应采取措施避免管系存在较大应力；同时，T91 钢的焊接宜采用较小热输入的焊接方法，减小焊接热影响区的宽度，以延长焊接接头的蠕变寿命。

十二、过载断裂泄漏分析

（一）设备概况

某发电厂 1 号锅炉为 660MW 等级的超临界参数、变压直流、一次再热、平衡通风、紧身封闭、固态排渣、全钢构架、全悬吊结构 Ⅱ 型锅炉。该锅炉过热蒸汽最大连续蒸发量 (B-MCR) 为 2141t/h，额定蒸发量 (BRL) 为 2076 t/h，额定蒸汽压力为 25.5MPa，额定蒸汽温度为 571℃。

1 号锅炉在基建安装阶段 2 根省煤器悬吊管在安装过程中发生断裂失效。断裂省煤器悬吊管段的材质为 SA-210C，规格为 $\Phi 63.5 \times 12mm$。

（二）试验分析

1. 宏观形貌观察与分析

两根省煤器悬吊管均断裂于鳍片对接缝隙缺口处，由鳍片缝隙处向母材扩展，呈撕裂状，且断裂部位均为单侧有焊接鳍片，而另一处无鳍片，断裂形貌相似。断口呈脆性断裂特征，可以观察到自鳍片焊缝向管母材扩展的"人字纹"形貌，如图 4-33 所示。

（a）整体　　　　　　　　（b）断口

图 4-33　省煤器悬吊管断裂形貌

2. 化学成分检测与分析

对断裂的省煤器悬吊管取样进行化学成分检测，钢管的化学成分中各种合金元素含量均符合 ASME SA—210/SA—210M《锅炉和过热器用无缝中碳钢管子》对 SA-210C 材质的要求，不存在材料错用的情况。

3. 显微组织检测与分析

对 2 根断裂的省煤器悬吊管进行金相组织检测。两根悬吊管的母材组织均为铁素体＋珠光体，无明显球化；鳍片焊缝热影响组织为粗大魏氏组织，如图 4-34 所示。

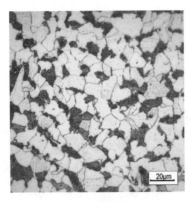

（a）母材　　　　　　　　　　　　　（b）热影响区

图 4-34　省煤器悬吊管各部位金相组织

4. 力学性能测试与分析

对 2 根断裂的省煤器悬吊管取样进行力学性能测试，检测结果见表 4-5。尽管 2 根省煤器悬吊管的屈服强度、抗拉强度均和断后伸长率等力学性能均符合标准要求，但作为未经使用的新受热面管，其抗拉强度及断后伸长率均接近于下限要求，强度裕量不足。

表 4-5　　　　　　　　　　省煤器悬吊管力学性能测试结果（20℃）

检测项目	屈服强度（MPa）	抗拉强度（MPa）	断后伸长率（%）
ASME SA—210/ SA—210M	≥ 275	≥ 485	≥ 37
省煤器悬吊管 1	337	518	40.0
省煤器悬吊管 2	345	514	39.0

5. 断口微区检测与分析

利用扫描电子显微镜 (SEM) 对悬吊管断口进行微区形貌分析。钢管断口呈现脆性解理段断裂特征，如图 4-35 所示。

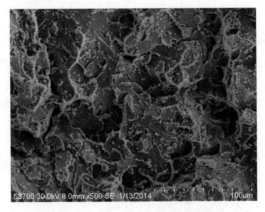

图 4-35　断口微区分析 SEM 照片

（三）试验结论

省煤器悬吊管除承受自重外还承受下部省煤器管组的重量，其承受载荷较大；当鳍片间对接部位未进行有效连接时，极易形成应力严重集中的危险缺口截面，安装过程中其承受的载荷因超过了该危险缺口截面所能承受的极限载荷而发生过载断裂失效。此外，由于安装时环境温度较低（约为 –10℃），增大了钢管的脆性，加速了其裂纹扩展及断裂的速度。

（四）监督建议

（1）应将省煤器悬吊管鳍片间对接部位进行有效连接，避免形成危险缺口。

（2）安装过程中应避免使省煤器悬吊管承受超过其设计允许的过大载荷。

（3）应尽量避免在低温环境下安装，避免增加钢管的脆性。

第五章　管道监督检验典型案例分析

火力发电机组汽水管道由钢管、阀门、减温减压装置、流量计、弯头、三通、异径管等元件组成，其作用是输送、分配、排放、控制汽水工质。

火力发电机组主要包括锅炉主要连接管道、锅炉范围内管道、汽轮机主要连接管道以及机炉外小径管。锅炉主要连接管道包括锅炉各段受热面集箱、汽包、汽水（启动）分离器、汽-汽热交换器之间的连接管道；汽水（启动）分离器与分离器储水箱之间的连接管道；分离器储水箱与锅炉蒸发受热面进口之间的循环管道；喷水减温器喷水调节阀（不含）与减温器筒体之间的连接管道等。锅炉范围内管道包括主给水管道、主蒸汽及高压旁路管道、再热蒸汽热段及低压旁路管道和再热蒸汽冷段管道等，即"四大管道"。汽轮机主要连接管道包括高压导汽管道、中压导汽管道、抽汽管道等。机炉外小径管一般包括疏水管、排气（汽）管、联络管、汽水取样管等。

第一节　管道损伤模式及缺陷类型

一、管道材料

火力发电机组汽水管道使用材料主要取决于工作温度、压力和服役环境。工作温度越高，所用钢材的合金元素含量越高，应具有以下性能：

（1）合适的常规力学性能，包括室温、高温拉伸性能、冲击吸收能量。

（2）应具有足够高的蠕变强度、持久强度和持久塑性、抗氧化性能和抗高温腐蚀性能。

（3）在高温下长期运行过程中应具有相对稳定的组织。

（4）汽水管道的热加工和焊接工作量大，应具有良好的工艺性能，特别是焊接性能要好。

亚临界300MW级、600MW级机组的主蒸汽管道及高压旁路管道常用材料为P91/10Cr9MolVNbN，再热蒸汽热段管道及低压旁路管道常用材料为P91/10Cr9MolVNbN、P22/12Cr2MoG，再热蒸汽冷段管道常用材料为SA672B70CL32，高压给水管道常用材料为WB36/15NiCuMoNb5。

超临界350MW级、600MW级机组的主蒸汽管道及高压旁路管道常用材料为

P91/10Cr9MolVNbN，再热蒸汽热段管道及低压旁路管道常用材料为 P91/10Cr9MolVNbN，再热蒸汽冷段管道常用材料为 SA691 1-1/4CrCL22、SA672B70CL32，高压给水管道常用材料为 WB36/15NiCuMoNb5。

600℃超超临界 600MW 级、1000MW 级机组的主蒸汽管道及高压旁路管道常用材料为 P92/10Cr9MoW2VNbBN，再热蒸汽热段管道及低压旁路管道常用材料为 P91/10Cr9MolVNbN、P92/10Cr9MoW2VNbBN，再热蒸汽冷段管道常用材料为 SA691 1-1/4CrCL22，高压给水管道常用材料为 WB36/15NiCuMoNb5。

高效超超临界 600MW 级、1000MW 级机组（再热温度为 620℃）的主蒸汽管道及高压旁路管道常用材料为 P92/10Cr9MoW2VNbBN，再热蒸汽热段管道及低压旁路管道常用材料为 P92/10Cr9MoW2VNbBN，再热蒸汽冷段管道常用材料为 SA691 1-1/4CrCL22、15CrMoG、12Cr1MoVG，高压给水管道常用材料为 WB36/15NiCuMoNb5。

二、管道损伤模式

火力发电机组汽水管道运行中主要承受管内工质温度和压力的作用，以及由钢管重量、工质重量、保温材料重量、支撑和悬吊等引起的附加载荷的作用。由于管壁温度与工质温度相近，所以蒸汽管道是在产生蠕变的条件下工作。此外，在锅炉启停和变负荷工况下，还要承受周期性变化的载荷和热应力作用，即还承受低循环疲劳载荷的作用。

主蒸汽管道、再热蒸汽管道和导汽管道主要损伤模式为蠕变损伤、疲劳损伤、蠕变与疲劳交互作用损伤。高压给水管道主要损伤模式为疲劳损伤和腐蚀损伤。高温高压管道弯头的受力要比管道直段受力复杂，管道直段的寿命要比弯头高得多。高温高压管道长期在高温、高压下运行，会产生合金元素再分配、碳化物聚集、晶界析出等，成分与结构发生变化，形成蠕变孔洞并产生蠕变损伤，致使耐热钢的热强性下降，并可能导致管道失效，直接影响着机组运行的安全性。

三、管道缺陷类型

主蒸汽管道常见的主要缺陷有表面氧化、腐蚀、折叠、重皮、机械损伤、壁厚不满足设计要求、钢管分层、焊缝硬度异常和组织异常、母材硬度异常和组织异常、弯头硬度异常和组织异常、角焊缝和对接焊缝表面裂纹、角焊缝和对接焊缝超标埋藏缺陷等。

再热热段管道常见的主要缺陷有表面氧化、腐蚀、折叠、重皮、机械损伤、对接焊缝表面裂纹和超标埋藏缺陷、焊缝硬度异常和组织异常、角焊缝表面裂纹和超标埋藏缺陷、母材硬度异常和组织异常、弯头硬度异常和组织异常等。

再热冷段管道、给水管道和主要汽水管道常见的主要缺陷有腐蚀、折叠、重皮、机械损伤、对接焊缝表面裂纹和超标埋藏缺陷、角焊缝表面裂纹和超标埋藏缺陷、母材硬度异常、轧制件管件母材表面裂纹等。

管道支吊装置常见的主要缺陷有过载、失载、吊杆断裂、吊杆倾角过大、位移方向错误、减振器损坏，液压阻尼器渗油等。

（一）汽轮机高压导汽管法兰裂纹

某火力发电厂 CZK50-9.3/4.2 型冲动式、直接空冷、抽汽凝汽式汽轮机，其高压导汽管规格为 Φ219×29mm，材质为 12Cr1MoVG，法兰材质为 15Cr1Mo1VA-IV，运行中锻造法兰变截面处开裂泄漏，如图 5-1 所示。法兰裂纹尖端显微组织为回火马氏体加少量贝氏体，裂纹沿晶开裂，如图 5-2 所示。

图 5-1　高压导汽管法兰变截面开裂　　图 5-2　导汽管法兰显微组织

锻造法兰材质不合格。15Cr1Mo1VA-TA 参照执行标准 NB/T 47008—2017《承压设备用碳素钢和合金钢锻件》。法兰材料化学成分中，碳元素含量均超出 NB/T 47008—2017 要求上限，会造成材料强度升高，塑性和韧性降低，淬硬性增加。法兰材料显微组织均为回火马氏体加少量贝氏体，为锻造法兰的非正常组织，降低材料的冲击韧性。法兰材料力学性能中，室温拉伸试验所得屈服强度远高于 NB/T 47008—2017 要求下限，虽然 NB/T 47008—2017 未对屈服强度上限作出规定，但试验数据高于 NB/T 47008—2017 下限约 2 倍。2 个法兰抗拉强度远高于 NB/T 47008—2017 要求上限，断后伸长率均低于 NB/T 47008—2017；法兰材料硬度均远大于 NB/T 47008—2017 要求上限值；法兰冲击吸收能远小于 NB/T 47008—2017 要求下限。从裂纹位置和形态看，裂纹发生在法兰锥颈小端与法兰直管段相接的转角处，此处为法兰应力集中部位。

（二）主蒸汽管道堵阀对接接头裂纹

某火力发电厂 2059t/h 亚临界压力控制循环锅炉的主蒸汽管道水压堵阀，设计压力为 17.5MPa，设计温度为 550℃，单侧堵阀设计流量为 1030t/h，堵阀结构如图 5-3 所示。堵阀与管道连接对接接头沿堵阀侧熔合线整圈开裂，开裂位置处于堵阀变截面的应力集中处，如图 5-4 所示。

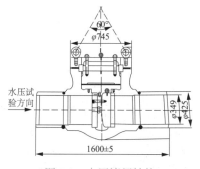 

图 5-3　水压堵阀结构　　　　　图 5-4　主蒸汽管道堵阀焊接接头熔合线裂纹

（三）主蒸汽疏水管道爆裂

某火力发电厂过热蒸汽出口设计压力为 17.6MPa，出口设计温度为 537℃，机组投产运行 6 个月时，主蒸汽疏水门后管道发生爆裂泄漏。主蒸汽管道一次门后疏水管道规格为 $\Phi 89 \times 4.5mm$，材质为 20G，设计压力为 6.3 MPa，设计温度为 350℃。

爆口沿钢管轴向撕开，呈整齐平直状，并沿周向撕裂，如图 5-5 所示。爆口边缘管壁减薄，壁厚约 1.7mm，爆口横断面呈刀刃状，钢管发生胀粗，胀粗率约为 2%。钢管内壁存在较多沿轴向分布的沟槽，深度为 0.05 ~ 0.06mm，部分轴向断口沿沟槽撕裂，如图 5-6 所示。经试验分析检测，疏水管道的化学成分和力学性能均符合相关标准要求。钢管微观金相组织检测结果表明：钢管无超温过热现象；爆口边缘管壁减薄，微观金相组织畸变，被拉长变形。钢管内壁存在轴向沟槽，外壁存在折叠裂纹缺陷，在钢管上都属于应力集中区域。

图 5-5　疏水管道撕裂形貌　　　　　图 5-6　疏水管内壁沟槽

主蒸汽疏水一次门后管道爆裂泄漏是由于钢管内部介质施加的压力超过许用应力，钢管胀粗变形、管壁减薄所导致。同时由于钢管内壁存在轴向沟槽，在爆裂产生的巨大反作用应力下，爆口沿钢管沟槽轴向扩展，并沿钢管外壁的横向折叠裂纹撕开断裂，与母管断开分离。

（四）管道焊接接头结构不符合要求

某火力发电厂 4 号机组锅炉型号为 WGZ670/140-V，汽轮机型号为 NK200-12.7/535/535。高压给水管道规格为 $\Phi 355.6 \times 36mm$，材质为 St45.8/Ⅲ，工作压力为 16.8MPa，工作温度为 245℃。高压给水管道与电动截止阀连接对接接头形式不符合 DL/T 869—2012《火力发电厂焊接技术规程》关于"不同厚度焊件组焊"的要求，如图 5-7 所示。高压给水管道放水管管座角焊缝使用螺纹钢填充，不符合 DL/T 869—2012《火力发电厂焊接技术规程》的要求，如图 5-8 所示。

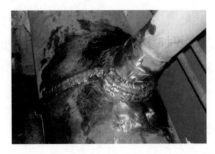

图 5-7 高压给水管道不合格的焊接接头形式　　图 5-8 高压给水管道放水管管座不合格

（五）温度套管接管角焊缝失效

近年来，主蒸汽管道和再热蒸汽热段管道温度套管管座角焊缝发生多次开裂失效。发生失效的温度套管管座均采用铁素体/奥氏体异种钢焊接接头。由于奥氏体钢和铁素体钢两种材质的合金组织、成分和线膨胀系数差异较大，焊接材料需要选用镍基合金焊材，焊接工艺用脉冲自动焊来实现。按照 DL/T 612—2017《电力行业锅炉压力容器安全监督规程》的要求，机组投运第一年内，应对主蒸汽和再热蒸汽管道的奥氏体不锈钢温度套管角焊缝进行渗透和超声波检测，并结合每次 A 级检修进行检测。汽包、集箱、管道与支管或管接头连接时，不应采用奥氏体钢和铁素体钢的异种钢焊接。已安装奥氏体钢温度测点套管的高温蒸汽管道，应在机组投运的第一年内及每次 B 级以上检修对套管角焊缝进行渗透和超声波检测，如果发现角焊缝开裂情况，应更换与管道相同材质的温度套管。

某火力发电厂锅炉型号为 HG-1056/17.5-YM39，主蒸汽主管道规格为 ID368.3×40mm，材质为 A335P91，温度套管规格为 $\Phi 38 \times 12mm$，套管材质为 8Cr-12Mn 型不锈钢，焊缝填充材料为 18Cr-8Ni 型奥氏体不锈钢，运行 70000h 时在角焊缝母管侧沿熔合线开裂泄漏，如图 5-9 所示。

图 5-9 主蒸汽管道温度套管管座焊缝开裂

（六）汽轮机高压调节阀疏水管爆裂

某火力发电厂4号汽轮机为NK200-12.7/535/535型超高压、一次中间再热、单轴、三缸、二排汽冲动凝汽式空冷机组。2号调速汽门疏水管道材质为12Cr1MoVG，规格为Φ28×3mm，运行中发生爆裂。截止爆管，机组累积运行时间18854h。

爆裂钢管外表面呈蓝黑色，如图5-10所示；破口断面粗糙，为脆性断裂，如图5-11所示；破口附近的钢管内壁和外壁处有少量纵向裂纹，如图5-12、图5-13所示。

图5-10　疏水管道钢管外表面呈蓝黑色

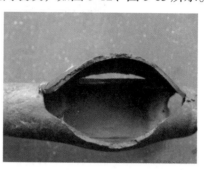
图5-11　破口粗糙 脆性断裂

图5-12　破口内壁处有纵向裂纹

图5-13　破口外壁处有纵向裂纹

疏水管道钢管壁厚满足设计要求；钢管的化学成分符合12Cr1MoVG钢相关标准的技术要求。疏水管道外表面呈蓝黑色，可推断钢管爆裂前有高温环境作用于钢管。根据疏水管道脆性断裂的破口形貌、蠕变孔洞和裂纹缺陷、严重球化的显微组织形态，可以判定钢管爆裂属于长时过热导致的材料老化开裂。

（七）主蒸汽管道对接接头裂纹

某火力发电厂3号机组汽轮机的型号为CZK300/250-16.7/0.4/538/538。3号机组6m平台右侧主蒸汽支管道高压主汽阀前第1道对接接头（该焊接接头为汽轮机厂家制造）运行中发生开裂泄漏，机组累积运行43800h，如图5-14所示。高压主汽阀体材质为ZG15Cr1Mo1，主蒸汽管道材质为A335P91，规格为ID273.05×29.2mm。

图 5-14 开裂焊缝宏观照片

（八）锅炉过热器连接管道螺塞角焊缝裂纹

某火力发电厂 2 号锅炉为 HG-1025/17.5-YM11 型亚临界参数、一次中间再热、自然循环汽包炉。在 TRL 工况下，过热蒸汽流量为 915.70t/h，过热蒸汽出口压力为 17.31MPa，出口温度为 540℃。过热器连接管规格为 $\Phi457\times80$mm，材质为 SA335P22。从末级过热器出口集箱引出的连接管的第一个弯头上开有螺栓孔，装配 M45 螺栓，材质为 12Cr1MoV。距离该螺栓 70mm 处为弯头与直管对接焊缝，螺栓孔用于对焊缝根部进行射线检测使用，结构示意图如图 5-15 所示。螺栓露出连接管外表面 20mm，采用焊接方式封堵。

2 号锅炉运行中，末级过热器连接管螺栓角焊缝中心沿圆周方向开裂泄漏，裂纹长约 3/4 周长，如图 5-16 所示。2 号锅炉累积运行 6568h。螺栓拧入管道，外表面焊接封堵，在运行工况下，螺栓承受蒸汽冲击、振动，机组启停和锅炉负荷变化时的热膨胀应力是螺栓角焊缝开裂的主要原因。

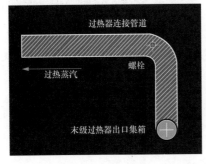
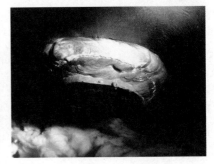

图 5-15 过热器连接管螺栓位置示意图　图 5-16 过热器连接管螺栓角焊缝开裂

（九）再热蒸汽管道对接焊缝横向裂纹

某发电厂 1 号机组再热蒸汽热段管道设计压力为 3.99MPa，设计温度为 546℃。1 号机组于 2009 年 11 月投运，2020 年 5 月 A 修时，经磁粉检测，再热蒸汽热段管道汽轮机侧三通前 30 号对接焊缝发现 2 条裂纹缺陷，长度分别为 38mm、40mm，2 条裂纹均已贯穿管壁。再热蒸汽热段管道规格为 ID724×35mm，材质为 A335P22。

热段管道对接焊缝裂纹为横向裂纹，宏观形貌如图 5-17 所示。焊缝组织为柱状晶形态的回火索氏体，组织状态正常，未见过热组织及淬硬的马氏体等异常组织。在焊缝组织可见多条微裂纹以及多个分散的晶间孔穴，裂纹由这些孔穴串集而成，均沿粗大的原奥氏体晶界分布，具有典型的沿晶开裂形貌特征；同时裂纹内部已氧化，如图 5-18 所示。

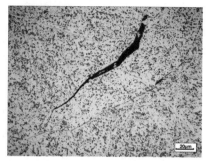

图 5-17　热段管道对接焊缝横向裂纹　　图 5-18　泄漏的热段管道焊缝微观组织

热段管道焊缝熔敷金属的化学成分符合 DL/T 869—2012《火力发电厂焊接技术规程》要求。焊缝的布氏硬度值符合 DL/T 869—2012《火力发电厂焊接技术规程》要求，焊缝的冲击值低于 DL/T 869—2012《火力发电厂焊接技术规程》要求，表明开裂焊缝的冲击韧性较低，塑形储备不足。从断口微区形貌特征分析，整个断口呈脆性断裂特征，部分区域呈典型的冰糖块状沿晶开裂形貌特征，同时伴有二次裂纹。

1 号机组再热蒸汽热段管道焊缝开裂的主要原因：由于焊接工艺或操作不当，致使焊缝内形成大量细小的结晶热裂纹。同时，焊缝的冲击值较低，韧性储备不足，抵抗裂纹扩展能力下降。在管道内部介质压力形成的一次应力和管系膨胀收缩产生的二次应力共同作用下，焊缝内的细小结晶裂纹不断扩展，最终导致开裂。

（十）汽轮机抽汽管道弯头背弧线性缺陷

型号为 C150/N200-12.75/535/535 的汽轮机，累积运行 67253h，二段抽汽管道规格为 $\Phi 219 \times 8$mm，材质为 20G。经渗透检测，机侧 0m 二段抽汽管道止回阀前第 1 个弯头背弧发现多条线性缺陷，最长约 40mm。二段抽汽弯头背弧线性缺陷如图 5-19 所示。

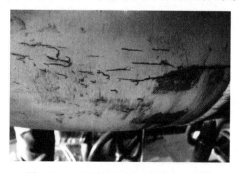

图 5-19　二段抽汽弯头背弧线性缺陷

二段抽汽管道弯头背弧线性缺陷性质为折叠，属于钢管原始制造缺陷。按照 DL/T 438—2016《火力发电厂金属技术监督规程》要求，不允许存在折叠缺陷。引起无缝钢管外表面出现折叠缺陷的环节较多，例如，在管坯制作阶段的表面结疤或重皮，即为管坯表面未与基体金属完全结合的金属片层，就会导致无缝钢管表面形成外表面折叠缺陷，该类折叠具有十分明显的氧化特征并伴随有黑色氧化质点和明显的脱碳现象，缺陷内存在氧化铁。

第二节　管道监督检验方法

锅炉范围内管道（四大管道）、锅炉主要连接管道、汽轮机主要连接管道以及机炉外小径管等汽水管道可采用目视检测（直接目视检测和间接目视检测）、壁厚测量、几何尺寸测量、渗透检测、磁粉检测、超声波检测（包括 A 型脉冲超声波检测方法、相控阵超声波检测方法和衍射时差法）、射线检测、涡流检测、硬度检测、金相组织检测、化学元素分析、扫描电镜等方法进行检测和分析。

工作温度大于或等于 450℃的高温弯管，由于中频加热工艺的温差较大，易导致弯管复圆速度加快，应进行圆度测量。工作温度高于或等于 450℃、运行时间较长和受力复杂的碳钢、钼钢制蒸汽管道，重点检验石墨化和珠光体球化。对运行时间达到或超过 20 万 h、工作温度高于或等于 450℃的主蒸汽管道、再热蒸汽热段管道，应割管进行材质评定，割管部位应包括焊接接头。

锅炉定期检验时，与弯头（弯管）、三通、阀门和异径管连接的对接焊缝等部位，由于拘束因素，易产生裂纹，应该重点检查；对于工作温度大于或等于 450℃的主蒸汽管道、再热蒸汽管道、蒸汽主要连接管道等高温管道，由于蠕变等因素，组织和性能将发生劣化，5 万 h 应该增加硬度和金相检查。

9%～12%Cr 系列钢包括 10Cr9Mo1VNbN/P91、10Cr9MoW2VNbBN/P92、10Cr11MoW2VNbCu1BN/P122、X20CrMoV121、X20CrMoWV121、CSN41 7134 等。 对 9%～12%Cr 系列管材应进行硬度检验和金相组织检验，直管段母材的硬度应均匀，铁素体含量不超过相关标准要求。对 P92 钢管端部（0～500mm 区段）100%进行超声波检测，重点检查夹层类缺陷。

主蒸汽管道和再热蒸汽热段管道设置监督段和蠕变测点的目的主要是监测管系工况最恶劣处的性能劣化情况。随着设计与管理水平的不断提高，新安装机组的主蒸汽管道，不再要求设置蠕变测点。对已安装了蠕变变形测点的蒸汽管道，可继续按照 DL/T 441—2004《火力发电厂高温高压蒸汽管道蠕变监督规程》进行蠕变变形测量。

对服役温度高于 600℃的 9%～12%Cr 钢制再热热段管道、管件，机组每次 A 修或 B 修，应对外壁氧化情况进行检查，宜对内壁氧化层进行测量；运行 2～3 个 A 级检修，宜割管进行化学成分分析，硬度检验，拉伸性能（室温、服役温度）、室温冲击性能、微观组织的检验与分析（光学金相显微镜、透射电子显微镜检验）。

9% ～ 12%Cr 马氏体型耐热钢的管道焊缝，在焊接时应严格执行焊接工艺，选用小焊接线能量进行操作，否则易造成熔池凝固时间长，微区成分发生偏析，金相组织内形成高硬度、低熔点的层片状富 Cr、Mo 的析出相，并在熔池凝固或上层焊道的热循环作用下，沿析出相生成微小的热裂纹（尺寸多在 3mm 以下，有的呈放射状）。这些微小的热裂纹在常规超声波检测中呈点状反射，其超声波反射信号依据相关超声波标准并不超标，同时也不易判断性质。此类缺陷在运行工况下有可能扩展并形成宏观裂纹。因此，在 9% ～ 12%Cr 马氏体型耐热钢的管道焊缝的超声波检测中，对点状缺陷的记录、跟踪复查是有必要的。推荐采用 TOFD 检测方法对缺陷进行跟踪检查，其对缺陷的跟踪检测精度可达 0.1mm。

第三节　典型案例分析

一、1065t 锅炉再热器管道共性开裂原因分析

（一）设备概况

1. 失效情况

内蒙古蒙西地区 2014—2019 年，7 台同型号亚临界参数燃煤火电锅炉相继发生了再热器连接管道开裂泄漏失效事件，详细情况如表 5-1 所示。蒙西地区该型号锅炉 2006—2007 年期间投产运行 10 台、2009—2010 年期间投产运行 2 台。DG1065/18.2-Ⅱ6 型锅炉为亚临界参数、四角切圆燃烧方式、自然循环汽包炉，单炉膛Ⅱ型布置，设计燃用烟煤，一次再热，平衡通风、固态排渣，采用中速磨煤机正压冷一次风直吹式制粉系统。

表 5-1　　　　　　　　　　　再热器连接管道失效统计表

锅炉编号	锅炉型号	投产日期	失效日期	失效部位
JS2 号	DG1065/18.2-Ⅱ6	2010 年 1 月	2019 年 9 月	锅炉右侧直管对接接头坡口退刀槽
JQ11 号	DG1065/18.2-Ⅱ6	2006 年 8 月	2017 年 8 月	锅炉左侧弯头对接接头坡口退刀槽
JQ2 号	DG1065/18.2-Ⅱ6	2006 年 11 月	2014 年 6 月	锅炉左侧弯头对接接头坡口退刀槽
BY1 号	DG1065/18.2-Ⅱ6	2007 年 10 月	2019 年 7 月	锅炉右侧直管对接接头坡口退刀槽
XF2 号	DG1065/18.2-Ⅱ6	2007 年 8 月	2016 年 12 月	锅炉左侧直管对接接头坡口退刀槽
LH1 号	DG1065/18.2-Ⅱ6	2006 年 6 月	2015 年 9 月	锅炉左侧弯头对接接头坡口退刀槽
LH2 号	DG1065/18.2-Ⅱ6	2007 年 4 月	2019 年 5 月	锅炉左侧直管对接接头坡口退刀槽

2. 再热器布置

再热蒸汽系统分为三级布置，分别为壁式再热器、中温再热器和高温再热器。高温

过热蒸汽在汽轮机中做功后由再热蒸汽冷段管道引导进入壁式再热器进口集箱，并在集箱入口前设置事故喷水减温器。壁式再热器与水冷壁交错布置，在炉膛中吸收燃烧辐射热后垂直向上进入壁式再热器出口集箱（$\Phi 457.2 \times 25mm$，20G）。再热蒸汽通过连接管道（$\Phi 609.6 \times 22.2mm$，20G）并从锅炉左侧和右侧进入中温再热器进口集箱 ($\Phi 457.2 \times 25mm$，20G)，左侧和右侧连接管道分别布置一个微调喷水减温器（$\Phi 609.6 \times 30mm$，20G）。再热蒸汽经中温再热器进入高温再热器，中温再热器和高温再热器中间不设集箱，以减小再热器系统阻力。

3. 再热器调温方式

锅炉采用四角切圆燃烧方式，四角燃烧器的中心线分别与炉膛中心的两个假想圆相切，两个假想切圆的直径分别为 $\Phi 548$ 和 $\Phi 1032$。每角燃烧器共有 13 层喷口，燃烧器上组喷口上下摆动范围为 $\pm 30°$，下组喷口上下摆动范围为 $\pm 15°$。喷口的摆动由气动执行器带动完成。DG 1065/18.2-Ⅱ6 型锅炉对再热蒸汽温度调节和控制的方式有两种，分别是烟气侧燃烧器摆动调节蒸汽温度和蒸汽侧减温器喷水调节蒸汽温度。烟气侧，通过摆动燃烧器喷口角度来改变炉膛火焰中心高度，从而改变炉膛出口烟气温度、改变过热器和再热器吸热量配比，实现再热蒸汽温度调节的目的，但是相对于锅炉负荷变化，烟气侧调节再热蒸汽温度方式具有一定时滞性。蒸汽侧，则是利用微调喷水减温器，使温度较低高压水通过喷嘴雾化式喷入混温套筒内，与管道中过热蒸汽充分混合，达到调节和控制再热蒸汽温度的目的。相对烟气侧调温方式，蒸汽侧利用减温水调节蒸汽温度的方式具有反应灵敏、调节精度高及易于实现自动控制的优点。

（二）试验分析

为查明多台 DG1065/18.2-Ⅱ6 型锅炉再热器连接管道频繁失效的共性原因，选取 LH2 号锅炉左侧再热器连接管道直管开裂部位进行试验分析，其规格材质为 $\Phi 609.6 \times 22.2mm$、20G。按照介质流动方向看，失效多发生于再热器微调减温器之后的直管与减温器集箱连接对接接头或者弯头与直管连接对接接头倒角车削区变截面处。

1. 宏观形貌观察与分析

经宏观形貌观察可知，管道内壁开裂位于直管对接接头倒角车削区变截面处，平行于焊缝环向开裂，距焊缝轴向距离约为 20mm，长度约为 400mm，如图 5-20 所示。管道内壁存在多处环向车削刀痕，表面粗糙，接头坡口变截面倒角厚度为 4mm，倒角退刀槽环向开裂，裂缝平直，如图 5-21 所示。再热器微调减温器集箱与连接管道通过焊接方式连接，两个部件外径相同，壁厚相差 3.9mm，因此焊接坡口存在厚度差。按照 DL/T 869—2012《火力发电厂焊接技术规程》要求，壁厚不相等的两个管件焊接前应对坡口部位进行车削，确保组焊时内壁齐平。由于车削工艺不符合规范要求，管道内壁坡口车削过渡陡峭，未按规范要求采取圆滑过渡工艺，形成了应力集中区。

图 5-20　管道外壁开裂部位宏观形貌

图 5-21　管道内壁开裂部位宏观形貌

2. 断口微区检测与分析

对断口剖面进行观察可知，裂纹萌生于管道内壁，并向管道外壁扩展，可清晰观察到初始开裂区、裂纹扩展区，如图 5-22 所示。SEM 扫查发现管道近外壁侧存在疲劳辉纹，见图 5-23 所示。

图 5-22　断口宏观形貌

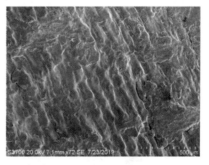
图 5-23　断口 SEM 形貌

3. 显微组织检测与分析

对再热器连接管道开裂部位进行显微组织检测，如图 5-24 所示。开裂处金相组织为等轴状均匀分布的铁素体＋珠光体，晶粒未发生明显畸变形，球化等级为 2 级，属于倾向性球化，组织正常，未见异常组织及缺陷。

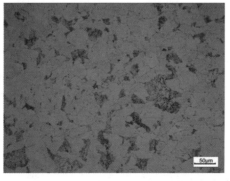
图 5-24　管道开裂处显微组织

4. 其他检测分析

对再热器连接管道开裂部位进行了化学成分检测、力学性能测试（屈服强度、抗拉强度）、壁厚测量，结果显示管道化学成分和力学性能符合高压锅炉无缝钢管要求，壁厚测量最小值为21.46mm，满足设计强度要求。

（三）设备运行分析

1. 热膨胀分析

壁式再热器出口集箱安装可变弹簧吊架TD120D18、微调减温器安装可变弹簧吊架TD60D18、中温再热器进口集箱安装可变弹簧吊架TD30D15。上述可变弹簧吊架状态正常，无损坏、卡死故障。根据膨胀设计，壁式再热器出口集箱和中温再热器进口集箱的膨胀位移量如表5-2所示。再热器连接管道布置如图5-25所示。

表 5–2　　　　　　　　　　集箱膨胀设计位移量　　　　　　　　　　mm

名称	向下位移量	向炉前位移量	向炉后位移量
壁式再热器出口集箱	2.7	31.7	—
中温再热器进口集箱	23.4	—	23.9

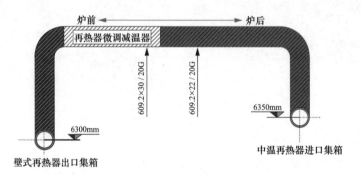

图 5-25　再热器连接管道布置图

壁式再热器出口集箱和中温再热器进口集箱之间的连接管长度为11240.74mm，微调减温器集箱长度为4849.66mm，连接管与壁式再热器出口集箱高度差为2800.00mm，与中温再热器进口集箱高度差为2300.00mm。VWO工况时，连接管道工质温度为398℃，计算知，连接管道的膨胀总量为59.00mm（20G在400℃的线膨胀量为$13.8 \times 10^{-6}/℃$）。经计算，设计膨胀值完全可以满足连接管道膨胀需求，且连接管道为大口径薄壁管，呈倒U形，柔性较好。因此，管道膨胀顺畅，无因膨胀受阻产生的附加应力。

2. 减温器结构分析

再热器微调减温器由单排多孔喷水管式喷嘴和混温套筒组成，减温水与再热蒸汽流向一致。混温套筒一端通过周向布置的定位螺栓固定，一端通过圆柱销固定，可充分热膨胀。再热器微调减温器结构如图5-26所示。

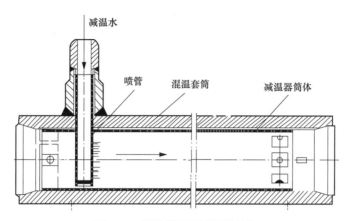

图 5-26　再热器微调减温器结构

根据锅炉设计知，再热器微调减温水取自给水泵中间抽头，经减压阀减压后投入混温套筒。依据锅炉热力计算可知，VWO 工况时再热蒸汽流量为 874.90t/h，再热器系统进 / 出口压力为 4.02/3.83MPa，壁式再热器工质出口温度为 398.00℃，中温再热器工质进口温度为 393.00℃，减温器喷水量为 4.73t/h，减温器喷水温度为（带高压加热器运行）184.60℃；TRL 工况时再热蒸汽流量为 844.77t/h，再热器系统进 / 出口压力为 3.88/3.70MPa，壁式再热器工质出口温度为 397.00℃，中温再热器工质进口温度为 394.00℃，减温器喷水量为 2.51t/h，减温器喷水温度为（带高压加热器运行）183.00℃。再热器微调减温器设计最大总喷水量为 18.40t/h。由此可知，锅炉设计再热器微调减温器减温水投入量较小，所采用的单排多孔喷嘴能够满足充分雾化减温水要求。

为响应电网 AGC 调度和调峰要求，锅炉负荷快速频繁变化，而再热器系统烟气侧调温响应滞后，为避免再热器管发生超温、过热，需要投入过量减温水进行再热蒸汽温度调节。温差达 214℃的减温冷却水与高温过热蒸汽进行混合，产生振动激振力和热应力，长周期运行易使多孔喷水管在振动和交变热应力作用下发生疲劳开裂、断裂，及由于过量减温水导致产生喷水孔冲刷、孔径扩

图 5-27　再热器微调减温器喷孔冲刷串联

大等缺陷。LH2 号左侧再热器微调减温器喷管被减温水冲刷损坏，喷孔串联，雾化能力急剧下降，如图 5-27 所示。

3. 减温水量分析

调取分析锅炉运行数据知，LH2 号锅炉左侧再热器连接管道发生开裂泄漏前一个月，再热器微调减温水投入量高达 48.9t/h，为设计最大喷水量的 2.6 倍。减温水过量投入的原因分析如下：

（1）再热器微调减温水设计为主要在机组启停过程中投入使用，稳定工况运行过程中主要依靠摆动燃烧器进行汽温控制，而微调减温器作为蒸汽侧汽温辅助调节手段。近几年来，电力市场煤炭供求关系及发电机组年平均有效利用小时数逐年下降，使得锅炉燃烧煤种偏离设计，煤质及其发热量发生较大变化，被迫采用加大减温水投入量的方法进行汽温控制。

（2）机组采用电网自动发电控制（AGC）系统，由电网调度中心对机组负荷进行调节，按照规范要求，蒙西地区电网 AGC 机组的负荷调整范围为 50% ~ 100% 负荷。对于直吹式制粉系统汽包锅炉的火电机组负荷变化速率不低于额定功率（DG 1065t 锅炉配套机组额定功率为 300MW）的 1.5%。AGC 系统调度要求锅炉负荷快速响应，为尽量避免再热器管超温、过热损害，减温水投放频率和喷水量均大幅增加。

（3）锅炉燃烧工况发生变化。低氮燃烧改造等改变了锅炉燃烧工况，导致烟气出口温度发生变化，过热器和再热器吸热量配比发生变化。

4. 共性问题分析

对发生再热器连接管道开裂失效的 7 台锅炉进行了充分调查和试验，具有以下共同特点：

（1）直管或者弯头裂纹产生于管道内壁焊接接头坡口变截面倒角退刀槽，具有热疲劳裂纹特征。

（2）发电厂燃烧煤种偏离设计，煤质和发热量发生变化。

（3）发电机组采用电网自动发电控制（AGC）系统，由电网调度中心对机组负荷进行调节。

（4）各发电厂减温水投入量大。例如，JQ1 号锅炉再热器左侧和右侧微调减温水投入总量可达 44.50t/h，JQ2 号锅炉左侧和右侧再热器微调减温水投入总量达 48.20t/h，XF2 号锅炉左侧和右侧再热器微调减温水投入量达 39.90t/h，BY1 号锅炉左侧和右侧再热器微调减温水最大投入量达 32.70t/h，均远超再热器微调减温器保证有效行程内减温水充分雾化、均匀混合的喷水能力。

（四）试验结论

综上可知，7 台 DG1065/18.2-Ⅱ6 型锅炉运行中，需要依靠再热器微调减温器对蒸汽温度进行调节，投入频繁，且长期居于过量高投入水平，致使减温水在原设计混温套筒长度范围内不能实现充分雾化和均匀混温，从而使得减温器工质流向之后布置的直管和弯头承受由低温工质冲击产生的热应力。同时，未充分雾化的含水滴工质冲击连接管道内壁，引起管道非周期性振动。随着锅炉长周期运行，作用于管道的非周期性交变热应力和振动，诱使焊接接头倒角退刀槽应力集中区萌生热疲劳裂纹并扩展贯通，是再热器连接管道失效的直接原因。

锅炉燃烧煤种偏离设计、电网 AGC 负荷自动调度（调峰运行）、低氮燃烧改造等综合因素导致锅炉燃烧工况、运行工况发生变化，使得再热器减温水量居于过量高投入水平，是锅炉再热器连接管道开裂失效的主要原因。

二、亚临界机组再热蒸汽热段管道运行泄漏原因分析

（一）设备概况

某 330MW 亚临界火力发电机组，位于汽轮机中压主汽阀前的再热蒸汽热段管道（以下简称热段管道）运行中开裂泄漏，其规格为 ID679×38.3mm，材质为 A335P22。该机组锅炉型号为 DG1025/18.2-Ⅱ6，汽轮机型号为 C300/235-16.7/0.35/537/537。截至此次开裂泄漏事故，机组累积运行约 70000h。

B-MCR 工况下，再热蒸汽冷段管道（以下简称冷段管道）工质压力为 3.74MPa，工质温度为 324℃；热段管道工质压力为 3.59MPa，工质温度为 540℃。与冷段管道相连通的高压旁路暖管自高压旁路减温减压阀后引出并连接至热段管道。按照设计要求，正常运行工况下高压旁路暖管的工质温度和压力同冷段管道参数，其截止阀为全开状态。高压旁路暖管与热段管道的连接方式如图 5-28 所示。

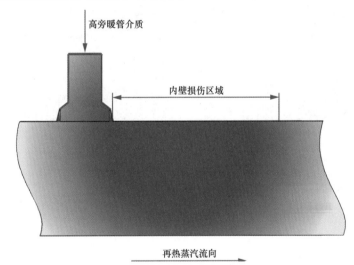

图 5-28　高压旁路暖管与热段管道的连接方式

（二）试验分析

1.宏观形貌观察与分析

热段管道开裂位置沿工质流向看为 11 点钟～1 点钟方位，位于高压旁路暖管接管座后 140mm 处，裂缝呈环向分布，长度为 100mm，如图 5-29 所示；经渗透检测，发现内壁在 1200mm 的范围内存在大量龟裂状且长短不一的周向裂纹，管道内壁暖管接管座管孔处存在多处辐射状裂纹，如图 5-30 所示。可以看出，管道内壁裂纹的分布和形貌具有明显的热疲劳损伤特征。

 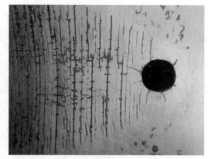

图 5-29　热段管道外壁裂缝形貌　　　图 5-30　管孔及内壁龟裂和辐射状裂纹

2. 断口微区检测与分析

断口平齐，无明显塑性变形，表面存在严重的氧化产物，并清晰可见自内向外沿径向扩展的疲劳辉纹。利用扫描电子显微镜（SEM）对断口进行微观形貌分析，可知疲劳裂纹萌生于管道内壁，沿径向扩展，撕裂棱呈放射状径向分布，存在裂纹和摩擦痕迹，呈现较为典型的疲劳断裂形貌特征，如图 5-31 和图 5-32 所示。

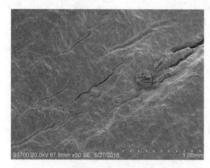 

图 5-31　断口微观裂源区域形貌　　　图 5-32　断口微观扩展区域形貌

3. 化学成分检测与分析

对热段管道取样进行化学成分检测，检测数据如表 5-3 所示。结果表明，管道的化学成分中各元素含量符合 ASME SA—335/SA—335M《高温用无缝铁素体合金钢公称管》要求。

表 5-3　　　　　　　　　　热段管道 A335P22 化学成分检测结果　　　　　　　　　　%

检测元素	C	Si	Mn	Cr	Mo	P	S
ASME SA—335/SA—335M《高温用无缝铁素体合金钢公称管》	0.05 ~ 0.15	≤ 0.50	0.30 ~ 0.60	1.90 ~ 2.60	0.87 ~ 1.13	≤ 0.025	≤ 0.025
实测值	0.11	0.35	0.50	2.29	0.96	0.010	0.005

4. 显微组织检测与分析

对开裂的再热蒸汽热段管道取样进行显微组织检测。管道母材内壁、1/2 壁厚处及外壁处的组织状态较为均匀，均为等轴状均匀分布的珠光体 + 铁素体 + 粒状贝氏体组织，未见明显球化，如图 5-33 所示。内壁存在多条相互平行的、沿径向扩展的裂纹，每条裂纹的内部均存在氧化层，但各条裂纹长度不一且内部氧化程度不一，说明裂纹形成时间不同，如图 5-34 所示。

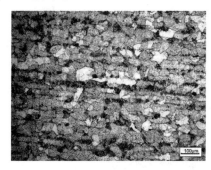

图 5-33 管道 1/2 壁厚处显微组织　　图 5-34 热段管道内壁裂纹及氧化层

5. 力学性能测试与分析

管道母材的抗拉强度和断后伸长率均符合 ASME SA—335/SA—335M《高温用无缝铁素体合金钢公称管》要求；对于冲击吸收功和硬度，ASME SA—335/SA—335M《高温用无缝铁素体合金钢公称管》未做要求，但 DL/T 438—2016《火力发电厂金属技术监督规程》对于 A335P22 材料的硬度规定为 125 ~ 180HB，可以看出，硬度测试结果符合 DL/T 438—2016《火力发电厂金属技术监督规程》要求；而材料的屈服强度略低于 DL/T 438—2016《火力发电厂金属技术监督规程》要求，屈服强度低代表其抵抗热疲劳能力差，有利于热疲劳损伤的加速扩散。再热蒸汽热段管道 A335P22 的力学性能测试结果见表 5-4。

表 5-4　　　　　　再热蒸汽热段管道 A335P22 的力学性能测试结果（20℃）

检测项目	屈服强度（MPa）		抗拉强度（MPa）		断后伸长率（%）		冲击吸收功（J）	硬度 HB	
	横向	纵向	横向	纵向	横向	纵向	横向	纵向	1/2
ASME SA—335/SA—335M	≥ 205	≥ 205	≥ 415	≥ 415	≥ 14	≥ 22	—	—	—
实测值	202	203	478	483	31	32	95.2	56.9	145

（三）试验结论

再热蒸汽热段管道发生开裂的主要原因是热疲劳损伤所致，材料的屈服强度较低，其抵抗热疲劳性能差，加速了热疲劳的扩展。

根据该发电厂运行要求，为确保紧急状态时高压旁路减温减压阀能够顺利开启，运行中高压旁路暖管阀门处于常开状态。根据该要求，运行中温度为 324℃的再热冷段管道中的低温工质持续排入温度为 540℃的再热热段管道中，工质温度差为 216℃。低温工质进入热段管道后随高速流动蒸汽扩散，与热段管道内壁直接接触，在一定区域范围内产生温度梯度并形成热应力，长期冷热反复交替，最终对热段管道造成热疲劳损伤，在管道内壁产生网状龟裂的疲劳裂纹，并最终导致管道开裂，发生泄漏。

（四）监督建议

高压旁路暖管管系布置不合理，错误地将低温工质直接引入高温工质环境中进行混温，并且未采取内套筒等保护高温管道的措施，导致低温工质直接冲击管道内壁并形成周期性温度波动，造成管道内壁长期承受交变热应力，最终使得再热蒸汽热段管道疲劳开裂失效。建议变更高压旁路管道的疏水暖管管系布置，将暖管工质引入汽轮机低压疏水扩容器，从而避免低温工质对再热蒸汽热段管道的"减温"作用和冲击，不仅能够避免管道疲劳损伤，而且提高了机组热效率。

三、火力发电厂蒸汽管道振动过大分析与处理措施研究

火力发电厂汽水管道振动故障不仅降低管道和相连设备的使用寿命，并且危及机组运行安全和运行人员的生命安全。国内亚临界、超临界机组均发生过管道振动故障。管道应力分析软件 CAESAR Ⅱ 能够对管道进行静态载荷分析、动态载荷分析。

（一）管道振动原因分析

型号为 SG-690/13.7-M451 的超高压循环流化床锅炉累积运行 39000h。该锅炉过热器中隔墙出口集箱与屏式过热器入口集箱由 2 根对称布置的管道（规格为 $\Phi 324 \times 25mm$、材质为 SA-106C）连接。中隔墙至屏式过热器连接管道（以下简称冷屏管道）工作温度为 358℃，工作压力为 14.34MPa。运行中，该管道标高 29300mm 的水平段存在振动故障。

1. 静力分析

支吊架具有承受管道重力荷载、压力荷载、位移荷载、风荷载、地震荷载、冲击荷载、机械振动荷载作用，同时具有合理约束管道位移、限制管道接口对所连接设备的推力和扭矩、增加管道的稳定以及防止管道振动等功能。

冷屏管道支吊架布置见图 5-35。1、2、6 ~ 11 号、15 号、16 号为弹簧吊架，3、14 号为刚性吊架，4、5、12、13 号为径向限位装置。弹簧吊架、刚性吊架和限位装置的冷态、热态状态均正常。

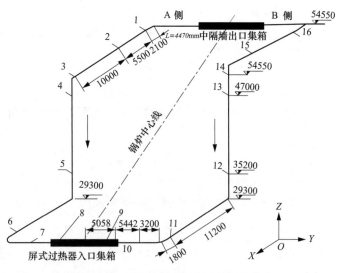

图 5-35　冷屏管道支吊架布置轴测图

　　鉴于冷屏管道对称布置，因此使用 CAESAR Ⅱ 对 A 侧冷屏管道进行静力计算，结果表明，管道的最大一次应力为其许用应力的 38.3%，最大二次应力为其许用应力的 20.1%，均能够满足安全运行要求。冷屏管道关键节点热态位移值如表 5-5 所示。

表 5-5　　　　　　　　　　冷屏管道关键节点热态位移值

节点	X 向位移 D_X（mm）	Y 向位移 D_Y(mm)	Z 向位移 D_Z (mm)	X 向角位移 R_X(°)	Y 向角位移 R_Y(°)	Z 向角位移 R_Z(°)
70	10.00	−10.00	−93.24	−0.134	0.01	−0.26
80	13.25	−29.78	−121.67	−0.12	−0.11	−0.39
90	15.93	−33.55	−120.50	−0.10	−0.13	−0.40
100	66.22	−87.97	−75.92	0.20	−0.32	−0.07
110	73.87	−85.38	−63.58	0.278	−0.34	0.22
120	58.42	−71.85	−48.89	0.33	−0.34	0.40
130	10.00	−45.00	−15.00	0.37	−0.34	0.57

2. 固有频率

　　固有频率信息表明管道对动态载荷响应的趋势。如果系统的固有频率与激振力的频率接近，则系统易发生共振。按照一般的规律，较高的固有频率与较低的固有频率相比，它对系统的破坏性较小。使用 CAESAR Ⅱ 的连续质量法对冷屏管道进行模态计算，其前 5 阶固有频率如表 5-6 所示，由表知管道一阶固有频率较低，不满足 DL/T 5054—2016《火力发电厂汽水管道设计规范》关于管道一阶固有频率应大于 3.5Hz 的要求。

表 5-6　　　　　　　　　　冷屏管道系统固有频率

阶次	1	2	3	4	5
固有频率（Hz）	1.31	1.94	3.68	4.18	4.79

3. 管道振动测试

　　采用 WVM2000 型振动分析系统对 A 侧冷屏管道标高 29300mm 的水平段进行了测试。测试时，机组实时功率为 165.1MW（机组最大功率 200MW）。振动测点 A、B、C、D、E 的测试结果如表 5-7 所示。冷屏管道标高 29300mm 水平段的振动是低频高幅值振动，其振动频率较低，与一阶固有频率接近。

表 5-7　　　　　　　　　　A 侧冷屏管道振动测试结果

测点编号	X 向		Y 向		Z 向	
	频率（Hz）	振幅（mm）	频率（Hz）	振幅（mm）	频率（Hz）	振幅（mm）
A	2.004	2.552	3.547	0.622	4.280	0.506
B	2.015	2.340	3.575	0.470	5.002	0.154
C	1.324	3.914	3.548	0.504	4.404	0.160

续表

测点编号	X 向		Y 向		Z 向	
	频率（Hz）	振幅（mm）	频率（Hz）	振幅（mm）	频率（Hz）	振幅（mm）
D	1.940	2.662	4.892	0.538	3.725	0.390
E	1.904	3.312	4.830	0.640	3.611	0.866

4.CAESAR Ⅱ动态分析

CAESAR Ⅱ谐振分析功能可分析某激振频率下，管道对激振力的位移响应。激振频率 F=1.3Hz 时，管道的响应位移如表 5-8 所示。激振频率 F=1.9Hz 时，管道的响应位移如表 5-9 所示。

表 5-8　　　　　　　　　　　　F=1.3Hz 时管道响应位移

节点	D_X（mm）	D_Y（mm）	D_Z（mm）	R_X（°）	R_Y（°）	R_Z（°）
60	−0.00	−0.00	0.01	−0.01	0.01	0.01
70	0.00	0.00	0.00	0.03	−0.01	0.01
80	2.49	0.98	−0.22	0.02	−0.01	0.01
90	2.60	1.01	−0.39	0.02	−0.01	0.01
100	4.10	0.46	1.96	−0.03	0.01	−0.01
110	2.85	−0.00	2.58	−0.03	0.02	−0.02
120	2.17	−0.00	1.69	−0.03	0.02	−0.03
130	0.00	−0.00	0.00	−0.02	0.02	−0.04

表 5-9　　　　　　　　　　　　F=1.9Hz 时管道响应位移

节点	D_X（mm）	D_Y（mm）	D_Z（mm）	R_X（°）	R_Y（°）	R_Z（°）
60	−0.00	−0.00	0.00	−0.01	0.00	0.01
70	0.00	0.00	0.00	0.01	−0.01	0.00
80	2.50	0.80	−0.09	0.01	−0.01	0.00
90	2.59	0.93	−0.17	0.01	−0.01	−0.00
100	3.21	0.38	0.66	−0.01	0.01	−0.01
110	2.24	−0.00	0.99	−0.01	0.01	−0.01
120	2.02	−0.00	0.72	−0.01	0.01	−0.012
130	0.00	−0.00	0.00	−0.01	0.01	−0.02

表 5-8、表 5-9 的结果表明，激振频率为 1.3Hz 和 1.9Hz 时，冷屏管道节点 80 ~ 120 水平段 X 向位移对激振力响应强烈。CAESARII 谐振分析结果与管道振动测试结果有一定偏差，与模型参数、管道及其约束安装偏差、机组运行负荷变化有关。

（二）管道振动治理

综上分析，冷屏管道标高 29300mm 段的支吊架布置不合理，使得冷屏管道整体柔性大、一阶固有频率低是造成冷屏管道振动的主要原因。根据 DL/T 5054—2016《火力发电厂汽水管道设计规范》和 DL/T 292《火力发电厂汽水管道振动控制导则》的要求，应采取有效措施对冷屏管道进行振动治理。

1. 振动治理措施

（1）冷屏管道振动的激振力来自蒸汽工质运行中产生的压力脉动，同时冷屏管道的一阶固有频率较低，管道对激振力响应强烈。因此，治理冷屏管道振动主要有 2 种方式：

1）消除引发管道振动的激振力；

2）提高管道约束，提高管道刚性和一阶固有频率。由于管道振动激振力来自蒸汽工质的压力脉动，因此该方法实施难度大，治理效果不确定。

本次治理方案采取方式 2）。

（2）振动治理措施：改变管道约束以提高管道刚性和固有频率，同时在适当位置安装阻尼减振器降低管道对激振力的响应，从而达到减缓管道振动的目的。

1）安装恒力弹簧吊架。图 5-35 中 A 侧和 B 侧各安装 1 套恒力弹簧吊架。使用 CAESAR Ⅱ 计算确定恒力弹簧吊架型号为 58V- 47C127 (120 ↓)/23-M30。

2）安装减振阻尼器。在图 5-35 的 A 侧和 B 侧各安装 1 套 X 向 ZN21C-C40X300-b-60 型减振阻尼器。A 侧冷屏管道减振阻尼器安装实物见图 5-36。

图 5-36　A 侧冷屏管道减振阻尼器安装实物

2. 振动治理评估

实施治理措施后，管道模态分析 1 ~ 5 阶固有频率如表 5-10 所示。振动参数复测时，机组实时功率为 152.5MW，结果如表 5-11 所示。一阶固有频率由 1.312Hz 提高到 3.523Hz，管道各点 X 向的振动幅值均明显下降，并且各点 X 向的振动峰值速度均小于 DL/T 292《火力发电厂汽水管道振动控制导则》规定的极限值 12.4mm/s。

表 5-10　　　　　　　　　　冷屏管道振动治理后固有频率

阶次	1	2	3	4	5
固有频率（Hz）	3.52	4.16	5.45	6.04	6.85

表 5-11　　　　　　　　　　　　　冷屏管道 X 向振动测试

测点位置	A	B	C	D	E
振动幅值（mm）	0.70	0.78	0.89	0.76	0.77
峰值速度（mm/s）	8.86	9.88	7.38	9.36	9.24

四、疏水钢管开裂原因分析

（一）设备概况

某发电厂 4 号锅炉的型号为 HG-670 / 13.7-YM11。有关参数：额定蒸发量为 670t/h，过热蒸汽压力为 13.70MPa，过热蒸汽温度为 540℃。机组运行中高压导汽管疏水门前管道发生泄漏，其规格为 $\Phi28 \times 5.0$mm，材质为 12Cr1MoVG。截止发生泄漏，机组累积运行42000h。

（二）试验分析

1. 化学成分检测与分析

对钢管取样进行化学成分检测，检测数据如表 5-12 所示。检测结果表明，钢管化学成分不符合 12Cr1MoVG 钢相关标准的技术要求，材质检验结果为 35CrMo 钢。

表 5-12　　　　　　　　　　　　钢管化学成分检测结果

检测元素	C	Si	Mn	S	P	Cr	Mo	V
GB/T 3077—2015《合金结构钢》	0.32 ~ 0.40	0.17 ~ 0.37	0.40 ~ 0.70	≤ 0.035	≤ 0.035	0.80 ~ 1.10	0.15 ~ 0.25	—
GB/T 5310《高压锅炉用无缝钢管》	0.08 ~ 0.15	0.17 ~ 0.37	0.40 ~ 0.70	≤ 0.010	≤ 0.025	0.90 ~ 1.20	0.25 ~ 0.35	0.15 ~ 1.30
实测值	0.33	0.29	0.54	0.014	0.021	0.97	0.18	—

2. 力学性能测试与分析

对钢管取样进行力学性能测试，测试数据如表 5-13 所示。结果表明，钢管屈服强度、抗拉强度均低于 35CrMo 钢相关标准的技术要求。

表 5-13　　　　　　　　　　　钢管力学性能测试结果（20℃）

测试项目	屈服强度（MPa）	抗拉强度（MPa）	断后伸长率（%）
钢管测试数值	568	648	23.5
GB/T 8162—2018《结构用无缝钢管》	≥ 835	≥ 980	≥ 12
GB/T 5310—2017《高压锅炉用无缝钢管》	≥ 225	470 ~ 640	≥ 21

3.宏观形貌观察与分析

钢管沿轴向开裂，呈整齐平直状，外表面存有折叠缺陷。钢管开裂处发生胀粗，胀粗率约为 4.2%，并沿外表面折叠缺陷方向开裂，见图 5-37。

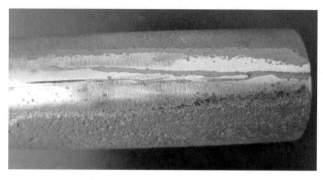

图 5-37 钢管轴向开裂宏观形貌

4.显微组织检测与分析

裂口边缘微观组织良好，为索氏体，无黑色网状奥氏体晶界，无高温过热现象，如图 5-38 所示。远离裂口微观组织：索氏体，组织正常，无黑色网状奥氏体晶界，无高温过热现象，如图 5-39 所示。裂口边缘存在折叠缺陷、氧化皮夹杂，并出现氧化现象，如图 5-40 所示。钢管外壁存在折叠裂纹，如图 5-41 所示，不符合 GB/T 8162《结构用无缝钢管》要求。

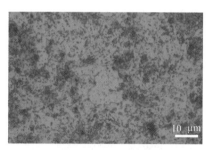
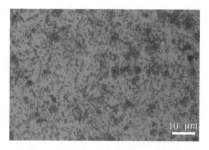

图 5-38 裂管边缘处微观组织形貌　　图 5-39 远离裂口处微观组织形貌

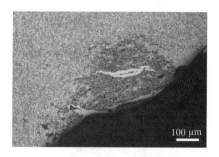
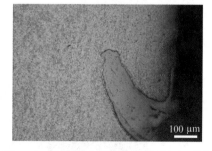

图 5-40 裂口边缘折叠缺陷微观组织形貌　图 5-41 裂管横向断口边缘微观组织形貌

（三）试验结果

通过对钢管的化学元素含量、力学性能的测试，结果表明：钢管的实际材质为

35CrMo，此种材料属于结构用钢，不应使用在高温高压管道中，同时力学性能不符合35CrMo钢相关技术标准的要求。

钢管微观金相组织检测结果表明：钢管金相组织正常，无黑色网状奥氏体晶界，无超温过热现象，裂口附近存有折叠缺陷。

钢管外壁存在折叠缺陷，折叠缺陷底部存在应力集中，容易形成裂纹源。折叠缺陷通常是由于材料表面在前一道锻、轧中所产生的尖角，在随后的锻、轧时压入金属本身而形成的，一般呈直线状，也有的呈锯齿状，分布于钢材的全长，或断续状局部分布。

（四）试验结论

钢管的实际材质为35CrMo，与设计材质不符，并且其常温力学性能不符合35CrMo钢相关技术标准的要求；钢管无超温过热现象；钢管外壁存在折叠缺陷。疏水钢管开裂泄漏的主要原因：钢管材质错用，此种材料属于结构用钢，不应使用在高温高压管道中，且外壁存在严重的折叠缺陷，运行过程中在高温高压的作用下，沿折叠缺陷的应力集中部位发生开裂泄漏。

五、主蒸汽管道异种钢焊缝断裂失效分析

主蒸汽管道是火力发电厂的重要设备之一，由于其运行参数高，失效破坏时不仅造成巨大的经济损失，而且对人员和设备安全具有极大的威胁。因此，分析主蒸汽管道的断裂失效原因对于预防此类失效事件的发生具有一定参考价值。

（一）设备概况

150MW级自备电厂4号机组运行过程中，主蒸汽管道与电动主闸门连接的异种钢对接接头爆裂，导致蒸汽大量外泄，引发现场火灾。该机组于2007年投产运行，截止到事故停机，累积运行28000h。

该主蒸汽管道异种钢对接接头（编号：H4）位于汽轮机4.5m平台，布置结构如图5-42所示。主蒸汽管道设计压力为9.8MPa，设计温度为540℃，材质为SA-335P91。编号为MS1、MS6的主蒸汽管道规格为$\Phi 457.2 \times 26.97$mm，编号为MS2、MS3、MS4、MS5的主蒸汽管道规格为$\Phi 457.2 \times 48$mm。电动主闸门阀体材质为SA-217WC9。管道MS5、MS2为三通，与电动主闸门旁路管道（规格为$\Phi 108 \times 16$mm）连接。

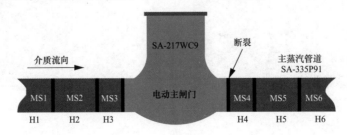

图 5-42　主蒸汽管道断裂焊缝布置

（二）试验分析

1. 宏观形貌观察与分析

对接接头（H4）沿主蒸汽管道（MS4）侧熔合区断裂。对接接头断裂面无明显的塑性变形，断口色泽灰暗。主蒸汽管道侧断口宏观形貌如图 5-43 所示，阀门侧断口宏观形貌如图 5-44 所示。

图 5-43　管道侧断口宏观形貌　　　　图 5-44　阀门侧断口宏观形貌

2. 断裂焊缝缺陷

焊缝的断口中存在着大量相关规程标准不允许存在的焊接超标缺陷。焊缝根部存在整圈未焊透缺陷，根部未焊透厚度实际测量值为 5mm，如图 5-45 所示；焊缝中存在大量夹渣缺陷，其中最长的条状夹渣长 50mm，如图 5-46 所示；焊缝中间部位和根部存在多处未熔合缺陷，如图 5-47、图 5-48 所示。

图 5-45　焊缝根部未焊透缺陷　　　　图 5-46　焊缝夹渣缺陷

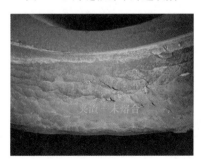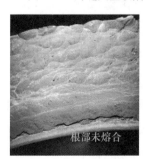

图 5-47　焊缝夹渣、未熔合缺陷　　　　图 5-48　焊缝根部未熔合缺陷

3. 显微组织检测与分析

由于对接接头沿主蒸汽管道侧熔合区断裂，焊缝金属全部遗留在电动主闸门侧，所以取阀门侧部分断裂接头为试样，如图 5-49 所示，沿壁厚方向进行显微组织检验。

结果表明，焊缝由三部分组成：

（1）根部未焊透部分，显微组织为铁素体＋珠光体，如图 5-50 所示，厚度为 5mm。

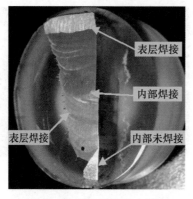

图 5-49　焊缝壁厚方向剖面

图 5-50　铁素体＋珠光体

（2）焊缝中间部分（以下简称内部焊缝），显微组织为奥氏体＋铁素体，如图 5-51 所示，厚度为 38mm，并且含有大量微观热裂纹，如图 5-52 所示。

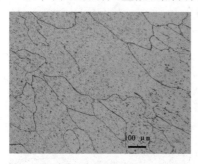

图 5-51　焊缝奥氏体组织

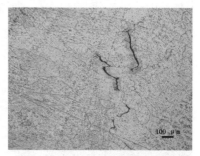

图 5-52　内部焊缝微观裂纹

（3）焊缝表层部分（以下简称表层焊缝）的显微组织不同于内部焊缝，为回火马氏体组织，表层焊缝厚度为 5mm。

4. 化学成分检测与分析

由显微组织检验知，断裂焊缝由三部分组成，分别对根部未焊透部分、内部焊缝部分和表层焊缝部分进行了化学成分检测，结果如表 5-14 所示。

表 5-14　　　　　　　　　　　焊缝化学成分检测结果　　　　　　　　　　　%

组成区域	Cr	Mo	V	Nb	Ni
试样（根部未焊透部分）	2.72	0.97	—	—	—
SA-217WC9（ASME）	2.00 ~ 2.75	0.90 ~ 1.20	—	—	—

续表

组成区域	Cr	Mo	V	Nb	Ni
试样（表层焊缝）	10.76	0.48	0.06	0.027	4.57
SA-335P91 焊条 E9015-B9 SFA-5.5/SFA-5.5M《焊条电弧焊用低合金钢焊条标准》	8.00 ~ 10.50	0.85 ~ 1.20	0.15 ~ 0.30	0.02 ~ 0.10	1.00
试样（内部焊缝）	16.61	—	—	—	8.86
奥氏体不锈钢焊条（A132）DL/T 869—2012《火力发电厂焊接技术规程》	18.00 ~ 21.00	0.75	—	—	9.00 ~ 11.00

综合显微组织检验和化学成分检测结果可知：

（1）焊缝根部未焊透部分是电动主闸门阀体母材。

（2）内部焊缝的焊接材料为奥氏体不锈钢焊条或焊丝，但由于焊接过程的冶金反应，无法确定相对应的焊条或焊丝牌号。

（3）表层焊缝的主要合金元素为 Cr、Mo、V、Ni、Nb，虽然该层金属的合金元素含量与 P91 焊条的化学元素含量不能完全相符，但是考虑焊接冶金反应对化学元素含量的影响，结合显微组织，推断表层焊接材料为 P91 类焊条。

5. 显微硬度检测与分析

表层焊缝的显微硬度最高值为 279HV（279HV ≈ 265HB），内部焊缝正常组织的显微硬度最高值为 224HV（224HV ≈ 215HB），符合电力行业规程要求。内部焊缝熔合区存在高硬度脆化层，如图 5-53 所示。在熔合区脆化层多点进行了显微硬度测试，其平均值为 319HV（319HV ≈ 303HB），高于电力行业规程规定的 P91 材料的硬度上限值 270HB。

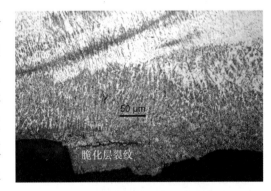

图 5-53　熔合区附近高硬度脆化层

（三）试验结果

综合上述试验数据和结果，电动主闸门与主蒸汽管道组成的异种钢焊接接头（以下简写为 WC9-P91）的失效形式为脆性断裂。

由于管道断裂后引发火灾，受高温氧化影响，断口形貌难以通过进一步的试验手段进行分析。此外，由于现场条件所限，未能从主蒸汽管道侧提取有效试样进行试验分析。因此，试验数据及结果分析具有一定的局限性。

1. 焊接操作和工艺控制分析

WC9-P91 异种钢焊缝断裂界面（即接头熔合界面）存在未焊透、未熔合、夹渣、内部焊缝中的微观热裂纹缺陷，减小了焊缝的承载截面，降低了焊接接头的强度，削弱了焊接接头的承载能力。

断裂韧性是材料阻止宏观裂纹失稳扩展能力的度量，断裂韧性越差，其阻止裂纹扩展的能力越差，发生脆性断裂的倾向性越大。由于焊接工艺不当，或焊接操作不当在 WC9-P91 异种钢接头内部焊缝熔合区产生的高硬度脆化层，是导致接头脆性断裂的主因。

2. 焊接材料分析

（1）依据相关规程，异种焊接接头 WC9-P91 宜选用合金成分与较低一侧钢材相匹配或介于两侧钢材之间的焊接材料，亦可采取中间堆焊过渡层的方法进行焊接。而本试验中的 WC9-P91 异种钢焊缝焊接材料由两种不同金属组成，表层焊缝焊接材料为 P91 焊条，内部焊缝焊接材料为奥氏体不锈钢焊条。使用奥氏体不锈钢焊条作为该接头的主要焊接材料，不能满足异种焊接接头 WC9-P91 的工艺要求。

（2）WC9-P91 接头在机组启停过程和运行中承受由于异种钢接头母材和焊缝线膨胀系数不一致而产生的热应力。奥氏体不锈钢与 SA-217WC9、SA-335P91 钢比较，其热导率小，线膨胀系数大，如表 5-15 所示。在某一温度时，焊缝金属的线膨胀系数越大，产生的热应力也越大。由表 5-15 可知，温度为 500℃ 时，以 18Cr-9Ni 奥氏体不锈钢为例，其线膨胀系数较 SA-335P91 的线膨胀系数大 61.3%，较 SA-217WC9 的线膨胀系数大 40.7%。选用奥氏体不锈钢焊条作为 WC9-P91 接头的焊接材料，使得接头的热应力较选用铁素体或珠光体钢焊条高。

表 5-15　　　　　母材和焊缝金属物理热导率和线膨胀系数

材料	500℃（与20℃间，×10⁻⁶/℃）		600℃（与20℃间，×10⁻⁶/℃）	
	热导率	线膨胀系数	热导率	线膨胀系数
SA-335P91	29.20	12.21	29.20	12.39
SA-217WC9	32.70	14.00	32.70	14.00
18Cr-9Ni 不锈钢	21.40	19.70	23.90	20.30

（四）试验结论

使用奥氏体不锈钢焊条作为内部焊缝的主要焊接材料，不能满足异种焊接接头 WC9-P91 的工艺的要求。焊缝内部主要填充金属为奥氏体不锈钢，为内部焊缝熔合区脆化层的产生提供了必要条件。脆化层硬度高，断裂韧性差，是 WC9-P91 异种钢接头的薄弱处。且焊缝中存在大量未焊透和未熔合等超标缺陷是 WC9-P91 异种钢接头发生脆性断裂的根本原因。

六、汽轮机抗燃油管开裂分析

（一）设备概况

某燃煤发电机组 1 号机组汽轮机是双缸、双排汽、空冷、中间再热、凝汽式汽轮机。1 号机组配有两台抗燃油泵，一用一备，分别向高、中压主汽门及调速汽门油动机供油。抗燃油回油管规格为 $\Phi 32 \times 3mm$，进油管规格为 $\Phi 25 \times 3mm$，材质为 304 不锈钢。1 号机组在运行过程中抗燃油回油管发生开裂渗漏。

（二）试验分析

1. 宏观形貌观察与分析

抗燃油管表面无磨损、氧化及腐蚀等痕迹，弯管外壁存在较多微小裂纹，如图 5-54 所示。

图 5-54　抗燃油弯管外壁裂纹

2. 力学性能测试与分析

从管子上截取长度为 50mm 的试样进行扩口试验，检测数据如表 5-16 所示，检测结果不符合 GB/T 5310—2017《高压锅炉无缝钢管》要求。

表 5-16　　　　　　　　　　　抗燃油管扩口试验结果

检测项目	试样长度（mm）	顶芯锥度（°）	扩口前直径（mm）	扩口后直径（mm）	扩口率（%）	试验结果
实测值	50.33	60	31.66	35.84	13	多条可见裂纹
标准要求	扩口后试样不应出现裂纹或裂口					

3. 化学成分检测与分析

对开裂的抗燃油管取样进行化学成分检测，检测数据如表 5-17 所示。结果表明，抗燃油管的化学成分符合设计材质 GB/T 5310—2017《高压锅炉无缝钢管》要求。

表 5-17　　　　　　　　　　抗燃油管化学成分检测结果　　　　　　　　　　%

检测元素	C	Si	Mn	Cr	Ni	P	S
标准要求	≤ 0.08	≤ 1.00	≤ 2.00	18.00 ~ 20.00	8.00 ~ 11.00	≤ 0.035	≤ 0.030
实测值	0.03	0.50	1.23	18.27	7.90	0.035	0.001

注　镍元素含量满足 GB/T 222—2006《钢的成品化学成分允许偏差》的下偏差要求。

4. 显微组织观察与分析

抗燃油管截面上的裂纹呈树枝状分布，裂纹主要由外壁形成，并不断向内壁扩展，几乎贯穿整个管壁。利用 $FeCl_3$ 饱和溶液腐蚀后，可以观察到抗燃油管的金相组织为单相奥氏体，部分奥氏体晶粒内含有退火孪晶组织，未见明显老化特征及异常晶粒长大，具有明显的穿晶断裂特征与应力腐蚀裂纹特征，如图 5-55 所示。

5. 微区形貌检测及能谱分析

抗燃油管截面存在多条裂纹，裂纹细长且带有分支，具有明显的穿晶特征，如图 5-56 所示。利用 EDS 能谱分析仪对裂纹尖端化学元素成分进行分析，分析结果如表 5-18 所示。分析结果表明，抗燃油管截面裂纹尖端处除了含有 Fe、Cr、Ni 等主要元素外，还存在一定量的 $FeCl_3$ 元素。

图 5-55　微观组织形貌　　　　　　图 5-56　裂纹微区形貌

表 5-18　　　　　　裂纹尖端主要化学元素组成能谱分析结果　　　　　　　　%

裂纹尖端处主要元素组成	Fe	Cr	Ni	Cl
各元素所占比例	74.67	17.68	6.68	0.97

（三）试验结论

抗燃油管的开裂为应力腐蚀所致，由于抗燃油管弯管处承受较大的应力，这样当有 Cl 元素存在时，该部位便在拉应力及氯元素的共同作用下形成应力腐蚀裂纹，从而引发抗燃油钢管泄漏。

第六章 大型铸件监督检验典型案例分析

大型铸件主要包括汽轮机铸钢件和锅炉铸钢件。汽轮机铸钢件主要包括汽缸、汽室、喷嘴、隔板、阀门等,锅炉铸钢件主要包括阀门和管道附件等。按照位置分类,阀门主要包括汽轮机主汽阀和调速汽阀、主蒸汽管道水压堵阀、再热蒸汽热段管道水压堵阀、再热蒸汽冷段管道水压堵阀、主给水管道截止阀和调节阀、高压旁路减温减压阀和低压旁路减温减压阀、抽汽管道止回阀等。按照功能分类,阀门主要包括截止阀、闸阀、止回阀、安全阀、泄放阀、调节阀、减温减压阀、止回阀等。

第一节 大型铸件损伤模式及缺陷类型

一、大型铸件材料

汽轮机和锅炉铸钢件材料性能的要求如下:

(1)铸钢件形状复杂,尺寸也较大,为防止铸钢件产生缺陷,要求材料具有良好的浇注性能,即良好的流动性、小的收缩性,为此,铸钢中碳、硅、锰含量应比锻、轧件高一些。

(2)铸钢件多在高温及复杂应力下长期工作,有时还要承受较大的温度补偿应力,因此,铸钢应具有较高的持久强度和塑性,并具有良好的组织稳定性,以免由于铸钢强度性能低而使铸件壁厚过厚,导致部件结构不合理,给制造带来困难。

(3)对于有疲劳载荷作用的铸钢件(如汽缸、蒸汽室)用钢,应具有良好的抗疲劳性能。一些铸钢件在运行时可能受到水击作用以及运输、安装时承受动载荷,因此应具有较高的冲击韧性。

(4)为减少铸钢件的高温蒸汽冲蚀与磨损,铸钢应具有一定的抗氧化性能和耐磨性能。

(5)铸钢件与管道的连接大部分采用焊接方式,铸钢应具有较好的焊接性能。选材时主要依据铸件的工作温度和钢材的最高允许使用温度进行选用。对于形状复杂的铸件(如汽缸)中产生的危害性铸造缺陷,必须彻底消除后,用补焊的方法修复。

汽轮机铸钢件和阀壳的工作温度小于或等于450℃的铸钢部件可选用 ZG 230-450、WC1(ASTM A217),工作温度小于或等于500℃的铸钢部件可选用 ZG20CrMo,工作温度在 500 ~ 570℃ 范围内的铸钢部件可选用 ZG15Cr1Mo/WC6（ASTM A217）、ZG20CrMoV、ZG15Cr2Mo1/WC9（ASTM A217）、ZG15Cr1Mo1V，工作温度大于或等于 570℃ 的铸钢部件可选用 10%Cr 型铸钢（ZG10Cr9Mo1VNbN、ZG12Cr9Mo1VNbN、ZG11Cr10Mo1W1VNbN-1 等）、ZG14Cr1Mo1VTiB。再热温度为 620℃ 的高效超超临界汽轮机的汽缸、主汽阀、调节汽阀主要采用 CB2[ZG13Cr9Mo2Co1NiVNbNB、GX13Cr9Mo2Co1NiVNbNB（西门子公司牌号）、GX13CrMoCoNiVNbNB9-2-1（欧洲牌号）]。

电站锅炉阀门壳体用钢根据温度选用。铸钢部件可选用 ZG 230-450、WCB、WC1、ZG15Cr1Mo/WC6（ASTM A217）、ZG15Cr2Mo1/WC9（ASTM A217）、ZG15Cr1Mo1V 和 CA12（ASTM A217）等。

阀门壳体用钢锻件可选用 A105、F22（ASTM A336）、F91（ASTM A336）、F92（ASTM A336）、15NiCuMoNb5 等。

二、大型铸件损伤模式

汽缸的主要部件包括汽缸体、法兰、螺栓、进汽部分和滑销系统等。汽缸内装有喷嘴室、静叶、隔板套、汽封等部件。在汽缸外连接有进汽管道、排汽管道、回热抽汽管道及支撑座架等。为了便于制造、安装和检修，汽缸一般沿水平中分面或者垂直中分面分为两个主缸。根据在汽轮机内部进汽参数的不同，汽缸一般分为高压缸、中压缸和低压缸，部分汽轮机根据设计需要，将高中压汽缸合为一体组成高中压缸。汽缸是汽轮机的主要组成，其承受的载荷比较复杂，除了要承受缸体内外的蒸汽压力，还要承受汽缸、转子、隔板（套）等部件的重力和转子振动引起的交变载荷，以及蒸汽流动产生的轴向推力和反推力。在机组启停和工况变化时，它还要承受由于缸体各方向上的温差引起的热变形和热应力的作用。在汽轮机设备正常运行的情况下，汽缸的损伤模式主要是应力开裂损伤、疲劳损伤、蠕变损伤及蠕变与疲劳交互作用损伤。

隔板是汽轮机主要的通流部件之一，起着固定静叶和阻止级间漏汽的作用，它将汽缸隔成若干个压力段，使蒸汽通过静叶栅将势能转变成动能，并使汽流按规定的方向流入动叶。隔板可直接固定在汽轮机汽缸内壁的隔板槽中或固定在隔板套中，是保证机组经济性和安全性的关键部件之一。隔板在工作中承受着由压差产生的载荷，根据通流部分的不同位置，工作于高压部分的隔板承受着高温、高压蒸汽的作用，工作于低压部分的隔板承受着湿蒸汽的作用。为了保证隔板在工作中有良好的经济性和可靠安全性，隔板应该有足够的强度和刚度、好的汽密性，足够的耐高温性和良好的抗腐蚀性。隔板是影响机组安全运行的主要部件，由于隔板的工作条件比较复杂和恶劣，其工作环境或为高温、高压，或为湿蒸汽，其常见的失效形式主要是冲蚀、腐蚀和应力开裂。

主汽阀是汽轮机保护系统的主要部件，调节汽阀的作用是根据调速系统的指令改变进入汽缸的主蒸汽流量，达到调整机组负荷的目的。汽阀的损伤模式主要是蠕变损伤、疲劳损伤、腐蚀损伤和磨损损伤。汽阀上可能发生损坏的部位是汽阀阀体 R 角等高应力部位，由于承受温度压力的同时，还受到汽缸蒸汽流量改变等因素的影响，会对其寿命有所损伤。

汽室和喷嘴主要承受高温和内压力的作用，随着启动和负荷变动次数的增多，可能产生热疲劳裂纹。其主要损伤模式有蠕变损伤、疲劳损伤及磨损损伤。

阀门安装于汽水管道时，用于实现汽水流动的启停和调节功能。运行中，阀门除承受工质温度和进出口高压差的作用力外，还要承受工质的冲蚀、磨损和热应力的作用。阀门的损伤模式主要是蠕变损伤、疲劳损伤、腐蚀损伤和磨损损伤。根据阀门安装位置和作用不同，其常见的失效形式有变形、开裂、腐蚀、冲蚀、磨损等。

三、大型铸件缺陷类型

汽轮机和锅炉铸钢件由于壁厚较厚，形状复杂，在浇铸过程中易产生表面缺陷和内部缺陷。主要缺陷有裂纹、缩松、砂眼、冷隔、疏松、夹杂、变形、浇注不足等。大型铸钢件在机械加工或机组运行中由于受残余应力释放、温差热应力、交变载荷等因素的影响，易产生表面裂纹、补焊区裂纹等缺陷。另外，大型铸件亦存在成分区域偏析、晶粒粗大、硬度不均匀、抗拉强度偏离标准规定的问题。

汽轮机和锅炉铸钢件常见的主要缺陷有阀体腐蚀、裂纹、泄漏和铸造或者锻造缺陷、焊缝表面裂纹和埋藏缺陷。

（一）汽轮机汽缸裂纹

某火力发电厂 A 级检修期间，中压缸内缸的上缸蒸汽室内壁经宏观检验发现 3 条裂纹，长度分别为 30mm、25mm、25mm，在打磨消除裂纹的过程中，3 条裂纹汇聚成 1 条，如图 6-1 所示。最终将裂纹消除时，缺陷部位打磨长 110mm、宽 26mm、深 40mm、如图 6-2 所示。中压缸内缸材质为 B64J-V，是法国钢种，相当于国产 ZG17Cr1Mo1。

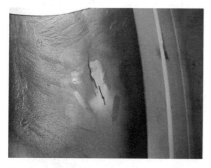 

图 6-1　中压缸裂纹（未打磨）　　　　图 6-2　中压缸裂纹（打磨后）

（二）汽轮机高压调速汽阀裂纹

某火力发电厂 4 号汽轮机 3 号高压调速汽阀内壁经渗透检验发现 1 条裂纹，显示长度为 80mm，如图 6-3 所示。裂纹沿结合面发展至紧固螺栓孔且贯通，贯通长度为 25mm，且沿螺栓孔向下扩展，渗透检测长度为 65mm，如图 6-4 所示。

机组运行一年后进行复检：原内壁渗透检测长度为 80mm 的裂纹有所扩展，长度增至 94mm；并在其下端右侧相距 10mm 处新产生 1 条裂纹，长度为 15mm。结合面至 M56 紧固螺栓孔贯通裂纹无明显变化，螺栓孔内原向下延伸的裂纹无明显扩展。

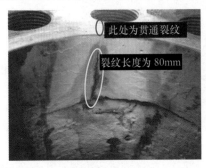

图 6-3　3 号高压调节汽门内壁裂纹　　　图 6-4　3 号高压调节汽门螺孔裂纹

机组运行两年后进行二次复检：首次复检原内壁长度扩展至 94mm 的裂纹和新生的长度约 15mm 的裂纹，长度方向均未见明显扩展；长度为 94mm 的裂纹在宽度方向上有张开的迹象。结合面至 M56 紧固螺栓孔贯通裂纹无明显变化，螺栓孔内原向下延伸的裂纹无明显扩展。

（三）汽轮机隔板裂纹

某火力发电厂 1 号机组汽轮机型号为 NZK200-12.75/535/535，为超高压参数、一次中间再热、双缸双排汽、单轴、直接空冷凝汽式汽轮机，过热蒸汽流量为 690t/h，过热蒸汽出口压力为 13.73MPa，过热蒸汽出口温度为 540℃。截至检修，1 号机组累积运行约 56000h。

经渗透检测，汽轮机中压 1 号隔板中分结合面发现多条裂纹缺陷，裂纹最长为 50mm，如图 6-5 所示。高压 5 号隔板中分结合面发现 1 条长 30mm 裂纹缺陷，如图 6-6 所示。

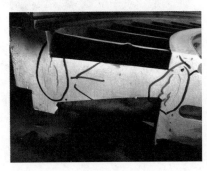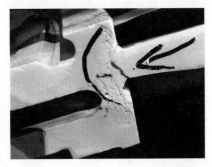

图 6-5　汽轮机中压 1 号隔板裂纹　　　图 6-6　汽轮机高压 5 号隔板裂纹

（四）汽轮机中压联合汽阀热疲劳裂纹

某火力发电厂2号汽轮机为超高压、一次中间再热、单轴、双缸双排汽、纯凝汽式汽轮机，型号为N150-13.24/535/535。机组于2006年4月投产运行，2011年8月停机进行第2次A级检修。截止到本次检修，机组累积运行35135h。

中压联合汽阀外壁疏水管坡度布置不符合要求，存在明显疏水受阻现象，如图6-7所示。

图6-7　中压联合汽阀疏水受阻

经目视检测，2号汽轮机右侧中压联合汽阀内壁疏水孔部位存在热疲劳裂纹。疏水孔周边裂纹呈放射状，裂纹最长约为40mm，如图6-8所示。疏水管孔及疏水孔内壁热疲劳裂纹呈龟裂状，如图6-9所示。

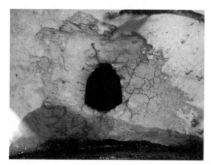

图6-8　疏水管孔热疲劳裂纹　　　　图6-9　疏水孔内壁热疲劳裂纹

（五）汽轮机高压联合汽阀制造裂纹

某在建660MW高效超超临界机组，1号汽轮机高压联合汽阀进汽管口内壁变截面处发现1处长约410mm的裂纹。高压联合汽阀的全貌如图6-10所示，内壁变截面处裂纹宏观形貌如图6-11所示。阀体材质为ZG1Cr10MoWVNbN-11。

图6-10　高压联合汽阀全貌　　　图6-11　高压联合汽阀内壁变截面处裂纹宏观形貌

（六）管道阀门阀体裂纹

某火力发电厂3号锅炉型号为SG-2059/17.5-M920，汽轮机型号为N600-16.7/538/538，发电机型号为QFSN-600-23，机组累积运行17891.25h。主给水管道规格为$\Phi 508\times 36mm$，

材质为 WB36，电动隔离阀材质为 WCB。经磁粉检测，3 号锅炉主给水平台憋压阀后电动隔离阀阀体发现 1 条长约 190mm 的裂纹，如图 6-12、图 6-13 所示。

图 6-12　主给水隔离阀　　　　　图 6-13　隔离阀外壁裂纹

（七）炉水循环泵壳体裂纹

某火力发电厂 2093t/h 亚临界压力控制循环锅炉，型号为 SG-2093/17.5-M912。给水由锅炉左侧单路进入省煤器进口集箱，流经省煤器管组后汇合在省煤器出口集箱，与汽包内炉水混合后由连接管分别引入循环泵，每台循环泵出口有 2 个出口阀，循环泵将来自汇合集箱的水增压后输出，经过出口阀及出口管道进入下水包。

锅炉布置 3 台低压头炉水循环泵，公称压力为 32.0MPa，壳体材质为 WCB。锅炉定期检验中，经渗透检测发现壳体存在 1 处密集裂纹缺陷，如图 6-14、图 6-15 所示。对密集裂纹缺陷进行机械打磨，形成了深约 4mm 凹坑，圆滑过渡处理。

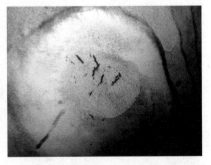

图 6-14　炉水循环泵　　　　　图 6-15　循环泵壳体裂纹

第二节　大型铸件监督检验方法

汽轮机和锅炉铸钢件、阀门可采用目视检测（直接目视检测和间接目视检测）、壁厚测量、几何尺寸测量、渗透检测、磁粉检测、超声波检测、射线检测、硬度检测、金相组织检测、化学元素分析、扫描电镜等方法进行检测和分析。

锅炉管道水压堵阀制造过程中，当采用射线检测时，应对图 6-16 中的阴影部分进行重点检测。

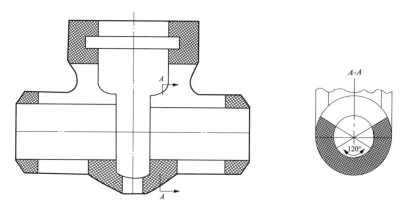

图 6-16　堵阀 X 射线检测重点检测部位

（1）大型铸件安装前，应进行以下检验：

1）铸钢件 100% 进行外表面和内表面可视部位的检查，内外表面应光洁，不应有裂纹、缩孔、粘砂、冷隔、漏焊、砂眼、疏松及尖锐划痕等缺陷。对一些可疑缺陷，必要时进行表面检测；若存在超标缺陷，则应完全清除，清理处的实际壁厚不应小于壁厚偏差所允许的最小值且应圆滑过渡；若清除处的实际壁厚小于壁厚的最小值，则应进行补焊。对挖补部位应进行无损检测和金相、硬度检验。汽缸补焊参照 DL/T 753《汽轮机铸钢件补焊技术导则》执行。

2）若汽缸坯料补焊区硬度偏高，补焊区出现淬硬马氏体组织，应重新挖补并进行硬度、无损检测。

3）若汽缸坯料补焊区发现裂纹，应打磨消除并进行无损检测；若打磨后的壁厚小于壁厚的最小值，应重新补焊。

4）对汽缸的螺栓孔进行无损检测。

5）对主蒸汽管道、再热蒸汽热段管道上的堵阀 / 堵板阀体、焊缝进行无损检测抽查。

6）铸钢件的超声波检测、渗透检测、磁粉检测和射线检测分别按 GB/T 7233《铸钢件　超声检测》（所有部分）、GB/T 9443《铸钢铸铁件　渗透检测》。GB/T 9444《铸钢铸铁件　磁粉检测》和 GB/T 5677《铸件　射线照相检测》执行。

7）对铸件进行硬度检验，特别要注意部件的高温区段，若硬度偏离正常值幅度较多，应分析原因，同时进行金相组织检验。

8）阀门阀体的连接段应与管道材料一致。阀体可以使整体铸造或锻造成型。对于阀体上阀座密封面采用奥氏体不锈钢材料或者堆焊耐蚀合金时，密封面堆焊层的厚度不小于 2mm。

（2）大型铸件服役后，机组每次 A 级检修，应对受监的大型铸件进行表面检验，有疑问时进行无损检测，特别要注意高压汽缸高温区段的变截面拐角、结合面和螺栓孔部位以及主汽阀内表面。

1）大型铸件发现表面裂纹后，应分析原因，进行打磨或打止裂孔，若打磨处的实际壁厚小于壁厚的最小值，根据打磨深度由金属监督专责工程师提出是否挖补。对挖补部位修复前、后应进行无损检测、硬度和金相组织检验。

2）根据部件的表面质量状况，确定是否对部件进行超声波检测。实际检验过程中发现，大型阀门（如水压试验堵阀、旁路阀等）存在较多的制造遗留缺陷，如裂纹、铸造或锻造缺陷等，须加强对阀门的外表面检查，必要时，对内表面和密封面进行抽查。

3）工作温度大于或者等于450℃的阀门阀体由于蠕变等因素的影响，会导致组织劣化以及性能下降，应结合定期检验进行硬度和金相检测抽查，重点抽查温度高、开关频繁及发生异常的阀门。

4）600MW 机组或超临界及以上机组，一旦发现高中压隔板累积变形超过 1mm，应立即对静叶与外环的环节部位进行相控阵检查，结构条件允许时，静叶与内环发焊接部位也应进行相控阵检查。

第三节　典型案例分析

一、水压堵阀开裂失效的危害性

按照 GB/T 29462—2012《电站堵阀》定义，堵阀是一种由堵板和导流套可互换的既可用于水压试验又可作为管道使用的双功能装置。堵阀一般采用焊接方式连接，其承压件的材料选择应考虑承受的压力、温度、强度和可焊性。

近年来，多次发现大型电站锅炉尤其是超临界电站锅炉主蒸汽管道、再热蒸汽热段管道、再热蒸汽冷段管道的水压堵阀阀体存在表面裂纹等缺陷，部分裂纹为密集裂纹，部分裂纹长度较大，部分裂纹深度较大。堵阀作为管道的承压件，且悬空布置于锅炉两侧，运行中一旦发生阀体泄漏或开裂事故，对人身和设备安全具有较大的危害性。

二、主蒸汽管道水压堵阀开裂原因分析

某火力发电厂 4 号机组锅炉为 SG-690/13.7-M451 型的超高压中间再热、单汽包自然循环的循环流化床锅炉；汽轮机为 NZK200-12.75/535/535 型的额定功率为 200MW 的超高压参数、一次中间再热、双缸双排汽、单轴、直接空冷凝汽式汽轮机。4 号机组于 2008年 4 月投入运行。截至此次检修，4 号机组累积运行约 56000h。

经磁粉检测，4 号机组主蒸汽管道水压堵阀存在多处裂纹缺陷：左侧水压堵阀存在密集性裂纹缺陷，长约 7mm；右侧水压堵阀存在 11 处裂纹缺陷，最长约 100mm。左侧水压堵阀裂纹如图 6-17 和图 6-18 所示。

图 6-17　左侧水压堵阀开裂部位

图 6-18　左侧水压堵阀裂纹磁痕显示

三、失效原因分析

（一）锅炉水压堵阀裂纹特点

（1）检验情况显示，锻件堵阀发现的裂纹较少，碳素钢铸件和合金钢铸件堵阀发现存在裂纹的情况较多。碳素钢铸件表面裂纹往往比合金钢铸件多而且严重，在整个阀体范围内，有的呈现密集龟裂，亦有的呈现单条或断续条状，合金钢铸件表面裂纹比较单一，条数较少。

（2）通过检验发现管道堵阀裂纹皆是阀体外表面裂纹。检验中对多个堵阀打开堵板进行了内表面缺陷检查，均未发现裂纹。

（3）电站锅炉管道铸件堵阀裂纹缺陷存在一定的普遍性，定期检验中铸件阀体大部分发现存在裂纹的情况，裂纹深浅不一，数量比较多，危害性比较严重。

（4）发现裂纹时的运行时间普遍较短。

（二）锅炉水压试验堵阀裂纹的成因

（1）材质因素。超临界锅炉主蒸汽管道、再热蒸汽热段管道设计运行参数较高，其管道堵阀一般采用合金钢铸件或合金钢锻件。再热蒸汽冷段管道设计运行参数相对较低，其管道堵阀多采用碳素钢铸件。碳素钢铸件与合金钢铸件相比，致密性和均匀性较差、晶粒粗大，合金钢锻件和合金钢铸件组织晶粒相对比较细小。组织均匀性差、晶粒粗大的阀门易产生裂纹。

（2）制造工艺。

1）铸造裂纹的产生。液态金属在铸型内凝固收缩过程中，由于表面和内部冷却速度不同会产生很大的铸造应力，当该应力超过金属强度极限时，铸件便产生开裂。根据开裂时温度的高低又分为热裂纹和冷裂纹两种。热裂纹在 1200 ~ 1400℃高温下产生，并在最后凝固区或应力集中区出现，一般是沿晶扩展，呈较短的网状裂纹，条数较多，密集分布，深度较浅，亦称龟裂。冷裂纹在 200 ~ 400℃低温下产生，主要是由于铸钢低温时塑性下降，在巨大的热应力和组织应力的共同作用下产生冷裂纹，一般分布在铸件截面尺寸突变的部位，如夹角、圆角、沟槽、凹角、缺口的周围等部位。冷裂纹一般穿晶扩展，有较大的深度和长度，一般为断续或连续状。

2）锻造裂纹的产生。加热不当、操作不正确、终锻温度太低、冷却速度太快等均有可能导致锻造裂纹的发生。加热速度太快时，因热应力而可能产生裂纹；终锻温度过低时，因金属塑性变差而可能导致开裂。

（3）由于时效处理不当导致的变形和开裂。在铸件和锻件制造过程中，为了消除工件的内应力，稳定组织和工件尺寸，改善机械性能等，常将工件进行时效处理。时效处理不当，会造成工件保留较大的内部应力，在使用中容易导致铸件变形、开裂。

（4）运行因素。

1）高温和工作压力的影响。锅炉运行中，堵阀承受较高的温度和工作压力，随着锅炉运行时间的延长，堵阀阀体内应力得到释放，内部的应力状态发生变化，组织内部小的缺陷进一步扩展，形成裂纹。另外随着锅炉的启停和运行中承受压力的变化，在工件截面突变部位也会产生新的应力集中，引起工件表面裂纹的产生和扩展。

2）温差应力的影响。堵阀内介质是有着较高温度的蒸汽（亚临界／超临界锅炉过热器出口额定工作温度一般为540℃/571℃，再热器出口额定工作温度一般为540℃/569℃），在锅炉运行及锅炉启停的加热和冷却过程中，由于堵阀阀体的壁厚较大，阀体内外表面会产生较大的温差应力。当锅炉启停的升温和降温速度较快时，温差应力的作用更加明显。铸件热传递不及锻件，内外表面的温差应力更大。工件在生产加工过程中产生的一些小缺陷，在锅炉运行和启停过程中得到进一步扩展，形成裂纹。由于阀体外表面的温度较低，塑性较差，所以温差应力的破坏作用主要发生在阀体外表面。

（5）制造检验规范和检验工艺不完善。目前我国超（超）临界电站锅炉堵阀的检验，没有针对性的检验标准。锅炉堵阀制造和检验主要参照 JB/T 3595《电站阀门一般要求》、JB/T 9625《锅炉管道附件承压铸钢件　技术条件》和 JB/T 5263《电站阀门铸钢件技术条件》等执行。这些标准的现行版本主要是针对亚临界锅炉制定的，对堵阀阀体的检验要求不够全面，其中相关的无损检测要求不是 100% 检验，容易在制造中遗留缺陷，不能满足日益发展的超（超）临界电站锅炉堵阀的质量安全要求。由于相关标准对电站锅炉堵阀的检验要求不尽完善，使堵阀制造质量缺陷难以得到全面有效的控制。

四、监督建议

对工作温度大于或者等于 450℃的阀门阀体，由于蠕变等因素的影响，运行中会导致组织劣化以及性能下降，应结合机组检修对工作温度大于或者等于 450℃的阀门阀体进行硬度和金相检测抽查，重点抽查温度高、开关频繁及发生异常的阀门。

第七章 高温紧固螺栓监督检验典型案例分析

螺栓在火力发电厂中广泛使用于电站设备的汽缸、主汽门、调速汽门阀、各种阀门和蒸汽管道法兰等需要紧固连接或密封的部件上。螺栓连接是一种很好的连接方式，特点是对螺栓给以足够大的预紧力，使被连接部件在运行使用期间紧密结合，保持密封，不发生泄漏。

螺栓在工作时由于螺母拧紧而主要受拉伸应力，有时也承受着弯曲应力。螺栓连接会产生应力集中，因此要求螺栓的刚性要好，承载能力要大。电站使用的螺栓基本上是指高温状态下使用，在长期运行过程中会发生应力松弛现象。应力松弛的结果会导致螺栓的压紧力降低，可能造成法兰结合面漏气。蠕变极限是与材料抗松弛性能密切相关的。同时，机组的频繁启动和负荷变化，会使螺栓承受交变应力的作用。提高螺栓材料的疲劳强度，也是选择螺栓的关键因素之一。

每个部件都有很多不同规格、材质的螺栓，只要一根螺栓出现问题，就可能导致整台机组停运，造成重大经济损失。运行中螺栓出现问题在电站事故中较为普遍。因此，了解螺栓结构和运行工况，分析螺栓的失效形式和失效部位，准确地对其进行监督，可以提高机组的安全可靠性。

第一节 高温紧固螺栓损伤模式及缺陷类型

一、高温紧固螺栓材料

1. 螺栓材料的性能

根据高温螺栓的工作条件和工作环境，螺栓材料在工作温度下应具有以下性能：

（1）良好的抗松弛性、良好的强度和塑性配合。

（2）小的蠕变缺口敏感性、小的热脆性倾向。

（3）良好的抗氧化性能，优良的抗疲劳性能，足够的室温和高温力学性能，高的组织稳定性。同时还要考虑材料的线胀系数，使螺栓及被紧固部件的线胀值尽可能一致，从而使附加应力最小。

2. 高温紧固螺栓材料

火电机组汽轮机常用的高温紧固螺栓材料如下：

（1）35 号钢。工作温度在 400℃ 以下的螺栓通常采用 35 号（或 45 号）碳钢制造。其供货状态为正火或调质，调质后的金相组织为铁素体＋珠光体。35 号钢抗松弛性能较低，塑性和加工工艺性能较好，具有中等强度，广泛用作低参数汽轮机和低温管道的螺栓材料。

（2）35SiMn 钢。35SiMn 钢具有良好的韧性和较高的强度，疲劳强度也较好，价格低廉，可用作工作温度在 430℃ 以下的螺栓材料；缺点是具有一定的过热敏感性和回火脆性倾向。

（3）35CrMo 钢。在高温下 35CrMo 钢具有较高的持久强度和蠕变极限，抗松弛性能较好，长期运行时组织稳定，加工工艺性能较好，可用作工作温度在 480℃ 以下的螺栓材料和 510℃ 以下的螺母材料，经 850℃ 油冷＋550℃ 回火调质处理后使用，其组织为回火索氏体。

（4）25Cr2MoV 钢。25Cr2MoV 钢属于珠光体耐热钢，具有良好的综合力学性能，热强性较高，有较高的抗松弛性能，工艺性能较好，主要用于制作工作温度在 510℃ 以下的螺栓，使用最广泛的螺栓材料之一。25Cr2MoV 钢通常在调质处理后使用，调质处理时，回火温度宜高于工作温度 100～200℃。该钢在高温长期运行中会发生热脆性而引起螺栓断裂。一般当螺栓选择 25Cr2MoV 钢时，螺母选用 35CrMo 钢。

（5）25Cr2Mo1V 钢。25Cr2Mo1V 钢属于中碳珠光体耐热钢，广泛用于火力发电厂中的管道法兰、阀门和汽轮机的汽缸结合面等各种需要紧固连接的工作温度在 550℃ 以下的螺栓。该钢具有良好的抗氧化性、耐热性和抗松弛性，以及低的缺口敏感性和热脆性。

（6）20Cr1Mo1VNbTiB 钢（争气一号）。我国曾长期使用 25Cr2MoV 钢和 25Cr2Mo1V 钢作为在 500～550℃ 温度范围内的高温螺栓材料。为了避免 25Cr2Mo1V 钢的高温缺口敏感性而开发了可以使用到 570℃ 的 20Cr1Mo1VNbTiB 钢（争气一号）和 20Cr1Mo1VTiB 钢（争气二号）。这两种钢都具有比 12% 铬钢更好的高温性能，是我国自行研制的低合金高强度钢，除了含有 Cr、Mo、V 等起固溶强化和弥散强化作用的合金元素外，还含有 Nb、Ti、B 等细化晶粒和强化晶界的元素，因此大大减缓了高温下原子在晶界上的扩散过程，阻止了碳化物在晶界的聚集长大，因而抑制了晶界微观裂纹的萌生和发展，从而使这两种钢的持久强度、蠕变极限、抗松弛性能、持久塑性、缺口敏感性、组织稳定性等都大幅度提高。

（7）2Cr12WMoVNbB 钢。2Cr12WMoVNbB 钢是含 12%Cr 马氏体钢的改进型钢种，因为加入了 W、Mo、V、Nb、B 等多种强化元素，所以比铬钼钒钢的性能优越，具有热强性高、抗松弛性能较好、缺口敏感性低、抗氧化性能高、抗应力腐蚀性能强等优点。

2Cr12WMoVNbB 钢广泛用作制造工作温度在 590℃以下的螺栓，在超临界机组中使用较多。

（8）C-422（2Cr12NiMo1W1V）钢。C-422（2Cr12NiMo1W1V）钢为 12Cr 的改良型马氏体不锈耐热钢，主要用于制作汽轮机高温螺栓和叶片。C-422 钢的热处理工艺为淬火（1050℃）+回火（700℃），在 600℃以下，长期时效过程中的粗化动力学具有体扩散控制的三次方规律，主要沉淀相是 $M_{23}C_6$。

（9）Refractory 26 Ni-Cr-Co 型高温合金。R-26 合金具有很高的蠕变和持久强度，抗松弛和抗氧化能力强，主要用于制造工作温度在 677℃以下的高中压内缸螺栓。R-26 合金具有可使内缸法兰尺寸缩小、启动热应力低和保持内缸汽密时间长等优点。

（10）GH4145/SQ 合金。基于节约钴的考虑，我国自行研发了无钴的镍基高温合金 GH4145/SQ，用于制造工作温度在 677℃以下的高温螺栓。GH4145/SQ 合金的持久强度、蠕变极限、抗松弛性能、持久塑性、组织稳定性等都较高。

二、高温紧固螺栓损伤模式

高温紧固螺栓的服役环境是比较复杂和恶劣的，因此近年来，火力发电机组多次发生螺栓断裂事故，对机组的经济性和安全性都造成了一定的影响。机组在长期运行过程中，高温螺栓不仅要承受高温蠕变、疲劳及其交互作用的影响，机组的启停，汽缸温差、振动，螺栓装配过程中不同的装配工艺及螺栓的制造质量均对其寿命产生重要影响。高温紧固螺栓的主要损伤模式有蠕变损伤、疲劳损伤、蠕变与疲劳交互作用损伤及腐蚀损伤。从高温螺栓失效情况分析，其失效形式主要有疲劳断裂、蠕变断裂、过载断裂和应力腐蚀断裂四种形式。

（一）疲劳断裂

螺栓的疲劳断裂一般都发生在螺栓承受最大负荷丝扣的最大应力面上或内部某个缺陷处。螺栓的疲劳是循环拉伸负荷的不断作用所致，其疲劳寿命取决于加载应力循环的次数和振幅。在长期受到预紧力和交变工作负荷双重载荷情况下，螺栓在小于其额定抗拉强度下就会断裂失效。

疲劳断裂最常见的部位主要为第一受载螺纹、齿根圆角、螺纹终止处。由于制造厂已通过开发更好的材料和生产方法提高了疲劳强度，因此螺纹就变成了高温螺栓的最薄弱部位，也是目前疲劳断裂中比例最高的损坏之处。

（二）蠕变断裂

高温蠕变损伤是螺栓失效的一种主要形式。在机组大修中均要对汽缸解体，对螺栓进行重新紧固。在高温下运行后，螺栓产生蠕变松弛，在每一个从紧固到解体的运行周期内，均会产生一定数量的蠕变应变，当累积蠕变应变达到断裂应变时，将导致蠕变断裂。高温紧固螺栓材料一般为中、高合金钢，其蠕变裂纹扩展阶段比较短，因此，一旦产生蠕变裂纹，螺栓将很快发生断裂。对螺栓材料而言，除了应具备较高的蠕变强度外，还应具有一定的蠕变延性，但这两者之间往往是矛盾的，必须通过降低材料中的杂质元素含量和优化热处理工艺等加以综合解决。

影响螺栓蠕变过程的因素很多，除了材料本身的蠕变特性外，螺栓的预紧力也对蠕变损伤有较大影响。在螺栓的预紧过程中，先要进行冷紧，以冷紧为基础再进行热紧。不同的冷紧工艺产生的初始冷紧应力差异较大，锤击方法最为明显。对于其后的热紧，国内多采用转角法，但有时在确定转角时却缺乏必要的根据。

（三）过载断裂

过载是由于超过许用应力，由拉伸、剪切、弯曲和压缩中的任一个或其组合而产生的。大多数设计人员首先考虑的是拉伸负荷、预紧力和附加实用载荷的组合。预紧力基本是内部的和静态的，它使接合组件受压。实用载荷是外部的，一般是施加在高温螺栓上的力。

拉伸负荷试图将连接组件拉开。当这些负荷超过螺栓的屈服极限时，螺栓从弹性变形的塑性区，导致螺栓永久变形，即使外部负荷除去后也不能再恢复原先的状态。同理，如果螺栓上的外负荷超过其抗拉极限，螺栓会发生断裂。

螺栓拧紧是靠预紧力扭转得来的。在安装时，过量的扭矩导致超过扭矩限制，同时也使高温螺栓受到了高应力而降低了高温螺栓的轴向抗拉强度，即在连续扭转的螺栓与直接受张力拉伸的相同螺栓相比，屈服值比较低。这样，螺栓有可能在不到相应标准的最小抗拉强度时就出现屈服。扭转力矩可以使螺栓预紧力增大，使连接松弛相应减少。

剪切负荷对螺栓纵轴方向施加一个垂直的力。剪切应力分为单剪应力和双剪应力。从经验数据来讲，极限单剪应力大约是极限抗拉应力的65%。许多设计首选剪切负荷，原因是它利用了螺栓的抗拉和剪切强度，主要起到类似销钉的作用，使受剪切的高温螺栓形成相对简单的连接，缺点是剪切连接使用范围小，而且不能经常使用，因此要求更多的材料和空间。

除拉伸负荷和剪切负荷外，弯曲应力是螺栓经受的另一个负荷，是由于垂直于螺栓纵轴方向的、在承载面和配合面的位置的外力所引起的。例如，上下螺栓孔不在一个轴线上会导致附加弯曲应力的产生。

脆性断裂也是过载断裂的一种形式，高温螺栓的强度较高，其韧性相对较低，在高温下长期运行会产生组织老化而导致脆性增加。韧性降低使螺栓承载能力下降，缺口的敏感性增加，一旦萌生裂纹，就可能导致螺栓的脆性断裂。

（四）应力腐蚀断裂

应力腐蚀在高拉伸负荷的作用下存在，主要影响高强度合金钢，是高温螺栓断裂的常见形式。合金钢螺栓在应力的作用下极易产生裂隙。一般首先在螺栓表面形成裂隙坑，然后进一步产生腐蚀，腐蚀后促使裂隙传播，其速率由螺栓所受的应力和材料的断裂韧度来决定。当剩下的材料性能不能承受施加的应力时，就会发生断裂。

三、高温紧固螺栓缺陷类型

高温紧固螺栓常见的主要缺陷有螺栓硬度值超标（硬度值偏高或者偏低）、螺栓螺纹及杆部机械损伤、螺栓螺纹及杆部裂纹、螺栓断裂、金相组织异常、螺栓化学成分不符合要求、金相组织异常等。

（一）螺栓硬度异常

高温紧固螺栓硬度值超标是常见的缺陷之一。按照 DL/T 438《火力发电厂金属技术监督规程》、DL/T 439《火力发电厂高温紧固件技术导则》的要求，汽轮机高温紧固螺栓的硬度值应符合标准要求。螺栓硬度值高于标准或者低于标准均不符合要求。

可采用里氏硬度、布氏硬度及洛氏硬度试验方法对螺栓硬度进行测试。根据螺栓的规格不同，火电机组检修现场可采用便携式里氏硬度计或者便携式布氏硬度计进行检测。采用便携式里氏硬度计按照 GB/T 17394—2014《金属材料 里氏硬度试验》进行测试：若出现硬度偏离 DL/T 439《火力发电厂高温紧固件技术导则》的规定值，应采用便携式布氏硬度计测量校核。按照 DL/T 1719—2017《采用便携式布氏硬度计检验金属部件技术导则》和 GB/T 231—2018《金属布氏硬度试验》进行高温紧固螺栓布氏硬度检测。

（二）螺栓机械损伤

高温紧固螺栓在运输、安装及检修拆卸时易造成螺栓螺纹及杆部机械损伤，如管钳咬伤、尖锐机械划痕、螺纹划伤等。汽轮机高压导汽管道法兰连接螺栓在拆卸中造成机械损伤，如图 7-1 所示。

图 7-1　螺栓机械损伤宏观形貌

一般采用目视检测方法对螺栓机械损伤进行检测，必要时结合渗透检测和磁粉检测方法对检测结果进行综合评定。

（三）螺栓裂纹

高温紧固螺栓螺纹根部存在应力集中现象，据资料介绍，约有 50% 的载荷集中在螺栓第一扣螺纹上，前三个螺纹约承担全部载荷的 70%。研究表明，高应力区多发生疲劳裂纹，螺栓产生疲劳裂纹的主要高发部位是在螺栓固定端工作颈与螺纹交界处或第一扣到第三扣之间。

　　磁粉检测、渗透检测、超声波检测等方法可用于检测螺栓杆部和螺纹根部裂纹，磁粉检测灵敏度高，可检测微米级宽度的缺陷，并能直观地显示缺陷。渗透和磁粉检测的局限性在于螺栓螺纹间距较小、螺纹齿有一定深度，检测前需要对螺栓表面氧化物、结垢等异物100%（主要是螺纹部分）进行清理，工作量大、工序烦琐、检测效率低。

　　螺栓的疲劳破坏是螺纹连接件中最主要的失效形式，由于螺纹连接结构的特殊性，螺纹牙载荷分布不均匀。汽轮机中压联合汽阀法兰连接螺栓螺纹根部开裂，如图7-2所示。

图7-2　螺栓螺纹根部裂纹

　　（四）螺栓化学成分不符合要求

　　近年来，汽轮机高温紧固螺栓在投运前和在役检修中进行化学成分检测时，发现了多起螺栓化学成分不符合要求，甚至材质错用的案例。螺栓某一项化学元素含量偏差（偏高或偏低）或者材质错用，均可能造成螺栓的实际许用温度、高温性能不能满足设备运行要求，严重威胁机组的安全稳定运行。

　　一般可采用台式直读光谱仪、手持式X射线荧光光谱分析仪、便携式火花直读光谱仪对螺栓化学成分进行检测和分析。采取非破坏方法检测高合金螺栓时应采用手持式X射线荧光光谱分析仪，避免火花检测造成的螺栓表面微观裂纹。

　　（五）金相组织异常

　　汽轮机高温紧固螺栓一般采用调质热处理工艺。对大于和等于M32的螺栓应按DL/T 884《火电厂金相检验与评定技术导则》进行金相组织检查，检查部位应在螺栓光杆处，对于存在表面硬化层的螺栓，应去除硬化层后再进行金相检验。螺栓材料应组织均匀，方向性排列的粗大贝氏体、粗大原奥氏体黑色网状晶界均属于异常组织。

　　20Cr1Mo1VNbTiB、20Cr1Mo1VTiB贝氏体耐热钢具有优良的综合性能。该钢对热处理比较敏感，如果热加工控制不当，螺栓材料易出现肉眼可见的晶粒（粗晶），应在螺栓断面进行晶粒级别检验。晶粒级别检验可采用金相检验方法或者超声波检测方法。为防止产生粗晶，应尽量采用较低的锻造加热温度，严格控制终锻温度，并保证有足够的锻造比。该钢材硬度大于260HB时，晶粒度越粗大，冲击值越低。

　　某汽轮机中压联合汽阀法兰连接螺栓规格为M33×3mm×273mm，材质为20Cr1Mo1VTiB，机组检修拆卸螺栓时发生断裂，螺栓断口存在肉眼可见的粗晶，如图7-3所示。

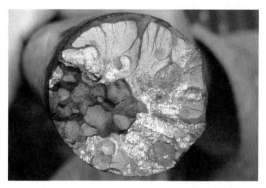

图 7-3　中压联合汽阀螺栓断口宏观形貌

第二节　高温紧固螺栓监督检验方法

高温紧固螺栓可采用目视检测、几何尺寸测量、渗透检测、磁粉检测、超声波检测、硬度试验、微观组织检测、光谱检验、拉伸试验、冲击试验及断口形貌分析等方法进行检测和分析。

（一）高温紧固螺栓投运前应进行的检验

（1）螺栓表面应光滑，不应有凹痕、裂纹、锈蚀、毛刺和其他会引起应力集中的缺陷。

（2）对于大于和等于 M32 的高温螺栓应进行 100% 超声波检测，必要时可进行磁粉检测、渗透检测，或进行其他有效的无损检测。

（3）合金钢、高温合金紧固螺栓应进行 100% 光谱检验，检验部位为螺栓或螺母端面，检验结果应与材料牌号相符，对高合金钢和高温合金光谱检验出的斑点及时打磨消除。

（4）对于大于和等于 M32 的高温螺栓应进行 100% 金相组织抽检，每种材料、规格的螺栓抽检数量不应少于 1 件，检查部位应在螺栓光杆处，对于存在表面硬化层的螺栓，应去除硬化层后再进行金相检验。

（5）对于大于和等于 M32 的高温螺栓应进行 100% 布氏硬度检验，检查部位宜为螺栓光杆处。当无法使用布氏硬度计测试时，可使用里氏硬度计替代，但应尽量减少各种因素对试验结果的影响。

（6）抽取高压内缸每种规格、每种材料的 20% 但应不少于 2 根的螺栓作为蠕变监督螺栓，使用前分别在该螺杆两侧的端面打上样冲眼，测量两冲眼之间的距离，把该距离作为蠕变测量的初始长度。

（二）高温紧固螺栓投运后应重点检验的内容

（1）蒸汽温度 510℃以上且具有热脆性倾向的 25Cr2MoV 和 25Cr2Mo1V 钢螺栓。

（2）对 20Cr1Mo1VNbTiB 钢螺栓应逐根进行晶粒级别评定检验。

（3）已断裂的螺栓组中尚未断裂的螺栓。

（4）对拆装频繁的螺栓，应缩短检验周期。

（5）高压汽缸高温段、调速汽阀和主汽阀螺栓。

（6）运行前检验发现有硬度高于或低于要求值、具有黑色网状奥氏体晶界的螺栓。

（7）对于大于或等于 M32 的高温螺栓应拆卸进行 100% 无损检测。

（8）累积运行时间达 5×10^4h，对 M32 及以上的高温螺栓，应根据螺栓的规格和材料，至少抽查 1/3 数量螺栓的硬度；硬度检查的部位宜在螺栓光杆处。

（9）累积运行时间达 5×10^4h，对 M32 及以上的高温螺栓，应根据螺栓的规格和材料，抽查 1/10 数量螺栓的金相组织；金相检查的部位宜在螺栓光杆处。

（10）每次大修时应进行蠕变监督螺栓的长度测量，然后算出蠕变变形量。

（11）对 CrMoV 钢、多元强化 CrMoV 钢和强化的 12% 铬型钢制螺栓的蠕变变形量达 0.7% 时，未进行蠕变变形测量，螺栓累积运行时间达到 $8 \times 10^4 \sim 10^5$h，应进行解剖试验。

（12）在任何情况下，断裂的螺栓均应进行解剖试验和失效分析。

（13）对于调峰机组使用的高温螺栓应增加检验比例。

（三）高温紧固螺栓的更换与报废

1.高温紧固螺栓的更换

对运行后检验结果符合下列条件之一的螺栓应进行更换。更换下的螺栓可进行恢复热处理，检验合格后可继续使用。

（1）硬度超标。

（2）金相组织有明显的黑色网状奥氏体晶界。

（3）25Cr2MoV 和 25Cr2Mo1V 的 U 形缺口冲击功 A_K：①调速汽阀螺栓和采用扭矩法装卸的螺栓，$A_K \leqslant 47J$；②采用加热伸长装卸或油压拉伸器装卸的螺栓，$A_K \leqslant 24J$。

2.高温紧固螺栓的报废

符合下列条件之一的螺栓应报废：

（1）螺栓的蠕变变形量达到 1%。

（2）已发现裂纹的螺栓。

（3）经二次恢复热处理后发生热脆性，达到更换螺栓的条件。

（4）外形严重损伤，不能修理复原。

（5）螺栓中心孔局部烧伤熔化。

第三节　典型案例分析

一、汽轮机高压外缸高温紧固螺栓断裂原因分析

（一）设备概况

某燃煤火电机组汽轮机在点火启动过程中高压缸出现漏气，停机检查发现高压外缸南侧一根连接螺栓断裂。该汽轮机为超高压、一次中间再热、单轴三缸二排汽、冲动凝汽式空冷机组，于 1995 年投产运行。断裂的高压外缸紧固螺栓规格为 M100×670mm，材质为 25Cr2MoVA。

（二）试验分析

1. 宏观形貌观察与分析

对断裂的高压外缸螺栓进行宏观形貌观察，可以看出，该螺栓整体断裂为 2 段，断面位于螺栓与螺母配合部分的第一螺纹牙底处，如图 7-4 所示。断口平坦无塑性变形，断面粗糙，色泽为暗灰色，断口附近未见明显的机械损伤及腐蚀损伤等缺陷，具有较为典型的脆性断裂特征，如图 7-5 所示。

图 7-4　螺栓断裂位置　　　　　　　　图 7-5　螺栓断口宏观形貌

2. 化学成分检测与分析

对断裂的高压外缸螺栓取样进行化学成分检测，检测数据如表 7-1 所示。结果表明，螺栓化学成分中各元素含量与 25Cr2MoVA 设计材质的要求相符合。

表 7-1　　　　　　　　　　　断裂的高压外缸螺栓各成分质量分数　　　　　　　　　%

检测元素	C	Si	Mn	Cr	Mo	V	P	S
标准要求	0.22 ~ 0.29	0.17 ~ 0.37	0.40 ~ 0.70	1.50 ~ 1.80	0.25 ~ 0.35	0.15 ~ 0.35	≤ 0.025	≤ 0.025
实测值	0.27	0.25	0.51	1.70	0.30	0.21	0.014	0.008

3. 显微组织检测与分析

在高压外缸螺栓断口附近取样进行金相显微组织检测，可以看出，螺栓整个横断面经腐蚀剂腐蚀后，在不同角度的光线下呈现为不同色泽与光亮度的多边形颗粒斑块，螺栓低

倍金相组织晶粒粗大，如图 7-6 所示。螺栓的微观金相组织为排状回火贝氏体，晶粒尺寸不均匀，存在混晶现象，局部区域晶粒直径超过 0.4mm，晶粒度达到 0 级，未见明显的网状碳化物，如图 7-7 所示。

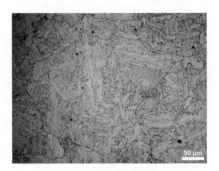

图 7-6　高压外缸螺栓横截面宏观金相组织　　图 7-7　高压外缸螺栓横截面微观组织形貌

4. 力学性能测试与分析

对断裂的高压外缸螺栓取样进行力学性能测试，检测结果如表 7-2 所示。可以看出，螺栓的布氏硬度高于标准要求，冲击韧性远低于标准要求。

表 7–2　　　　　　　　　　　高压外缸螺栓的力学性能测试结果 (20℃)

检　测　项　目	布氏硬度 HBW	冲击吸收功（J）
实测值	306	31
标准要求	248 ~ 293	≥ 47

5. 断口形貌与能谱分析

利用扫描电子显微镜（SEM）对高压外缸螺栓的断口进行检测，如图 7-8 所示。可以看出，在螺纹牙底断口的初始断裂区存在明显的"冰糖块状"沿晶断裂形貌；扩展区可以观察到明显的河流花样及少量韧窝，具有典型的准解理断裂特征。

利用能谱分析仪 EDS 对螺栓晶粒晶界面的化学成分进行分析，结果如图 7-9 所示，各成分质量分数如表 7-3 所示。结果表明，断裂的高压外缸螺栓晶界附近铅含量偏高。

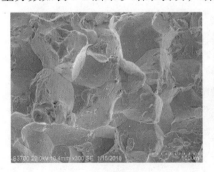
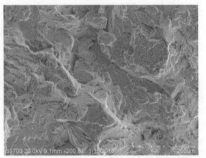

（a）初始断裂区　　　　　　　　　（b）扩展区

图 7-8　高压外缸螺栓断口 SEM 形貌

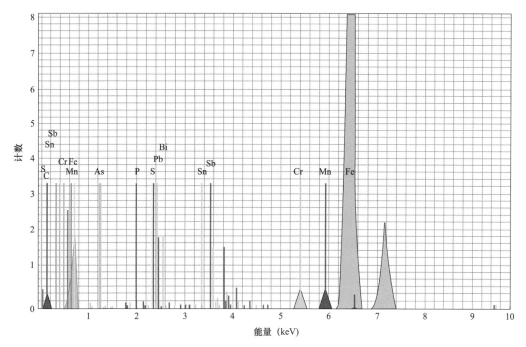

图 7-9 能谱分析图

表 7-3 断裂螺栓晶界成分能谱分析结果 %

分析部位	Fe	Cr	Mn	Pb
螺栓晶界面	90.59	1.23	1.88	0.34

（三）试验结果

从断口形貌分析，螺栓断裂于配合部分的螺纹牙底处，该部位恰好处于螺栓的应力集中区；断口内初始断裂区为沿晶断裂，扩展区为准解理断裂，整个断口呈典型的脆性断裂特征。从能谱结果分析，断裂螺栓晶界附近铅含量偏高，降低了晶界表面能，导致螺栓脆性增加。从化学成分分析，该螺栓化学成分中各元素含量与 DL/T 439《火力发电厂高温紧固件技术导则》对 25Cr2MoVA 材质的化学成分含量的要求相符合。从显微组织分析，螺栓局部区域晶粒粗大，这对材料的断裂韧性是十分不利的。从力学性能分析，该螺栓的硬度偏高，冲击韧性不足，使其在机组运行过程中承受冲击载荷的能力严重下降。

对于经正常热加工工艺制造的 25Cr2MoVA 材质的螺栓，其组织一般为细晶状的回火索氏体组织，该类型组织的材料应具有较高的强度和较好的韧性所构成的优良的综合力学性能，以便在机组运行过程中承载较高的拉伸载荷和冲击载荷。而本次断裂的高压外缸螺栓因热加工或热处理工艺不当，金相组织为排状回火贝氏体，且局部区域晶粒粗大，这样杂质元素极易在晶界偏聚，造成冲击韧性严重不足，在汽轮机启停及运行过程中不断承受拉、弯、剪切等静载荷及冲击载荷的作用，最终在螺栓与螺母配合部分的第一螺纹牙底处发生应力集中开裂。

（四）试验结论

螺栓断裂的主要原因：螺栓材料加工阶段的热加工工艺不当，造成螺栓材料局部区域晶粒粗大，冲击韧性严重不足，最终在承载最大的部位发生开裂，并以脆性方式逐渐扩展，直至整体断裂失效。

（五）监督建议

应加强对汽轮机各部位高温紧固螺栓的金属技术监督，并对其他同种材质的高温紧固螺栓进行检验排查，发现问题及时处理；同时严格规范高温紧固螺栓的采购、入库和使用的把关检验，避免材质不合格的螺栓流入并使用到机组设备上；此外，应避免极端工况的频繁出现引发的螺栓承受异常载荷和应力。

二、汽轮机中压联合汽阀高温紧固螺栓断裂原因

（一）设备概况

某燃煤火电机组在检修期间，对汽轮机 2 台中压联合汽阀进行解体检查时，发现共有 16 条中压联合汽阀螺栓发生断裂或开裂。该汽轮机为超临界、三缸四排汽、一次中间再热、单轴、空冷凝汽式汽轮机，共有 2 台中压联合汽阀，机体左右两侧各布置 1 台，每台中压联合汽阀上有 22 条紧固螺栓固定阀盖，共 44 条，断裂的螺栓材质为 20Cr1Mo1VNbTiB，规格为 M89×538mm。

（二）试验分析

1. 宏观形貌观察与分析

送检分析的中压联合汽阀紧固螺栓共 3 条，均于螺栓头部螺纹处发生开裂。从宏观形貌看，螺栓开裂均发生于螺纹处的牙底部位，断口较为齐平，未见明显塑性变形，断口表面氧化严重；但断口上起裂区、扩展区及最后瞬断区等特征区域较为明显。断口表面未见明显的结晶状形貌，断口及附近未见明显的机械损伤及原始缺陷等，整体呈现较为明显的脆性断裂形貌特征，如图 7-10、图 7-11 所示。

图 7-10 螺纹开裂位置　　　　　　　　图 7-11 螺栓断口宏观形貌

2. 断口微区检测与分析

利用扫描电子显微镜（SEM）对中压联合汽阀螺栓的原始断口及冲击断口进

行检测。原始断口高温氧化及磨损损伤较为严重，呈现较为明显的脆性断裂特征形貌。

对于冲击断裂的断口，可以观察到清晰的脆性解理断裂特征，呈脆性断裂形貌，如图7-12、图7-13所示。

对于拉伸试样，断口处发生了纵向劈裂，主断口大部分区域呈现较为典型的撕裂状准解理断裂特征，但断口中心局部区域形成典型的"冰糖状"沿晶断裂特征。同时在断口上可以观察到众多的粗大夹杂物颗粒，利用能谱分析（EDS）对夹杂物颗粒进行分析，其主要成分为Ti元素的金属间化合物，如图7-14~图7-18所示。

图 7-12　螺栓原始断口起裂区

图 7-13　螺栓原始断口扩展区

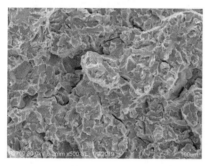

图 7-14　螺栓冲击断口 SEM 形貌

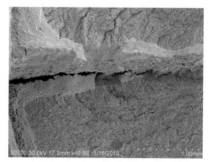

图 7-15　断口纵向劈裂

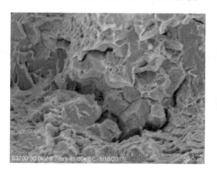

图 7-16　局部沿晶断口

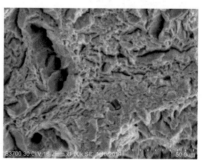

图 7-17　夹杂物颗粒

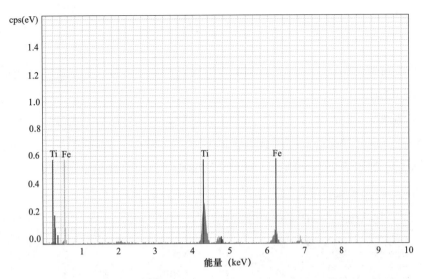

图 7-18　螺栓拉伸断口夹杂物颗粒 EDS 谱图

3. 化学成分检测与分析

对中压联合汽阀螺栓取样进行化学成分检测，检测数据如表 7-4 所示。结果表明，螺栓化学成分中各元素含量与 DL/T 439—2018《火力发电厂高温紧固件技术导则》和 GB/T 222—2006《钢的成品化学成分允许偏差》对 20Cr1Mo1VNbTiB 材质的化学成分含量的要求相符合。

表 7-4　　　中压联合汽阀螺栓 20Cr1Mo1VNbTiB 材质化学成分检测结果　　　　%

检测元素	C	Si	Mn	Cr	Mo	Nb	V	Ti	B	P	S
DL/T 439—2018 要求	17 ~ 0.23	0.40 ~ 0.60	0.40 ~ 0.65	0.90 ~ 1.30	0.75 ~ 1.00	0.11 ~ 0.22	0.50 ~ 0.70	0.05 ~ 0.14	0.001 ~ 0.005	≤ 0.025	≤ 0.025
实测值	0.21	0.54	0.54	1.22	0.91	0.20	0.62	0.13	0.005	0.027	0.004

4. 显微组织检测与分析

在中压联合汽阀螺栓断口处取样进行金相显微组织检测。可以看出，中压联合汽阀螺栓的组织为细晶状贝氏体＋夹杂物颗粒，晶粒级别为 5 级，未见晶粒粗大，螺纹表面未见明显脱碳层。断裂处氧化严重，裂纹局部存在沿晶断裂现象。组织中特别是裂纹附近分布有较多的夹杂物颗粒且分布不均匀，存在局部偏聚现象，夹杂物颗粒较为粗大；从能谱分析结果来看，夹杂物颗粒主要为 TiN；此外，组织中还有较为严重的线性形状夹杂物，经分析对比，该类夹杂物主要为 B 类氧化铝类（Al_2O_3）和 D 类氧化镁 $MgO \cdot Al_2O_3$ 复杂夹杂物，达到粗系 2.5 级，如图 7-19 所示。

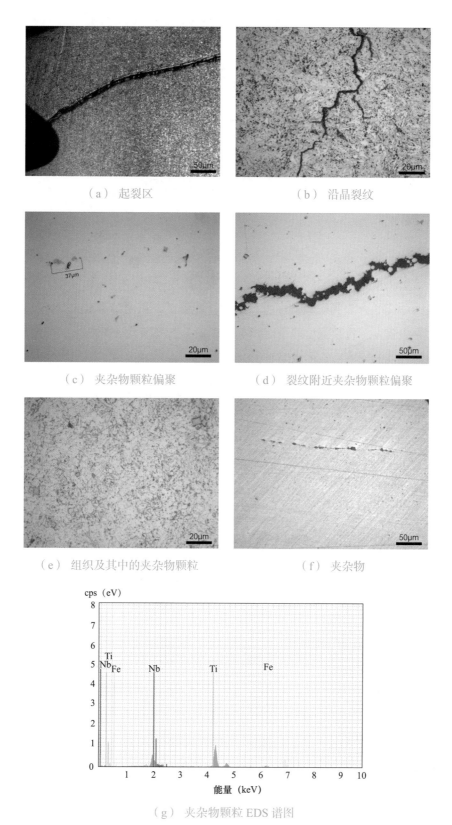

（a）起裂区

（b）沿晶裂纹

（c）夹杂物颗粒偏聚

（d）裂纹附近夹杂物颗粒偏聚

（e）组织及其中的夹杂物颗粒

（f）夹杂物

（g）夹杂物颗粒 EDS 谱图

图 7-19 开裂中压联合汽阀螺栓的金相组织（一）

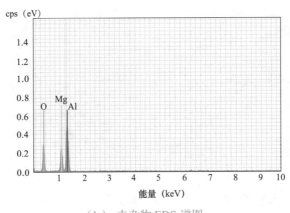

（h）夹杂物 EDS 谱图

图 7-19　开裂中压联合汽阀螺栓的金相组织（二）

5.力学性能测试与分析

对断裂的中压联合汽阀螺栓取样进行力学性能测试，检测结果如表 7-5 所示。可以看出，螺栓的屈服强度、抗拉强度等强度指标、断后伸长率所代表的塑性指标及硬度均符合标准要求，但螺栓的冲击韧性严重不足。

表 7–5　　　　　　　　中压联合汽阀螺栓的力学性能测试结果 (20℃)

检测项目	屈服强度 (MPa)	抗拉强度 (MPa)	断后伸长率 (%)	布氏硬度 HBW	冲击吸收功 A_{kU}(J)
DL/T 439—2018 要求	735	834	12	252 ~ 302	≥ 47
实测值	803	916	17	293	32

（三）试验结果

从宏观形貌分析，中压联合汽阀螺栓均开裂于头部的螺纹处的牙底部位，断口较为齐平，未见明显塑性变形，断口表面氧化严重。断口表面未见明显的结晶状形貌，整体呈现较为明显的脆性断裂形貌特征。

从断口形貌分析，中压联合汽阀螺栓的原始断口高温氧化较为严重，呈脆性断裂特征。从冲击断口，可以观察到清晰的脆性解理断裂特征，呈脆性断裂形貌。对于拉伸断口，对于拉伸试样，断口处发生了纵向劈裂，主断口大部分区域呈现较为典型的撕裂状准解理断裂特征，但断口中心局部区域形成典型的"冰糖状"沿晶断裂特征。同时在断口上可以观察到众多的粗大夹杂物颗粒，利用能谱分析（EDS）对夹杂物颗粒进行分析，其主要成分为 Ti（钛）元素的金属间化合物。大量粗大夹杂物颗粒在晶界的偏聚会造成晶界脆性增大，在受力作用下发生沿晶断裂。

从化学成分分析，中压联合汽阀螺栓化学成分中各元素含量符合相关标准要求。

从显微组织分析，中压联合汽阀螺栓的组织为细晶状贝氏体＋夹杂物颗粒，晶粒级别为 5 级，未见晶粒粗大，裂纹处氧化严重，裂纹局部存在沿晶断裂现象。组织中特别是裂纹附近分布有较多的夹杂物颗粒，夹杂物颗粒分布不均匀，存在局部偏聚现象，夹杂物颗粒较为粗大；结合能谱分析，夹杂物颗粒主要为 TiN。细小的 TiN 粒子弥散均匀分布于晶界部位可以有效地起到抑制晶粒长大、提高材料强韧性的作用，但如果 TiN 颗粒粗大且局部偏聚，会严重降低材料的韧性。此外，组织中还有较为严重的线性形状的夹杂物，经分析对比，该类夹杂物主要为 B 类氧化铝类（Al_2O_3）和 D 类 $MgO \cdot Al_2O_3$ 复杂夹杂物，达到粗系 2.5 级。氧化铝类（Al_2O_3）及 $MgO \cdot Al_2O_3$ 复杂夹杂物均为低熔点高硬度的脆性夹杂物，其大量存在会割裂金属晶体的连续性，从而严重降低材料的韧性。

从力学性能分析，中压联合汽阀螺栓冲击韧性偏低，主要是由于组织中存在严重的 Al_2O_3 及 $MgO \cdot Al_2O_3$ 夹杂物和大量粗大的 TiN 夹杂物颗粒偏聚造成的。

从冶炼工艺分析，用于大型电站汽轮机的高强度 20Cr1Mo1VNbTiB 的材料应为洁净度要求很高的镇静钢，在冶炼过程中应采用真空技术、渣洗技术、惰性气体净化及电渣重熔等炉外精炼手段来提高钢的纯净度。但从检测结果来看，螺栓组织中存在严重的氧化铝类（Al_2O_3）和 $MgO \cdot Al_2O_3$ 复杂夹杂物夹杂物，说明冶炼过程中作为脱氧剂的 Al 元素没有被有效地脱出，而是残留到材料当中破坏材料的连续性，进而损伤材料的性能。另外，20Cr1Mo1VNbTiB 螺栓材料中添加入 Nb、Ti、V 等微量元素进行合金化的主要目的是对材料起到细化晶粒、提高强韧性的效果，但从分析结果来看，组织中存在大量的尺寸粗大的 TiN 颗粒并且有严重的偏聚现象，并没有起到 TiN 粒子细小均匀分布于晶界，进而起到细化晶粒并提高材料强韧性的目的。

（四）试验结论

汽轮机中压联合汽阀紧固螺栓断裂的主要原因：螺栓 20Cr1Mo1VNbTiB 材料冶炼工艺不当，造成材料中 Al_2O_3 及 $MgO \cdot Al_2O_3$ 夹杂物严重且粗大的 TiN 夹杂物颗粒偏聚严重，使得螺栓材料的冲击韧性不足。在中压联合汽阀频繁动作产生的动冲击载荷作用下，在应力集中的、具有缺口效应的且粗大 TiN 夹杂物颗粒偏聚严重的螺纹牙底部位发生开裂，形成裂纹源，并在反复的动冲击载荷作用下逐渐扩展，直至整体断裂失效。

（五）监督建议

鉴于 20Cr1Mo1VNbTiB 材质的中压联合汽阀紧固螺栓大批量断裂且冲击韧性不合格的情况，首先，应将该批螺栓全部更换，不再使用，以免影响机组的安全稳定运行；其次，应严格规范高温紧固螺栓的采购、入库和使用的把关检验，避免材质不合格的螺栓流入并使用到机组设备上；再次，应避免极端工况的频繁出现引发的螺栓承受异常载荷和应力，以免再次出现类似断裂失效。

三、汽轮机高压主汽阀高温紧固螺栓断裂原因分析

（一）设备概况

某燃煤火电机组汽轮机在 C 级检修过程中对高压主汽阀螺栓进行解体检查时，发现右侧高压主汽阀的 2 条紧固螺栓断裂失效。该汽轮机为单轴、三缸双排汽、中间再热、间接空冷凝式汽轮机，整个机组共 32 级，于 2006 年投产运行。高压主汽阀共两个，布置在高压汽缸的两侧，为卧式结构，主汽阀的外壳和阀盖均用 ZG15Cr1Mo1V 耐热合金钢铸成，阀壳下部进口与锅炉来的 $\Phi355.6 \times 50mm$ 主蒸汽管焊接。阀盖使用双头螺栓和螺母固定在阀壳上，具体规格为 M56×4mm×220mm，材质为 20Cr1Mo1VNbTiB。阀盖与阀壳间的密封面装有 1Cr18Ni9Ti 奥氏体不锈钢的齿形垫片，以保证其良好的密封性。

（二）试验分析

1. 宏观形貌观察与分析

从现场情况来看，断裂螺栓为汽轮机右侧高压主汽阀编号为 11 号和 15 号的 2 条高压主汽阀螺栓，如图 7-20 所示。

图 7-20 高压主汽阀螺栓断裂现场形貌

对断裂的高压主汽阀螺栓进行宏观形貌观察。11 号螺栓断裂于柔性杆向螺纹过渡部位，断口表面整体较为齐平，未见明显的塑性变形，断口表面氧化严重，大部分区域可观察到明显的萘状形貌。15 号螺栓断裂于螺帽内的螺纹部位，断口表面整体较为齐平，未见明显的塑性变形，断口表面氧化锈蚀严重，两条螺栓断口及附近均未见明显的机械损伤及腐蚀损伤等缺陷，整体呈现较为典型的脆性断裂特征，如图 7-21、图 7-22 所示。

图 7-21 螺栓位置

图 7-22 15 号螺栓断口宏观形貌

2. 断口微区检测与分析

利用扫描电子显微镜（SEM）对高压主汽阀螺栓的冲击断口进行检测，如图7-23所示。断口呈现粗大晶粒解理断裂开裂的微观特征，同时伴有严重的二次裂纹。

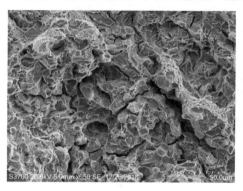

图7-23 螺栓冲击断口微观形貌

3. 化学成分检测与分析

对高压主汽阀螺栓取样进行化学成分检测，检测数据如表7-6所示。结果表明，螺栓化学成分中各元素含量与DL/T 439—2018《火力发电厂高温紧固件技术导则》对20Cr1Mo1VNbTiB材质的化学成分含量的要求相符合。

表7-6 高压主汽阀螺栓20Cr1Mo1VNbTiB材质化学成分检测结果 %

检测元素	C	Si	Mn	Cr	Mo	Nb	V	Ti	B	P	S
DL/T 439—2018 要求	0.17 ~ 0.23	0.40 ~ 0.60	0.40 ~ 0.65	0.90 ~ 1.30	0.75 ~ 1.00	0.11 ~ 0.22	0.50 ~ 0.70	0.05 ~ 0.14	0.001 ~ 0.005	≤ 0.025	≤ 0.025
实测值	0.18	0.53	0.54	1.19	0.82	0.15	0.63	0.14	0.004	0.015	0.002

4. 显微组织检测与分析

在高压主汽阀螺栓断口附近取样进行金相显微组织检测。11号高压主汽阀螺栓整个横断面的组织具有双重晶粒度，宏观晶粒粗大，绝大部分区域为框架结构的粗大贝氏体，晶粒度为1级，宏观晶粒粗大，晶内排状贝氏体交叉分布，呈发达的框架状结构，少部分区域为细晶状贝氏体，如图7-24、图7-25所示。

图7-24 11号螺栓宏观金相

图7-25 11号螺栓粗晶组织

15 号高压主汽阀螺栓整个横断面的组织为宏观粗晶,绝大部分区域为框架结构的贝氏体,晶粒度为 2 级,如图 7-26、图 7-27 所示。

 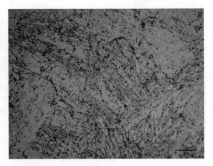

图 7-26　15 号螺栓的金相低倍组织　　　图 7-27　15 号螺栓的金相高倍组织

5. 力学性能测试与分析

对断裂的 11 号高压主汽阀螺栓取样进行力学性能测试,由于送检试样尺寸所限,只能对其进行硬度和冲击韧性的检测,检测结果如表 7-7 所示。可以看出,螺栓的布氏硬度符合标准要求;冲击韧性严重不足。

表 7-7　　　　　　　　高压主汽阀螺栓的力学性能测试结果 (20℃)

检 测 项 目	布氏硬度 HBW	冲击吸收功 A_{ku} (J)
DL/T 439—2018 要求	252 ~ 302	≥ 47
实测值	278	21

(三)试验结果

从断口形貌分析,高压主汽阀螺栓断裂于柔性杆向螺纹过渡部位或螺纹部位,断口表面整体较为齐平,未见明显的塑性变形,断口表面氧化严重,大部分区域可观察到明显的萘状形貌,整体呈现较为典型的脆性断裂特征。从化学成分分析,高压主汽阀螺栓化学成分中各元素含量符合 DL/T 439—2018 要求。从显微组织分析,高压主汽阀螺栓整个横断面的组织具有双重晶粒度,宏观晶粒粗大,绝大部分区域为框架结构的粗大贝氏体。从力学性能分析,高压主汽阀螺栓的布氏硬度符合 DL/T 439—2018 要求,但冲击韧性严重不足,使得螺栓在机组运行过程中承受冲击载荷的能力严重不足。

从加工工艺分析,经正常热加工工艺制造的 20Cr1Mo1VNbTiB 材质的螺栓,其组织应为细晶状的贝氏体组织,该类型组织的材料应具有较高的强度和较好的韧性,构成优良的综合力学性能,以便在机组运行过程中承载较高的拉伸载荷和冲击载荷。但该螺栓材料组织中存在较严重的晶粒粗大现象,使得螺栓的冲击韧性严重不足,因此,综合评价该高压主汽阀螺栓材料在加工阶段的热加工工艺不当。

（四）试验结论

汽轮机高压主汽阀螺栓断裂的主要原因：螺栓 20Cr1Mo1VNbTiB 材料加工阶段的热加工或热处理工艺不当，造成螺栓组织晶粒粗大，冲击韧性严重不足，在高压主汽阀动作产生的冲击载荷作用下，在承载最大的位置发生开裂并以脆性方式逐渐扩展，直至整体断裂失效。

（五）监督建议

鉴于 20Cr1Mo1VNbTiB 材料高温紧固螺栓频繁出现断裂的情况，首先，应加强对汽轮机各部位高温紧固螺栓特别是 20Cr1Mo1VNbTiB 材质螺栓的金属技术监督，综合利用无损检测技术和理化检测技术开展该材质螺栓的检验排查工作，发现存在粗晶现象的应及时更换；其次，应严格规范高温紧固螺栓的采购、入库和使用的把关检验，避免材质不合格的螺栓流入并使用到机组设备上；再次，应避免极端工况频繁出现引发的螺栓承受异常载荷和应力，以免再次出现类似断裂失效。

四、锅炉 EPRV 阀阀体螺栓断裂原因分析

（一）设备概况

某燃煤火电机组锅炉在整套启动运行过程中过热器出口 EPRV 阀（安全阀）阀体发生故障，停机检查发现两侧 EPRV 阀均有不同程度的损伤，左侧阀体断裂连接螺栓 4 条；右侧阀体断裂连接螺栓 9 条，密封面有磨损痕迹，阀座固定用内六角螺钉缺失 1 个。该锅炉为超临界参数单汽包循环流化床锅炉，已累积运行约 2 个月。断裂的阀体螺栓规格为 M20×250mm，材质为 SA193-B16。EPRV 阀外观形貌如图 7-28 所示。

图 7-28　EPRV 阀外观形貌

（二）试验分析

1.宏观形貌观察与分析

对断裂的 EPRV 阀螺栓进行宏观形貌观察。4 条 EPRV 阀螺栓均断裂于自钢性杆向螺

纹部位过渡的第 1 ～ 2 扣螺纹的牙底部，断口及其附近螺栓表面存在一定程度的锈蚀和高温氧化的情况，各螺栓断裂部位均未见明显塑性变形。各螺栓断口宏观形貌基本一致，断口上可以观察到较为清晰的"贝纹线"形貌，呈现较为典型的拉 - 压型疲劳断裂特征，断口上起裂区、裂纹扩展区及瞬断区等特征区域明显，根据"贝纹线"扩展形貌，基本可以推断出各断口的起裂源均位于边缘的螺纹牙底部位，各螺栓起裂源区宏观观察未见明显的异常特征，如图 7-29、图 7-30 所示。

图 7-29　断裂螺栓宏观形貌　　　　图 7-30　螺栓断口宏观形貌

2. 断口微区观察与分析

利用扫描电子显微镜（SEM）对 EPRV 阀螺栓断口进行微观形貌分析，如图 7-31~ 图 7-33 所示。可以看出，断口的裂源区较为平坦，未见沿晶断裂、夹杂物及严重机械损伤等明显异常；扩展区可以观察到明显的疲劳条带；瞬断区呈现准解理断裂特征。

图 7-31　EPRV 阀螺栓断口裂源区　　　图 7-32　EPRV 阀螺栓断口扩展区

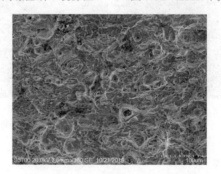

图 7-33　EPRV 阀螺栓断口瞬断区

3. 化学成分检测与分析

对 EPRV 阀螺栓取样进行化学成分检测，检测结果如表 7-8 所示。可以看出，EPRV 阀螺栓的各元素含量均符合 ASTM A193/A193M《高温用合金钢和不锈钢螺栓材料》对 SA193-B16 材料的技术要求。

表 7-8　　　　　　　EPRV 阀螺栓 SA193-B16 材料化学成分检测结果　　　　　　　%

检测元素	C	Si	Mn	Cr	Mo	V	P	S
标准要求	0.36 ~ 0.47	0.15 ~ 0.35	0.45 ~ 0.70	0.80 ~ 1.15	0.50 ~ 0.65	0.25 ~ 0.35	≤ 0.035	≤ 0.040
螺栓实测值	0.38	0.25	0.61	1.04	0.53	0.32	0.005	0.008

4. 显微组织检测与分析

对断裂的 EPRV 阀螺栓自断口部位取样进行显微组织分析。如图 7-34~ 图 7-37 所示。可以看出，螺栓断口起裂于螺纹牙底部，起裂区未见淬火裂纹、锻造缺陷、沿晶断裂及夹杂物等异常组织或缺陷。螺栓的表层螺纹处的组织及中间部位的组织均为回火索氏体 + 少量铁素体，整体淬透性较差。此外，螺栓组织整体沿轴向的带状偏析严重，螺纹部位未见明显的脱碳层缺陷。

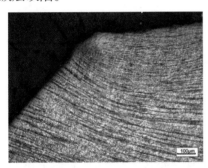
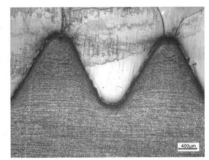

图 7-34　EPRV 阀螺栓断口起裂区组织　　图 7-35　EPRV 阀螺栓螺纹部位组织

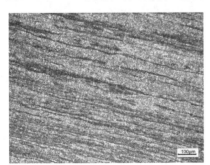
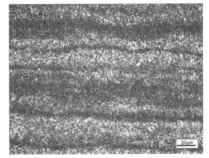

图 7-36　EPRV 阀螺栓带状偏析组织　　图 7-37　EPRV 阀螺栓基体组织

5. 力学性能测试与分析

对断裂的 EPRV 阀螺栓取样进行力学性能测试，检测结果如表 7-9 所示。可以看出，

EPRV 阀螺栓的屈服强度、抗力强度、断后伸长率及硬度均符合 ASTM A193/A193M《高温用合金钢和不锈钢螺栓材料》的要求；ASTM A193/A193M《高温用合金钢和不锈钢螺栓材料》未对韧性作要求，但其实测冲击吸收功为 132J，说明螺栓材料的韧性是优良的。

表 7-9　　　　　　　　　　EPRV 阀螺栓的力学性能测试结果（20℃）

检测项目	屈服强度（MPa）	抗拉强度（MPa）	断后伸长率（%）	布氏硬度 HBW	冲击吸收 A_{kv}（J）
ASTM A193/A193M 要求	≥ 718	≥ 855	18	≤ 321	未作要求
螺栓实测值	960	1048	19	317	132

（三）试验结果

从断口形貌分析，EPRV 阀螺栓均断裂于自钢性杆向螺纹部位过渡的第 1 ~ 2 扣螺纹的牙底部，断口呈现较为典型的拉-压型疲劳断裂特征，起裂源位于边缘的螺纹牙底部位，各螺栓起裂源区宏观观察未见明显的异常特征。从化学成分分析，EPRV 阀螺栓的化学成分均符合 ASTM A193/A193M 的要求，排除错用材质的情况。从金相组织分析，EPRV 阀螺栓组织均为回火索氏体 + 少量铁素体，整体淬透性较差，沿轴向的带状偏析严重，螺纹部位未见明显的脱碳层缺陷。从力学性能分析，EPRV 阀螺栓常温的强度、塑性、硬度及韧性均符合 ASTM A193/A193M 要求，且强韧性搭配良好。从受力工况分析，EPRV 阀螺栓在运行过程中随着 EPRV 阀的开闭动作，主要承受静态拉-压载荷和动态的瞬间冲击载荷。

从材料选用角度分析，ASTM A193/A193M《高温用合金钢和不锈钢螺栓材料》中未给出 SA193-B16 材料的推荐使用温度。DL/T 715—2015《火力发电厂金属材料选用导则》中给出的与 SA193-B16 材料成分相近的 45Cr1MoVA 钢的最高使用温度为 500℃ 45Cr1MoVA 钢的 C、Cr 和 Mo 元素的含量均略高于 SA193-B16 材料，说明 SA193-B16 材料的热强性略低于 45Cr1MoVA 钢。因此，可以推断 SA193-B16 材料的使用温度也不应高于 500℃，20CrIMoIVTiB 钢应符合 DL/T 439—2018《火力发电厂高温紧固件技术导则》的要求。而实际锅炉高温过热器出口蒸汽的温度为 571℃，远高于该材料的允许使用温度，在超过其允许使用温度的环境下长期使用必将造成螺栓的强度低于设计的高温强度要求，进而会严重降低螺栓材料的疲劳极限，使螺栓的疲劳抗力严重不足。在 EPRV 阀体频繁开闭形成的交变冲击载荷作用下，必然会在应力集中的螺纹牙底形成的缺口效应区产生疲劳开裂，进而引发螺栓的断裂失效。

（四）试验结论

过热器出口 EPRV 阀螺栓断裂的主要原因：EPRV 阀阀体连接螺栓选材等级偏低，所用的 SA193-B16 材质螺栓不能满足设计温度下的强度极限及疲劳极限的要求，在锅炉运行过程中 EPRV 阀反复开闭形成的交变拉、压冲击载荷作用下，在应力集中的螺纹牙底部形成的疲劳开裂并扩展导致的螺栓断裂失效。

（五）监督建议

首先，应对 EPRV 阀所使用螺栓的高温强度进行重新校核计算，将相同使用环境下的 SA193-B16 螺栓全部更换为更高等级的适用于设计温度下高温强度使用要求的螺栓；其次，应优化运行方式，避免 EPRV 阀的频繁启停，以免再次发生类似断裂失效。

五、中压联合汽阀螺栓可靠性评价

（一）设备概况

某火力发电厂 4 号锅炉为 SG-690/13.7-M451 型的超高压中间再热、单汽包自然循环的循环流化床锅炉；4 号汽轮机为 NZK200-12.75/535/535 型额定功率为 200MW 的超高压参数、一次中间再热、双缸双排汽、单轴、直接空冷凝汽式汽轮机；4 号发电机为 WX23Z-109 型三相交流两极同步发电机。4 号机组于 2008 年 4 月投产运行，截至 2019 年 12 月 10 日，累积运行约 69000h。

4 号汽轮机中压联合汽阀法兰连接高温紧固螺栓共计 48 根，材质为 20Cr1Mo1VTiB，规格为 M33×3mm×273mm。20CrMo1VTiB 钢应符合 DL/T 439—2018《火力发电厂高温紧固件技术导则》的要求。20Cr1Mo1VTiB 钢化学成分如表 7-10 所示，20Cr1Mo1VTiB 钢力学性能如表 7-11 所示。20Cr1Mo1VTiB 钢弹性模量如表 7-12 所示。

表 7-10　　20Cr1Mo1VTiB 钢化学成分

项目	C	Si	Mn	P	S	Cr	Mo	V	Ti	B
DL/T 439—2018	0.17 ~ 0.23	0.40 ~ 0.60	0.40 ~ 0.60	≤ 0.025	≤ 0.025	0.90 ~ 1.30	0.75 ~ 1.00	0.45 ~ 0.65	0.16 ~ 0.28	0.001 ~ 0.005

表 7-11　　20Cr1Mo1VTiB 钢力学性能

项目	规定中比例延伸强度 $R_{P0.2}$ (MPa)	抗拉强度 R_m（MPa）	断后伸长率 A（%）	断面收缩率 Z（%）	冲击值 K_U（J）	布氏硬度 HBW	试验温度（℃）
DL/T 439—2018	685	785	14	50	39	255 ~ 302	570

表 7-12　　20Cr1Mo1VTiB 钢弹性模量

温度	室温 20℃	200℃	300℃	400℃	500℃	535℃	600℃
弹性模量 E（MPa）	220000	208000	200000	191000	181000	178000	171000

（二）螺栓可靠性评价

1. 螺栓表面质量检测

螺栓表面质量要求：螺纹表面应光洁、平滑，不应有凹痕、裂口、毛刺和其他能够引起应力集中的缺陷。螺栓表面质量采取目视检测方法进行检查。

按照 DL/T 439—2018《火力发电厂高温紧固件技术导则》要求，对中压联合汽阀法兰连接螺栓共计 48 根进行了目视检测。检测结果表明未发现外观裂纹、机械损伤等超标缺陷。

2. 螺栓光谱检测

光谱检测的目的是防止混料，应在螺栓端面或非重要部位进行 100% 螺栓光谱检测。按照 DL/T 439—2018《火力发电厂高温紧固件技术导则》要求，依据 GB/T 16597《冶金产品分析方法 X 射线荧光光谱法通则》，使用 S1 SORTER 型直读光谱分析仪对螺栓进行了成分分析。光谱检验结果表明 48 根螺栓的材质均符合设计要求。

3. 螺栓力学性能测试

按照 DL/T 439《火力发电厂高温紧固件技术导则》要求，20Cr1Mo1VTiB 螺栓的硬度值 HBW 允许范围为 255 ~ 302。依据 DL/T 1719《采用便携式布氏硬度计检验金属部件技术导则》，使用 KING 型便携式布氏硬度计对未发生断裂的 48 根螺栓进行了硬度检测。结果表明，虽螺栓硬度值符合标准要求，但分布值均偏上限，硬度值总体较高。

按照 GB/T 228.1《金属材料 拉伸试验 第 1 部分：室温试验方法》，利用 CMT5305 型电子万能试验机，选取硬度值 HBW 为 299 的螺栓进行力学性能测试。按照 GB/T 229《金属材料 夏比摆锤冲击试验方法》，利用 ZBC-300B 型数字冲击试验机，选取硬度值 HBW 为 302 的螺栓进行冲击试验。中压联合汽阀螺栓取样进行力学性能测试，检测结果如表 7-13 所示。可以看出，螺栓的屈服强度、抗拉强度等强度指标、断后伸长率所代表的塑性指标及冲击韧性均符合标准要求。

表 7-13 中压联合汽阀螺栓的力学性能测试结果 (20℃)

检测项目	规定非比例延伸强度 $R_{P0.2}$（MPa）	抗拉强度 R_m（MPa）	A（%）	K_v（J）
DL/T 439—2018	685	785	14	≥ 39
实测值	803	916	15	41

4. 螺栓金相检测

按照 DL/T 439—2018《火力发电厂高温紧固件技术导则》，要求高温紧固螺栓组织稳定，热脆性倾向小，良好的抗氧化性能，防止长期运行后因螺纹氧化而发生螺栓和螺母咬死现象。螺栓材料应组织均匀，无方向性排列的粗大贝氏体组织、无粗大原奥氏体黑色网状晶界。20Cr1Mo1VTiB 钢制螺栓应在螺栓端面进行晶粒级别检验。

按 DL/T 884《火电厂金相检验与评定技术导则》，随机抽取 10 根螺栓进行金相组织检测，结果表明金相组织符合标准要求。使用 USM35 型 A 型脉冲超声波检测方法对未发生断裂的 48 根螺栓进行了粗晶组织检测，结果表明，所检测螺栓组织晶粒度符合 DL/T 439—2018《火力发电厂高温紧固件技术导则》的要求。

5. 螺栓相控阵检测

无损检测的目的是防止螺栓存在裂纹或影响强度的缺陷，应采取适当方法在螺栓端面或者杆部进行无损检测。

常规超声波检测螺栓的问题：通常可有效发现大于或等于 1mm 槽深当量的裂纹；灵敏度和信噪比较低，单纯提高灵敏度，对小裂纹的检出没有明显改善；微小裂纹与其他结构波、变形波的有效区分和识别，需要更多的特征信息和数据进行比对及确认等。超声波相控阵检测技术是近年来备受关注的新型无损检测技术，在不移动探头的情况下，仅通过改变软件设置就可以快速改变声束的偏转角度，实现对工件截面的整个扫查，可以通过聚焦功能提高检测分辨力、灵敏度和信噪比、更高的技术可靠性。同时记录和保持检测过程中所有信息数据，通过不同投影方向产生 S、B、C、D 等多种图形。

由于在对螺栓进行常规超声波的检测过程中，发现螺纹的复杂结构导致的结构波和变形波会将微小裂纹产生的缺陷波掩盖，且纵波直探头从端部进行检测时有时波束无法覆盖螺纹根部。超声波相控阵的应用能够有效地改善螺栓检验的灵敏度，同时易区分缺陷回波还是结构回波。

利用 5L16-0.5×10 的纵波小角度探头从端部进行扫查，可检测到同侧螺纹；由于波束随着传播距离的增大扩散范围也在增大，对远距离位置进行检测时，防止灵敏度不足或其他结构回波的干扰。对于汽轮机缸体的长螺栓，可从两端分别对同侧螺纹进行检测；当螺栓存在中心孔时，可利用手动移动探头进行环向扫查，以确保对各方向螺纹的覆盖；如果需要对杆部进行扫查，需要使用斜探头配带曲率的楔块。

按照 DL/T 694《高温紧固螺栓超声波检测技术导则》，使用 OMNISCAN-MX 型超声波相控阵仪对未发生断裂 48 根螺栓进行检测。检测结果表明，螺栓杆部、螺纹部位无裂纹。

6. 螺栓剩余寿命评估

汽轮机各种启动过程时，主蒸汽温度逐渐升高使得法兰温度也提高，螺栓受热膨胀会受到法兰的约束拉力，而且此拉应力是随着时间的变化而不断变化的。而在滑参数停机过程中，随主蒸汽温度而降低，法兰螺栓的温度也逐渐降低，但慢于法兰降温速度，螺栓冷却压缩会受到法兰的约束压力，此压应力也是随着时间的变化而变化的。所以在汽轮机启停过程中，螺栓内外表层就承受法兰的拉伸和压缩作用的反复应力，从而引起汽轮机螺栓受到疲劳损伤，不断累积就有可能出现裂纹。汽轮机螺栓承受的这种拉伸和压缩反复交变应力过程中交变周期长、频率低、应力高、寿命长、疲劳裂纹萌生的循环周次少，这就是低周疲劳。在汽轮机零部件中，螺栓受载尤为复杂。当汽轮机启停及变负荷时，螺栓受到交变热应力作用，引起材料低周疲劳损伤。稳定工况时，螺栓在高温下受到机械应力作用导致其蠕变损伤并产生应力松弛。因此对其寿命进行估算时，应同时考虑疲劳损伤和蠕变损伤两个方面因素。

（1）螺栓受力分析。

汽轮机高温紧固螺栓实际服役时应力状态十分复杂，根据设计部门提供的资料，螺栓服役时的主要应力为冷/热紧固应力，温度分布不均匀引起的热应力、蒸汽工作应力。

1）蒸汽工作应力。蒸汽工作应力计算方法：在汽轮机运行后，高温高压蒸汽在法兰结合面上产生作用力，其计算式（7-1）为

$$F_Z = \Delta F \times C_b / (C_b + C_f) \tag{7-1}$$

式中　F_z——蒸汽工作应力；

　　　ΔF——蒸汽压力；

　　　C_b——螺栓刚度；

　　　C_f——法兰刚度。

螺纹连接金属螺栓相对刚度 C_b（$C_b + C_f$）为 0.2～0.3，此处取 0.3。则对于 NZK200-12.75/535/535 型汽轮机，ΔF 为 12.75MPa，由此计算蒸汽工作应力 F_z 为 3.83MPa。

2）预紧应力。中压联合汽阀螺栓采用冷紧方式，其预紧力为冷紧力。预紧力使装配件紧固地连接在一起，压紧垫片，防止蒸汽泄漏。由于螺栓在高温运行中产生应力松弛，需预紧应力比汽轮机运行过程中所产生的应力及应力松弛大，装配件就不会松动。预紧力根据汽轮机制造厂提供的螺栓安装力矩换算获得。预紧力计算式为

$$M_t = KdF_0 \tag{7-2}$$

式中　M_t——力矩；

　　　K——力矩系数，国内设计一般取 0.2；

　　　d——公称直径；

　　　F_0——紧固力。

该规格螺栓冷紧力矩推荐值为 1383N·m。中压联合汽阀螺栓预紧应力计算结果如表 7-14 所示。

表 7-14　　　　　　　　　　　　　螺栓预紧应力计算结果

螺栓规格（mm）	安装力矩（N·m）	预紧力（N）	预紧应力（MPa）
M33×3×273	1383.00	209545.00	245.12

3）热应力。在汽轮机启动过程中，螺栓受热主要源于法兰。当温度较高的法兰沿厚

度方向膨胀时，会使温度较低的螺栓受到拉伸。汽轮机冷态启动温升速率及温差控制要求如表 7-15 所示。不同温差条件下的螺栓热应力如表 7-16 所示。

表 7-15　　　　　　　　　　　汽轮机冷态启动温升速率及温差控制要求

序号	名称	温升率（℃/min）	温差（℃）
1	主蒸汽温度	1～1.5	—
2	再热蒸汽温度	2～2.5	—
3	中压主汽阀、调速汽阀壁及法兰	4～5	≤55
4	高中压外缸法兰内、外壁温差	2～2.5	≤100
5	高中压外缸和高压内缸内、外壁温差	2～2.5	≤50

表 7-16　　　　　　　　　　　不同温差条件下的螺栓热应力

序号	法兰温度（℃）	螺栓温度（℃）	螺栓热应力（MPa）
1	535	525	99.60
2	535	505	168.10
3	535	490	246.60
4	535	480	269.90

4）应力集中。螺纹相当于缺口作用，在固定端第 1 圈螺纹牙底处应力最高，应力集中将使螺栓结构强度降低，加速螺栓寿命损耗。阀门螺栓一般采用粗制螺纹螺栓，其应力集中系数为 1.5～1.6，本文计算取应力集中系数 K_J 为 1.54。

（2）蠕变损伤。高温螺栓在长期运行过程中会产生蠕变松弛。若螺栓的初始应力即预紧应力为 σ_0，运行中任一时刻的应力为 σ，初始应变为 ε_0，蠕变应变为 ε_c，弹性应变为 ε_e，塑性应变为 ε_p。材料的蠕变过程符合 Norton 规律，Norton 常数分别为 B、n，材料的弹性模量为 E，则应力松弛方程为

$$\varepsilon_0 = \varepsilon_c + \varepsilon_e + \varepsilon_p \tag{7-3}$$

任一时刻的螺栓应力为

$$\sigma = \sigma_0 (1 + kt)^{1/(1-n)} \tag{7-4}$$

式中　k——与材料和初始状态有关的系数，其值计算式为

$$k = BE(n-1)\sigma_0^{n-1} \tag{7-5}$$

对于螺栓的任一加载循环时间 t_i，其产生的平均蠕变应变速率式为

$$\varepsilon_{avg} = \frac{\sigma_0}{Et_i}\left[1 - (1 + kt_i)^{1/(1-n)}\right] \tag{7-6}$$

产生的蠕变寿命损耗为

$$D_{ci} = \frac{t_i^{1+Q}}{P\varepsilon_\sigma^Q}\left[1 - (1 + kt_i)^{1/(1-n)}\right]^{-Q} \tag{7-7}$$

按照上述计算模型，基于材料数据，对中压联合汽阀法兰连接螺栓的剩余寿命进行

计算。4号机组年平均有效利用6000h，每年安排一次检修（含A修）。计算螺栓材料的特性参数及计算条件如表7-17所示，计算得到每一加载周期产生的蠕变损伤技术结果如表7-18所示。

表 7–17　　　　　　　　　　　　　　　蠕变损伤的技术参数

运行时间 t_i（h）	预紧应力 σ_0（MPa）	工作应力 F_z（MPa）	常数 P	常数 Q	常数 B	常数 n	弹性模量 E（MPa）
6000	245.12	3.83	0.2166	−0.8679	2.8251×10^{-44}	15.7604	178000

表 7–18　　　　　　　　　　　　　　　蠕变损伤技术结果

预紧应力 σ_0（MPa）	蠕变损伤 D	增加量（%）
245.12	0.015600	—
269.63	0.020400	30.8
294.14	0.025100	23.0
考虑第1螺纹应力集中，$K_f=1.54$	0.040000	—

由表7-18可知，预紧应力对螺栓的蠕变损伤量有较大的影响，预紧应力增加10%，其所产生的蠕变损伤要增加23.0%以上。不同的螺栓紧固工艺使得预紧应力有较大的偏差，螺栓预紧力对蠕变寿命影响较大，在实际装配中应严格控制工艺过程，尽可能减少预紧应力偏差。

（3）疲劳损伤。高温紧固螺栓的低周疲劳寿命一般可按照Coffin-Manson公式进行计算，即

$$\Delta \varepsilon_t = c_1 N_f^{-a_1} + c2 N_f^{-a_2} \tag{7-8}$$

式中　　$\Delta \varepsilon_t$——总应变范围；

c_1——材料疲劳延性常数，取值0.0097；

N_f——低周疲劳寿命（循环次数）；

α_1——材料常数，取值0.095；

c_2——材料疲劳塑性常数，取值2.8；

α_2——材料常数，取值0.831。

螺栓在高温下运行，受调峰工况影响，考虑其应力加载频率影响，见式（7-9）。加载频率 v 定义为每分钟应力的循环次数。

$$\Delta \varepsilon_t = 0.0097 N_f^{-0.095} v^{0.08} + 2.8 N_f^{-0.831} v^{0.162} \tag{7-9}$$

由式（7-9）可计算出螺栓材料在某一应变水平 $\Delta \varepsilon_{ti}$ 下的疲劳寿命 N_{fi}，在该应变水平下循环 N_i 次产生的疲劳损伤见式（7-10）。

$$D_{fi} = N_i / N_{fi} \tag{7-10}$$

在螺栓的一个加载周期中，应考虑启停时的热应力循环及预紧应力加热应力循环所产生的疲劳损伤，基于材料数据和应力数据按照两班制的运行模式，计算了一个加载周期的疲劳损伤，其中螺栓与法兰的最大壁温差取55℃，稳定运行后两者的壁温差取10℃。疲劳损伤计算结果见表7-19。表7-19中，D_{fi}为任一加载周期产生的疲劳损伤，包括了两班制热应力循环（下标$i1$）及热应力加预紧应力循环（下标$i1$）产生的疲劳损伤。考虑应力集中时，取应力集中系数K值为1.54，疲劳损伤计算参数及结果如表7-20所示。

表7-19　　　　　　　　　　　疲劳损伤计算结果

预紧应力 σ_0（MPa）	工作应力 F_z（MPa）	最大热应力 σ_{t1}（MPa）	最小热应力 σ_{t2}（MPa）	应变水平 $\Delta \varepsilon_{n1}$	应变水平 $\Delta \varepsilon_{n2}$
245.12	3.83	269.90	99.60	0.002076	0.002893
循环次数 N_{i1}	循环次数 N_{i2}	疲劳寿命 N_{fi1}	疲劳寿命 N_{fi2}	疲劳损伤 D_{fi}	
250	1	45028	6941	0.005696	

表7-20　　　　　　　　　疲劳损伤计算结果（考虑应力集中）

预紧应力 σ_0（MPa）	工作应力 F_z（MPa）	最大热应力 σ_{t1}（MPa）	最小热应力 σ_{t2}（MPa）	应变水平 $\Delta \varepsilon_{n1}$	应变水平 $\Delta \varepsilon_{n2}$
245.12	3.83	269.90	199.60	0.002378	0.003670
循环次数 N_{i1}	循环次数 N_{i2}	疲劳寿命 N_{fi1}	疲劳寿命 N_{fi2}	疲劳损伤 D_{fi}	
250	1	18427	2937	0.013907	

（4）蠕变—疲劳损伤。线性累积损伤法把所得的疲劳寿命损耗和蠕变寿命损耗线性累积简单相加，是目前寿命估算方法中相对简单的一种方法。目前国内疲劳—蠕变寿命估算问题主要采用相对简单线性累积损伤法。

高温紧固螺栓在运行中同时承受蠕变和疲劳的作用，产生的蠕变和疲劳损伤分别按照上述公式进行计算，其交互作用可以忽略，则可将蠕变和疲劳损伤按线性进行累加，见式（7-11）。

$$D = \sum_{i=1}^{m} \frac{t_i}{t_{ri}} + \sum_{i=1}^{j} \frac{N_i}{N_{fi}} \tag{7-11}$$

式中　D——累积损伤；

　　　N_i——循环次数；

　　　N_{fi}——疲劳寿命；

　　　t_i——加载循环时间；

　　　t_{ri}——蠕变寿命。

当累积损伤D达到单位1时，材料达到寿命终结。

4号机组年平均启停1次，运行周期6000h。疲劳-蠕变寿命计算结果如表7-21所示。

表 7-21 疲劳—蠕变寿命计算结果

应力集中	一个加载周期 疲劳 – 蠕变损伤	已经历周期数（个）	剩余寿命周期（6000h）（个）
不考虑应力集中	0.021297	12	35
应力集中系数 K=1.54	0.053567	12	6

7. 可靠性评价结果

（1）经对中压联合汽阀 48 根螺栓进行无损检测和理化性能检测，性能状态良好，能够满足安全运行要求。

（2）在蠕变损伤计算过程中，仅考虑了预紧应力及其可能的偏差影响，在实际运行过程中螺栓与汽阀有一定的温差，使螺栓还会承受弯曲应力，在较为不利的螺栓和阀体材料匹配情况下，弯曲应力的影响不容忽视。

（3）两班制运行方式是影响高温螺栓疲劳寿命的主要因素，而螺栓热应力起主导作用，需要采取必要的措施。例如，适当延长启动时间、对启动过程中的螺栓加热等来降低螺栓的热应力；在螺栓材料选用时也应考虑其热膨胀系数与缸体材料之间的匹配问题。

（4）螺纹固定端第 1 圈螺纹应力集中对疲劳寿命影响较大。实际制造中应采取较大圆角过渡，减小应力集中，可有效延长螺栓的疲劳寿命。

（5）经疲劳、蠕变损伤评估，在考虑应力集中情况下，中压联合汽阀螺栓剩余寿命可安全运行 6 个检修周期（按照每个周期 6000h 计算）。

由中压联合汽阀螺栓结构连续性、功能完整性评价结果和剩余寿命评估结果可知，螺栓的结构连续性和功能完整性能够符合相关标准要求，但其剩余寿命为 6 个检修周期（即 36000h），不能满足机组设计寿命的要求，即剩余寿命有限，需要采取降低参数运行、缩短检验周期或者在 6 个检修周期后更换中压联合汽阀螺栓的措施。

第八章 汽轮发电机设备监督检验典型案例分析

汽轮发电机设备包括汽轮机设备和发电机设备。汽轮机设备主要包括转子大轴（高压转子、中压转子、低压转子，一些机型将高压转子和中压转子合并为高中压转子）、轮盘及叶轮、叶片等锻钢件，以及汽缸、汽室、汽阀、喷嘴、轴瓦、推力瓦等铸钢件。其中，汽缸、汽室、汽阀等大型铸件已在第六章进行了介绍，本章不再介绍。发电机设备主要包括转子大轴、护环、风叶等。

第一节 汽轮发电机设备损伤模式及缺陷类型

一、汽轮发电机设备材料

1.高、中压转子锻件用钢要求

高、中压转子在高温、高转速工况下运行，高、中压转子锻件用钢要求：

（1）优异的室温强度、高温抗拉强度和高温蠕变强度。

（2）优异的抗疲劳性能，特别是低周疲劳性能，以适应机组的调峰运行。

（3）具有一定的塑形和韧性，以抵抗偶发冲击载荷及由于材料缺陷导致的局部高应力区域可能导致的脆性断裂。

（4）低的脆性转变温度，降低机组在冷态启动中脆性断裂的风险。

（5）具有良好的抗高温氧化和抗蒸汽腐蚀的能力。

（6）优异的淬透性，以使转子整个截面上获得均匀的组织和力学性能。

（7）对于焊接转子用钢应具有良好的焊接线。

（8）锻件在最终热处理后，残余应力要低，以免因局部应力增大或产生热变形而引起机组振动。高、中压转子常用材料有30Cr2MoV、30CrMoV、30Cr1Mo1V、X12CrMoWVNbN10-1-1、12Cr10Mo1W1NiVNbN、13Cr10Mo1NiVNbN、14Cr10Mo1NiWVNbN、15Cr10Mo1NiWVNbN、13Cr9Mo1Co1NiVNbNB（FB2）、12Cr10Co3W2VNbN（12%Cr）等。

2.低压转子和发电机转子锻件用钢要求

低压转子运行温度较低，低压转子的选材与发电机转子相近，低压转子和发电机转子锻件用钢要求：

（1）具有足够的强度和一定的塑性、韧性。

（2）高疲劳强度。

（3）低的脆性转变温度。

（4）优异的淬透性，以使转子整个截面上获得均匀的组织和力学性能。

（5）具有良好的抗汽水腐蚀的能力。

（6）对于焊接转子用钢应具有良好的焊接线。

（7）锻件在最终热处理后，残余应力要低。

（8）发电机转子还应具有优良的导磁性能。

低压转子常用材料有 17CrMo1V、25Cr2NiMoV、34CrNi3Mo、30Cr2Ni4MoV 等，发电机转子材料有 34CrMo1、34CrNi1Mo、34CrNi3Mo、25Cr2Ni4MoV 等。

3. 汽轮机叶片材料要求

根据叶片的工作条件和工作环境，叶片材料应具有良好的耐蚀性能、良好的减振性能、优良的抗疲劳性能、足够的室温和高温力学性能、高的组织稳定性、一定的焊接性能。汽轮机叶片常用材料有马氏体型耐热钢 1Cr13 和 2Cr13，以及强化型不锈钢 1Cr12Mo、1Cr11MoV、2CrWMoV、2CrNiMo1W1V、12CrMoVNbN，沉淀硬化型马氏体不锈钢 0Cr17Ni4Cu4Nb 等。

4. 发电机护环材料要求

发电机护环应具有优异耐腐蚀性和无磁性性能，同时应具有较高的强度，特别是较高的屈服强度，同时具有尽可能高的塑性和韧性，护环的组织应当均匀，尤其是晶粒要细。此外，为了减少发电机端部漏磁和涡流损失，要求采用无磁性护环。护环常用材料有高锰低铬钢 18Mn-5Cr 型（50Mn18Cr5N、50Mn18Cr4WN 等）、高锰高铬钢 18Mn-18Cr 型（1Mn18Cr18N）。

5. 汽轮机和发电机轴瓦材料要求

汽轮机和发电机轴瓦应具有适中的硬度、良好传热性能、耐振动、耐磨损、耐腐蚀及有良好的韧性，及与基体较好的相容性。轴瓦一般采用锡基合金，常用材料有 ZChSnSb11-6 等。

6. 发电机风叶常用材料

发电机风叶常用材料有 LD2、LD5、LD10 等锻造铝合金。

二、汽轮发电机设备损伤模式

火电机组的大型汽轮机高压转子、中压转子及低压转子，一般采用整锻转子，叶轮在整体锻件上切削加工而成。小功率机组的低压转子的结构亦可为套装转子和焊接转子。转子是发电设备的核心部件，具有尺寸大、质量大的特点，根据工作温度可将转子分为两类：一类为工作温度较高，存在蠕变损伤的汽轮机高、中压转子。一类为工作温度较低，不存在蠕变损伤的汽轮机低压转子和发电机转子。转子在高速转动条件下工作，应力状态复杂。运行中，转子受循环载荷和周期性振动的作用，承受着高离心力，启停机和负荷变化时造成的瞬时冲击力和扭应力，变截面处还存在着应力集中，以及因温度梯度造成的热应力等。汽轮机高、中压转子的损伤模式为蠕变损伤、疲劳损伤及蠕变与疲劳交互作用损伤，低压转子和发电机转子的损伤模式为疲劳损伤和磨损。汽轮机的低周疲劳损伤主要由机组变负荷和启停引起。

叶片是汽轮机中完成能量转换的重要部件，叶片的工作条件比较复杂和恶劣。影响因素有应力状态、环境介质和工作温度。汽轮机转子每一级叶片的工作温度都不同，高压转子第一级叶片所处的位置温度最高，而低压转子末级、次末级叶片则处于湿蒸汽区域，随着工况和负荷变化，湿蒸汽区域还将扩大，同时末级、次末级叶片叶型较长，高速转动时承受离心力大，断裂事故频发。汽轮机转子末级叶片的损伤模式为疲劳、腐蚀、冲蚀。

发电机转子护环采取过盈配合的方式安装到转子两端，承受一定预应力。转子高速转动时，护环承受较高的离心力。转子绕组作用于护环形成不均匀的离心力，并产生一定的弯曲应力，在绕组发热膨胀后引起护环产生轴向推力。另外，护环变截面、R 角等部位存在应力集中。机组启停及调峰运行工况频繁变化使得护环承受着低周循环应力。护环的主要损伤模式为疲劳、腐蚀和应力腐蚀。

风叶是发电机转子冷却系统的重要部件，位于发电机转子的励端和汽端，在发电机转子旋转过程中起到引导气流冷却转子的作用。风叶在机组超速、异物冲击以及在叶片固有频率下引起共振，都有可能导致材料发生断裂。发电机风叶主要损伤模式为磕碰、划伤等机械损伤导致应力集中而形成的脆性开裂或疲劳开裂。

汽轮机和发电机轴瓦分为径向支撑轴承轴瓦和轴向推力轴承轴瓦两种。径向支撑轴瓦按结构分为整体式和对开式两种结构。对开式结构的轴瓦分为上轴瓦和下轴瓦，下轴瓦用于承受高速转动转子重量。运行中，轴瓦承受周期性振动载荷和交变载荷，及热膨胀应力作用，致使巴氏合金与基体结合不良部位面积逐渐增大，发生巴氏合金层脱落，或者由于制造毛刺、油品杂质造成轴瓦胎面磨损。轴瓦主要损伤模式为疲劳损伤和磨损损伤。

三、汽轮发电机设备缺陷类型

汽轮机转子和发电机转子的主要缺陷有表面裂纹、腐蚀、划痕、碰伤、轴径磨损等。叶片的主要缺陷有表面裂纹、侵蚀、点蚀、断裂等。发电机护环的主要缺陷有应力腐蚀裂纹、疲劳裂纹、绕组放电灼伤等。发电机风叶的主要缺陷有磕碰、划伤、裂纹、折叠等。轴瓦的主要缺陷有胎面机械损伤、裂纹、脱胎等。

（一）高、中压转子主轴裂纹

某火力发电厂 1 号机组于 2011 年 5 月 12 日投产运行，发电机为 NZK300-16.7/538/538 型空冷发电机组。汽轮机为亚临界参数、一次中间再热、双缸、双排汽、单轴、直接空冷凝汽式汽轮机，汽轮机最高满发背压值为 48kPa，汽轮机额定背压值为 13.5kPa，高、中压部分采用合缸反流结构，高、中压转子转速为 3000r/min。主蒸汽压力为 16.67MPa，主蒸汽温度为 538℃，调节级有六组喷嘴、11 个压力级共 12 级。高、中压外缸和内缸材质为 ZG15Cr1Mo，高、中压转子材质为 30Cr1Mo1V。截至 2016 年 11 月 13 日，1 号机组启停机 34 次，累积运行 36166h。

1 号机组 C 修结束后，于 2016 年 11 月 13 日进行启动操作，先后进行了 3 次启动，均因 1 号和 2 号瓦轴振动值大启动失败。随后对汽轮机本体进行揭缸，吊出转子后发现，在转子本体 U 形槽处存在明显的环向裂纹，裂纹位置如图 8-1 所示，高、中压转子环向裂纹宏观形貌如图 8-2 所示。

图 8-1　高、中压转子环向裂纹位置

图 8-2　高、中压转子环向裂纹宏观形貌

汽轮机高、中压转子的失效分析结果表明，转子内残余应力明显超标是引起转子疲劳开裂的主要原因。而机组启停过程中的热冲击和交变热应力的叠加作用，以及转子中部取样材质的屈服强度偏低促进了疲劳裂纹的萌生和扩展，最终引起高、中压转子疲劳开裂，过早失效。

（二）汽轮机轴瓦机械损伤及脱胎

汽轮机转子径向支撑轴瓦易发生胎面损伤、开裂及巴氏合金层脱胎缺陷，且一般多发生于下瓦。轴瓦胎面损伤如图 8-3 所示，胎面开裂如图 8-4 所示，脱胎缺陷如图 8-5 所示。

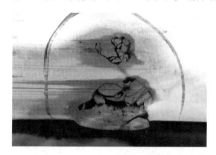

图 8-3　汽轮机轴瓦胎面损伤

图 8-4　汽轮机胎面开裂

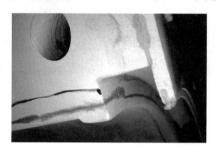

图 8-5　汽轮机脱胎缺陷

（三）汽轮机调速阀门杆疲劳裂纹

某火力发电厂 1 号机组汽轮机型号为 NZK200-12.75/535/535，为超高压参数、一次中间再热、双缸双排汽、单轴、直接空冷凝汽式汽轮机；过热蒸汽流量为 690t/h，过热蒸汽出口压力为 13.73MPa，过热蒸汽出口温度为 540℃。截至检修，1 号机组累积运行约 56000h。

检修中发现汽轮机高压调速汽阀阀杆存在多条相互平行的疲劳裂纹，如图 8-6 所示。

图 8-6　高压调速汽阀阀杆疲劳裂纹

（四）汽轮机隔板静叶脱落

近年来，国内高参数大容量汽轮机隔板静叶发生多起脱落事故。国内某 a 汽轮机厂生产的亚临界间接空冷凝汽式汽轮机，汽轮机设计额定功率为 600MW，再热蒸汽温度为

538℃，压力为 3.206MPa，其中高、中压缸为日本东芝公司原厂生产，国内汽轮机厂组装。7 号和 8 号机组运行时间为 2007 年 8 月 29 日—2013 年 4 月 29 日、2007 年 9 月 20 日—2013 年 5 月 19 日。国内某 a 汽轮机厂引进东芝技术生产的 1000MW 超超临界汽轮机型号为 CCLN1000-25/600/600。其 4 号机组运行时间为 2009 年 11 月 9 日—2015 年 3 月 9 日。国内某 b 汽轮机厂引进日立技术生产的 660MW 超超临界凝汽式汽轮机，其 2 号机组运行时间为 2008 年 12 月 31 日—2013 年 7 月 28 日。脱落的静叶焊缝中存在大量未熔合、未焊透缺陷，如图 8-7 所示。隔板静叶组焊过程如图 8-8 所示。

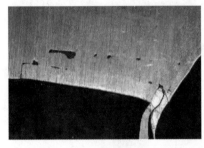 

图 8-7　隔板静叶焊缝缺陷　　　　　图 8-8　隔板静叶组焊过程

汽轮机隔板静叶脱落主要原因如下：

（1）冲动式机组隔板设计应力大，安全系数较低。

（2）隔板主焊缝内部存在大量的未熔合，导致强度和刚度严重不足。隔板主焊缝采用窄间隙焊或电子束焊，坡口宽度小，熔深大，焊接难度大，导致焊缝中存在大量焊接缺陷。

（3）选材不当导致熔合线产生铁素体带。

（五）汽轮机低压转子叶片断裂

某火力发电厂 5 号汽轮机在运行期间，低压转子正向末级叶片第 94 片发生断裂，如图 8-9 所示。叶片材质为 0Cr17Ni4Cu4Nb，化学成分符合 0Cr17Ni4Cu4Nb 钢相关标准的技术要求，叶片硬度符合设计标准的技术要求（平均值为 288HB）。叶片沿横向断裂，断口含脆性断口和塑性断口，如图 8-10 所示，叶片侧面存在明显的撞击痕迹。

图 8-9　低压转子动叶断裂　　　　　图 8-10　叶片断口

叶片显微组织为马氏体沉淀硬化组织，无 δ 铁素体，无过热老化，组织基本正常。

利用扫描电子显微镜对叶片断口进行观察，其中脆性断口部分为典型瓷状断口，在扫描电子显微镜下呈云朵形态，如图 8-11 所示，属于准解理断裂范畴。塑性断口部分在扫描电子显微镜下呈韧窝形态，如图 8-12 所示。叶片是由于受到异物撞击，形成凹坑，造成应力集中，在高速旋转的运行环境下，沿凹坑脆性开裂，最终由于有效强度不足而发生塑性变形，撕开断裂。

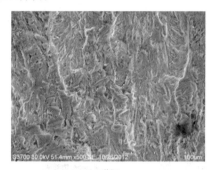

图 8-11 叶片脆性断口

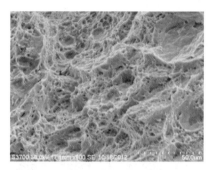

图 8-12 叶片塑性断口

（六）发电机护环晶间裂纹

某火力发电厂 200MW 发电机型号为 WX23Z-109，护环材质为 1Mn18Cr18N。发电机运行中转子发生放电现象，导致护环内表面电弧灼伤，如图 8-13、图 8-14 所示，灼伤部位存在晶粒脱落并产生微观晶间裂纹，护环金相组织为单相奥氏体，如图 8-15、图 8-16 所示。

图 8-13 护环电弧放电位置

图 8-14 护环电弧灼伤裂纹渗透显示

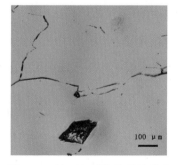

图 8-15 护环电弧灼伤晶粒脱落

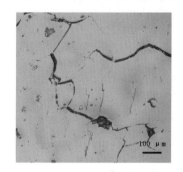

图 8-16 护环电弧灼伤晶间裂纹

（七）发电机风叶裂纹

某火力发电厂300MW机组发电机型号为QFSN-300-2。发电机在额定电压、额定频率、额定功率因数0.85（滞后）、额定氢压、发电机冷却器冷却水温为38℃（水氢氢冷却方式）时，发电机输出额定功率为300MW。风叶材质为锻铝LD5。

经渗透检测，汽侧编号为RT9H-15-35、RT9H-15-15、RT9H-15-34、RT9H-15-25的风叶发现长度分别为12mm、6mm、15mm、15mm的表面裂纹。励侧编号为LT9H-17-45的风叶发现长度约为5mm的表面裂纹。部分风叶裂纹形貌如图8-17、图8-18所示。

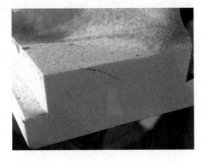

图8-17　RT9H-15-35号风叶裂纹　　　　图8-18　RT9H-15-25号风叶裂纹

第二节　汽轮发电机设备监督检验方法

一、汽轮机设备检查

汽轮机设备安装前，对汽轮机转子、叶轮、叶片等部件进行外观检验，对易出现缺陷的部位重点检查，应无裂纹、严重划痕、碰撞痕印。进行转子周向硬度检测，从而判断转子力学性能的均匀性，若硬度偏离正常值幅度较多，应分析原因，同时进行金相组织检验。镶焊有司太立合金的叶片，应对焊缝进行无损检测。叶片无损检测按DL/T 714《汽轮机叶片超声检验技术导则》、DL/T 925《汽轮机叶片涡流检验技术导则》执行。

汽轮机设备投运后应进行以下检验

（1）每次A修对转子大轴轴颈，特别是高、中压转子调速级叶轮根部的变截面R处和前汽封槽等部位，叶轮、轮缘小角及叶轮平衡孔部位，叶片、叶片拉筋、拉筋孔和围带等部位进行表面检验，应无裂纹、严重划痕、碰撞痕印。

（2）每次A修对高、中压转子大轴进行硬度检验。若硬度相对前次检验有较明显变化，应进行金相组织检验。

（3）每次A修对低压转子末三级叶片和叶根，高、中压转子末一级叶片和叶根进行无损检测；对高、中、低压转子末级套装叶轮轴向键槽部位进行超声波检测，叶片检测按DL/T 714《汽轮机叶片超声检验技术导则》、DL/T 925《汽轮机叶片涡流检验技术导则》

执行。

（4）运行 20 万 h 的机组，每次 A 修应对转子大轴进行无损检测。

（5）"反 T 形"结构的叶根轮缘槽，运行 10 万 h 后的每次 A 修，应首选相控阵技术或超声波技术对轮缘槽 90°角等易产生裂纹部位进行检查。

二、发电机设备检查

发电机设备安装前应对发电机转子大轴、护环等部件进行外观检验，对易出现缺陷的部位重点检查，应无裂纹、严重划痕。应进行转子周向硬度检测，从而判断转子力学性能的均匀性，若硬度偏离正常值幅度较多，应分析原因，同时进行金相组织检验。

发电机设备投运后应进行以下检验：

（1）每次 A 修，对发电机转子大轴（特别注意变截面位置）、护环、风冷扇叶、转子滑环等部件进行表面质量检验，应无裂纹、严重划痕、碰撞痕印，有疑问时进行无损检测。护环拆卸时对内表面进行渗透检测，应无表面裂纹类缺陷；护环不拆卸时应按 DL/T 1423《在役发电机护环超声波检测技术导则》或 JB/T 10326《在役发电机护环超声波检验技术标准》进行超声波检测。

（2）对 Mn18Cr18 系钢制护环，在机组第三次 A 级检修时开始进行无损检测和晶间裂纹检查（通过金相检查），此后每次 A 级检修进行无损检测和晶间裂纹检验。

（3）对 18Mn5Cr 系钢制护环，在机组每次 A 级检修时，应进行无损检测和晶间裂纹检查（通过金相检查）。

轴瓦缺陷可采用目视检测、渗透检测、超声波检测等方法。汽轮机安装前应进行各级推力瓦和轴瓦的超声波检测，检查是否有脱胎或其他缺陷。根据设备状况，结合机组 A 级检修或 B 级检修，对各级推力瓦和轴瓦进行外观质量检验和无损检测。渗透检测无法确定轴瓦脱胎面积，可依据 DL/T 297《汽轮发电机合金轴瓦超声波检测》采取超声波检测方法确定轴瓦内部脱胎面积。

第三节　典型案例分析

一、汽轮机高压调速汽阀门杆断裂原因分析

（一）设备概况

某火力发电厂 2 号汽轮机为 N600-16.67/538/538 型 600MW 亚临界、一次再热、单轴、三缸四排汽、直接空冷凝汽式汽轮机，该机组于 2008 年投产。2016 年 10 月 17 日，2 号汽轮机的 1 号高压调速汽阀阀杆在运行发生断裂。门杆信息如表 8-1 所示。

表 8–1 高压调速汽阀阀杆信息

样品编号	样品名称	规格	材质	备注
JS/Z-YP-2016-0884	2 号汽轮机 1 号高压调速汽阀高压调速汽阀门杆	Φ 57	40Cr	断裂

（二）试验分析

1. 宏观形态观察与分析

对断裂的高压调速汽阀高压调速汽阀阀杆进行宏观形貌检察。门杆断裂于端部与高压调速汽阀连接的螺纹部位，自根部数第 6～7 道丝扣之间，断口表面整体较为齐平，未见明显的塑性变形，断口上初始断裂区、裂纹扩展区及瞬断区等特征区域清晰可辨，同时断口上有明显的海滩状条带，为典型疲劳断裂特征，如图 8-19、图 8-20 所示。

图 8-19 门杆断裂整体形貌图　　　　图 8-20 门杆断口宏观形貌

2. 化学成分检测与分析

对门杆取样进行化学成分检测，检测数据如表 8-2 所示。结果表明，门杆化学成分中各元素含量与 GB/T 3077—2015《合金结构钢》中 40Cr 钢的化学成分含量要求相符合。

表 8–2 高压调速汽阀门杆 40Cr 化学成分检测结果

检测元素	C	Si	Mn	Cr	P	S
GB/T 3077—2015	0.37~0.44	0.17~0.37	0.50~0.80	0.80~1.10	≤ 0.030	≤ 0.030
实测值	0.42	0.30	0.72	1.09	0.012	0.007

3. 显微组织检测与分析

在门杆断口附近取样进行金相显微组织检测。门杆组织存在偏析，高倍下为回火索氏体＋少量块状铁素体，如图 8-21、图 8-22 所示。

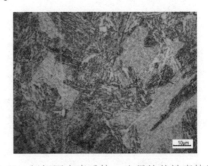

图 8-21 门杆的偏析组织　　　　图 8-22 门杆回火索氏体＋少量块状铁素体组织

4. 力学性能测试与分析

对断裂的高压调速汽阀阀杆取样进行力学性能测试。检测结果如表 8-3 所示。可以看出，阀杆基体材料的冲击韧性符合 GB/T 3077—2015《合金结构钢》的要求；心部至表层的实测布氏硬度值介于 233~269HV 之间，根据 GB/T 1172—1999《黑色金属硬度及强度换算值》的表 1 和表 2 要求；进行换算，该门杆从心部至表层的抗拉强度 R_m 介于 769~891MPa 之间，低于 GB/T 3077—2015《合金结构钢》中 40Cr 钢抗拉强度 $R_m \geq 980$MPa 的要求。

表 8-3　　　　　　　　高压调速汽阀门杆的力学性能测试结果 (20℃)

检测项目	冲击吸收功（J）	布氏硬度 HV
GB/T 3077—2015	≥ 47	—
实测值	82.8	233 ~ 269

5. 断口微区检测与分析

利用扫描电子显微镜（SEM）对高压调速汽阀阀杆断口各区域进行检测，各区域的微观特征形貌如图 8-23 ~ 图 8-25 所示。可以看出，断口初始断裂区由于受拉伸应力作用沿螺纹牙底的不连续部位形成，并有局部金属发生变形；断口扩展区可以观察到明显海滩状疲劳纹；瞬断区则有大量的韧窝，呈现韧性断裂特征。

图 8-23　门杆断口 SEM 形貌——初始断裂区

 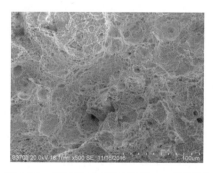

图 8-24　门杆断口 SEM 形貌——疲劳扩展区　图 8-25　门杆断口 SEM 形貌——瞬断区

（三）试验结果

从宏观形貌分析，高压调速汽阀阀杆断裂于顶部螺纹部位，自根部数第 6 ~ 7 道丝扣之间，断口表面整体较为齐平，未见明显的塑性变形，断口上初始断裂区、裂纹扩展区及瞬断区等特征区域清晰可辨，同时断口上有明显的疲劳条纹。从化学成分分析，门杆化学成分符合 40Cr 钢对各种化学元素含量的要求。从显微组织分析，门杆组织为回火索氏体＋少量块状铁素体。从力学性能分析，门杆材料的冲击韧性符合 GB/T 3077—2015 要求；抗拉强度低于标准要求。

（四）试验结论

2 号汽轮机 1 号高压调速汽阀阀杆断裂的主要原因：

（1）阀杆材料加工阶段的热处理工艺或操作不当，强度不足，抗疲劳性能较差。

（2）阀杆的端部螺纹牙底部位本身就为应力集中区域，易于开裂。

（3）汽轮机运行过程中随着高压调速汽阀的反复开闭，阀杆螺纹部位承受反复循环载荷的作用。

在上述三个因素的共同作用下，阀杆螺纹牙底部位萌生疲劳裂纹并逐渐扩展，直至整体断裂失效。

二、汽轮机低压转子动叶片断裂原因分析

（一）设备概况

某火力发电厂 6 号汽轮机为 N350-16.7/538/538 型亚临界、自然循环、一次中间再热、高中压合缸、双缸、双排汽、单轴、反动、凝汽式汽轮机。该机组于 2009 年 7 月 4 日投产运行。2013 年 10 月 6 号汽轮机振动超标，停机检查发现低压转子反向第 6 级动叶片断裂。取样叶片详细信息如表 8-4 所示。

表 8-4　　　　　　　　　　　取样叶片详细信息

样品编号	样品名称	规格	材质	备注
JS/Z-YP-2014-0006	低压反向第 6 级动叶片	—	0Cr17Ni4Cu4Nb	断裂，损伤严重

（二）试验分析

1. 宏观形貌观察与分析

对断裂的叶片进行宏观形貌观察。叶片断裂于应力较为集中的叶根部位，叶片本身及断口机械损伤严重。断口左侧无明显宏观塑性变形，呈现瓷状断口形貌，并有较为明显的贝纹线；断口右侧有一定塑性变形，呈现粗糙的晶粒状脆性断口，如图 8-26 所示。

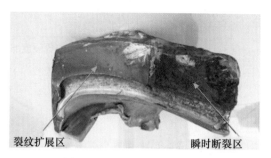

图 8-26 叶片断口宏观形貌

2. 化学成分检测与分析

对断裂的叶片取样进行化学成分检测，结果如表 8-5 所示。可以看出，叶片的化学成分中各元素含量均符合 GB/T 8732—2014《汽轮机叶片用钢》要求。

表 8–5　　　　　　叶片 0Cr17Ni4Cu4Nb 材料化学成分检测结果　　　　%

检测元素	C	Si	Mn	P	S	Ni	Cr	Cu
GB/T 8732—2014	≤ 0.055	≤ 1.00	≤ 0.50	≤ 0.030	≤ 0.025	3.80~4.50	15.00~16.00	3.00~3.70
实测值	0.033	0.68	0.17	0.016	0.003	3.97	16.00	3.01

3. 显微组织检测与分析

对断裂叶片进行金相组织检测，叶片基体组织为回火马氏体，同时，在回火马氏体基体上分布着条片状 δ 铁素体，如图 8-27 所示。从图 8-27 中可以看出，组织中 δ 铁素体含量未超 10%，符合 GB/T 8732—2014《汽轮机叶片用钢》要求。

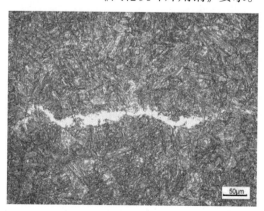

图 8-27 断裂叶片显微组织

4. 力学性能测试与分析

对断裂叶片截取试样进行硬度试验，结果如表 8-6 所示。由于送检叶片尺寸所限，无法进行常温拉伸和冲击性能测试。从表 8-6 中可以看出，该叶片的硬度值偏大，已超标，说明叶片材料的塑性和韧性不佳，抵抗激振应力的能力不足。

表 8-6   叶片的硬度测试结果（20℃）

检测项目	布氏硬度 HBW		
GB/T 8732—2014	262~302		
实测值	317	315	311

5. 断口微区检测与分析

利用扫描电子显微镜（SEM）对叶片断口进行微区形貌分析，宏观形貌中观察到的带有贝纹线的裂纹扩展区的微区形貌为典型的疲劳辉纹，如图 8-28 所示。同时，在断口附近的叶片表面存在一些点状腐蚀坑，如图 8-29 所示。

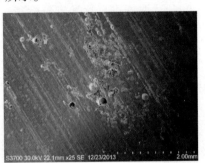

图 8-28   断口微观疲劳辉纹   图 8-29   断口附近的腐蚀坑

（三）试验结果

低压转子末级叶片由于叶型较长、受力较大，是最易于发生断裂的叶片，而叶片的固定是靠叶根的紧密装配来实现的，叶片工作面所承受的弯应力、拉应力和扭转应力都会传递到叶根，因此叶根成为叶片上最容易发生断裂的部位。

6 号汽轮机低压转子反向第 6 级动叶片断裂的主要机理为疲劳断裂。但由于叶片断裂后断口表面受机械损伤严重，无法找出具体的裂纹源。在对叶片进行组织检测时发现其组织中存在条状 δ 铁素体；另外，在对断口进行微区形貌分析时发现断口附近存在一些较深、形状较为尖锐的点状腐蚀坑，以上两者均有可能是本次疲劳裂纹的裂纹源。

从目前国内公开的叶片断裂资料来看，尽管组织中一定含量的 δ 铁素体的存在会降低材料的韧性，特别是降低了材料局部的屈服极限和承载能力，也降低了材料的抗振性能，但由叶片材料中的 δ 铁素体直接造成叶片断裂的事故并不多见，而由于较深的、应力集中的点状腐蚀坑形成疲劳裂纹源进而引发叶片断裂的案例却较为常见。

（四）试验结论

本次叶片断裂极有可能是叶片长期在循环激振应力下工作，由一定深度的腐蚀坑萌发疲劳裂纹源，加之材料硬度偏高，抵抗激振应力能力不足而导致的叶片整体断裂。

三、电站汽轮机低压转子次末级叶片开裂原因分析

叶片是电站汽轮机中完成能量转换的重要部件，汽轮机叶片工作条件恶劣，长期在

高温、高压介质环境中高速旋转，承受较大的应力，同时还要传递动蒸汽产生的扭矩，受力情况复杂。电站汽轮机有多级叶片，每级叶片又有多只叶片，只要其中一只叶片出现问题，就有可能发生事故，导致机组停运，造成重大经济损失。因此，汽轮机叶片的可靠性对火电机组安全、稳定运行有十分重要意义。

（一）设备概况

某 200MW 燃煤火电机组在检修中发现汽轮机低压转子正、反向次末级叶片叶身发生多处横向开裂。该汽轮机为 C145/N200-12.7/535/535 型超高压、一次中间再热、三缸两排汽、单抽汽冷凝式汽轮机，主蒸汽温度为 535℃，主蒸汽压力为 12.75MPa；再热蒸汽温度为 535℃，再热蒸汽压力为 2.18MPa。叶片材质为 2Cr13。次末级叶片发生开裂现象，给机组的安全稳定运行带了来极大的威胁。

（二）试验分析

1. 宏观形貌观察与分析

开裂部位均位于叶片拉筋与叶根之间近拉筋侧，裂纹垂直于叶片长度方向开裂，如图 8-30 所示。叶片进汽侧表面存在大量腐蚀坑，如图 8-31 所示。开裂面是典型的疲劳断口，断口上初始断裂区、裂纹扩展区等特征区域清晰可辨，开裂起源于叶片出汽侧边缘圆弧处，并向进汽侧扩展，开裂方向与叶片长度方向垂直。起裂区所占面积较小，断口的大部分为扩展区，有典型的"海滩状"疲劳条带形貌。

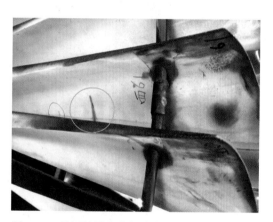

图 8-30　低压转子次末级叶片开裂渗透检测照片

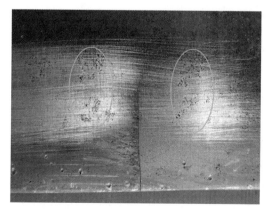

图 8-31　开裂叶片表面及断口宏观形貌

2. 断口微区组织检测与分析

利用扫描电子显微镜（SEM）对断口进行观察，可以看出，断口初始断裂区呈现典型的"冰糖状"晶间开裂形貌，晶粒较为细小，伴生有较多的晶间裂纹；在近起裂区的断口边缘存在腐蚀坑，腐蚀坑深度约为 0.2mm，蚀坑内部可观察到明显"泥坑状"形貌，具有典型的应力腐蚀特征。扩展区则可观察到疲劳辉纹，具有典型的马氏体钢疲劳扩展特征形貌，如图 8-32 ~ 图 8-35 所示。

图 8-32 初始开裂区形貌

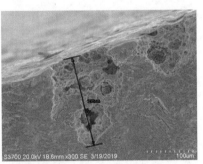

图 8-33 断口边缘腐蚀坑

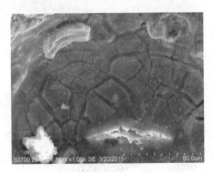

图 8-34 腐蚀坑内"泥坑状"形貌

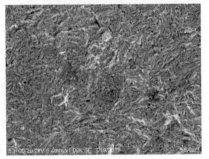

图 8-35 扩展区疲劳辉纹

3. 断口微区能谱检测与分析

对开裂低压转子次末级叶片的断口进行了微区谱能分析。结果表明，在腐蚀坑内部有对马氏体不锈钢敏感的腐蚀性 Cl^- 离子的存在，Cl^- 离子质量百分比含量为 0.38%。次末级叶片处于湿蒸汽区域，由于汽水品质不佳，致使蒸汽中携带有害 Cl^- 离子，而使叶片表面的薄弱部位产生点状腐蚀。腐蚀发展到一定程度后，形成疲劳裂纹源，最终导致叶片开裂。

4. 显微组织检测与分析

在低压转子次末级叶片表面开裂部位取样进行显微组织检测，可以看出，叶片的组织为等轴状均匀分布的、细小的回火马氏体组织，未见粗大的淬硬马氏体等异常组织，未见严重夹杂物缺陷。但组织中存在大量的腐蚀坑，并有自腐蚀坑衍生出的裂纹缺陷，如图 8-36 和图 8-37 所示。

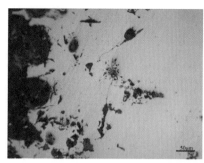
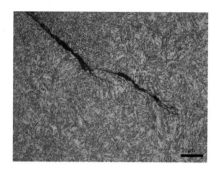

图 8-36　腐蚀坑裂纹　　　　　　　　　图 8-37　腐蚀坑裂纹尖端

5. 化学成分和力学性能测试与分析

低压次末级叶片的化学成分、硬度、冲击韧性检测结果表明，叶片材料的化学成分中各元素含量符合 GB/T 8732—2014《汽轮机叶片用钢》要求，叶片的硬度为 243HBW，冲击吸收功为 56J，符合 GB/T 8732—2014《汽轮机叶片用钢》对 2Cr13 的技术要求。

（三）试验结论

通过试验及分析，判断该机组汽轮机次末级叶片开裂主要原因为机组蒸汽介质中含有对马氏体不锈钢腐蚀敏感的 Cl^-，腐蚀性的 Cl^- 长期在叶片上累积并与叶片运行过程中的静载荷及动载荷形成的拉应力共同作用，在 Cl^- 腐蚀区域萌生应力腐蚀微裂纹。在转子高速转动过程中产生的叶片长期循环激振应力作用下，应力腐蚀裂纹源以疲劳方式扩展，最终导致叶片严重开裂。

第九章 转动部件监督检验典型案例分析

火力发电厂转动部件主要指给水泵轴、循环泵轴、主油泵轴、锅炉风机轴、磨煤机传动轴、空压机电动机轴、碎煤机锤轴、输煤机高速轴及细煤机转动轴等轴类部件，一般由钢锭直接锻制而成，或由几个组件焊接而成。转动部件在传输动力过程中同时承受着弯矩、扭矩及循环变化的交变应力，因此，要求轴类部件具备良好的综合力学性能。按照轴心线上载荷的分布和安装条件，火力发电机组转动部件可分为阶梯轴和光轴两种形式。

第一节 转动部件常用材料

火力发电机组转动部件在传输动力过程中不仅承受因旋转不平衡性形成的惯性力，在转速变化时还承受循环变化的交变应力。因此，根据转动部件的运行工况，其材料应具有较好的强度、耐磨性、韧性及优良的抗疲劳性能。适当的表面处理工艺可大幅度提高轴类等转动部件的力学性能。冷作硬化是一种常见的机械表面处理工艺，可以用来改善轴的表面质量，提高疲劳强度，其方法有喷丸和滚压等。喷丸表面产生薄层塑性变形，并大大降低表面粗糙度，硬化表层，也能消除微裂纹，使表面产生残余压缩应力。

火力发电机组常用的转动部件材料如下：

（1）45号钢。45号钢是轴类零件的常用材料，其价格便宜，经过调质（或正火）处理后，可获得较好的切削性能，而且保持了较高的强度和韧性等综合机械性能，淬火后表面硬度可达 45 ~ 52HRC。为了获得良好的表面硬度，45号钢常采用表面淬火处理（高频淬火或直接淬火）。

（2）40Cr。40Cr钢在机械制造领域使用较为广泛，同样是轴类零件的常用材料。调质处理后具有良好的综合力学性能，优良的低温冲击韧性和低的缺口敏感性，可用于载荷较大且无较大冲击的关键轴类零件。40Cr具有良好的淬透性和切削加工性能，除了调质处理外，还可采用氰化和高频淬火处理。

（3）30CrMnTi。30CrMnTi比20CrMnTi钢的强度、淬透性高，但冲击韧性略低。渗透处理后可降温直接淬火，弯曲强度较高、耐磨性能好。经过淬火＋低温回火或调制处理后，其切削加工性能中等，主要用于制造拖拉机行业中截面较大的重负荷渗碳件及受力较大的齿轮、齿轮轴及蜗杆等。

（4）35CrMnSi。35CrMnSi 钢是低合金超高强度钢，热处理后具有良好的综合力学性能，在保持了高强度和足够韧性的基础上，35CrMnSi 钢的淬透性、疲劳强度、焊接性及加工成型性能均较好，但其耐蚀性和抗氧化性能较低，通常在低温回火或等温淬火处理后使用，能适应大扭矩和弯矩的运行工况。

（5）GCr15 轴承钢和 65Mn 弹簧钢。经调质和表面高频淬火后，表面硬度 HRC 可达50 ～ 58，具有较高的耐磨性能和耐疲劳强度性能，适用于精度较高、工作条件较差的轴类零件。

（6）38CrMoA1A 钢。经调质和表面氮化处理后，不仅能获得很高的表面硬度，而且能保持较软的芯部，因此耐磨性、抗冲击韧性和耐疲劳强度的性能相对较好。与渗碳淬火钢相比，38CrMoA1A 钢具有热处理变形小、硬度高的特点。

（7）球墨铸铁及高强度铸铁。由于铸造性能好，且具有减振性能，常用于制造外形结构复杂的轴类零件。特别是我国研制的稀土 - 镁球墨铸铁，抗冲击韧性好，同时还具有减摩、吸振，对应力集中敏感性小等优点。

第二节　转动部件主要失效形式

火力发电机组转动部件在传输动力过程中主要承受以下应力：转动部件自重产生的交变弯曲应力、传递功率产生的扭转应力、温度梯度和形变约束产生的热应力。因此，转动部件的服役环境恶劣，一旦转动部件失效，将导致机组无法正常运行，对机组的经济性和安全性都造成较大影响。根据火力发电机组转动部件的破坏形式，可将其分为断裂失效、弯曲变形及磨损三种失效形式。

一、断裂失效

（一）材料缺陷引起的断裂

当轴类等转动部件存在非金属夹杂物、疏松、白点、偏析、材料不均匀或微裂纹等原始缺陷时，易在这些部位优先开裂，造成断轴事故。材料缺陷引起的失效一般为恶性事故，必须引起足够的重视。

（二）键槽、轮槽、轴肩等部位的应力开裂

键槽、轮槽、轴肩等部位应力集中效应明显，是轴类等转动部件的薄弱环节。这些部位的根部过渡圆角在加工、制造过程中若偏离设计要求，将使过渡角偏小，造成该部位的应力集中。在转速发生大幅变化时，负荷变化导致的冲击作用及装配不良产生的附加应力会加剧键槽、轮槽、轴肩等部位的应力集中，从而导致开裂。

（三）应力腐蚀开裂

当轴类等转动部件的服役环境中存在 NaCl 和 NaOH 等腐蚀介质时，这些腐蚀性物质会在键槽、轮槽部位聚集，在应力的作用下发生应力腐蚀开裂。

（四）焊接质量不良导致的开裂

焊接轴类转动部件具有结构紧凑、刚性好、承载能力高、质量轻、质量易于保证等优点，但焊接工艺较为复杂，若焊接质量存在问题或焊接残余应力未及时消除，在轴类等转动部件的恶劣运行工况下，极易在焊缝处开裂。

二、弯曲变形

转动部件的弯曲是火力发电机组常见的失效现象，从其弯曲特性上可以分为弹性弯曲和塑性弯曲两种形式。

（一）振动引起的永久性弯曲

当轴类等转动部件因自身转动不平衡，导致其在运行过程中异常振动，使得转动部件表面与其他部件发生摩擦而局部过热时，会在过热部位形成拱背。当摩擦产生的局部热应力超过材料的屈服极限时，该部位就会产生不可恢复的压缩变形。当转动部件冷却后，各部位均匀收缩时，摩擦部位则产生永久性弯曲塑性变形。

（二）残余应力引起的弯曲变形

轴类等转动部件内部残余应力过大，或者残余应力沿轴向、纵向分布不均匀，在其运行过程中受到扭矩、弯矩及残余应力的叠加作用后，超过了其材料自身的屈服极限，造成转动部件的弯曲变形。

三、磨损

轴类等转动部件的磨损是其常见的失效形式，主要是由轴类零件的金属特性造成的，金属材料虽然硬度较高，但是退让性差（变形后无法复原）、抗冲击性能差、抗疲劳性能差，因此容易造成粘着磨损、磨料磨损、疲劳磨损、微动磨损等。大部分的轴类磨损不易察觉，只有出现机器高温、跳动幅度大、异响等情况时，才能够引起察觉，此时大部分传动轴均已发生磨损，从而造成不可逆的损伤。

第三节　典型案例分析

一、给水泵前置泵轴断裂原因分析

（一）设备概况

某火力发电厂汽轮机在启动过程中给水泵前置泵轴自由端机封漏水，停机检查发现给水泵前置泵轴断裂。该汽轮机为超高压、一次中间再热、双缸双排汽、单轴、单抽汽凝汽式汽轮，机组容量为 150MW，于 2006 年投产运行。断裂的给水泵前置泵轴规格为

M30mm，材质为 2Cr13。

（二）试验分析

1. 宏观形貌观察与分析

对断裂的给水泵前置泵轴进行宏观形貌观察。给水泵前置泵轴断裂于轴体推力盘轴头锁母的螺纹根部的应力集中区，断口表面整体较为齐平，断口粗糙且未见明显的塑性变形；断口表面也未见明显的腐蚀产物及腐蚀痕迹，且未见明显的机械损伤等缺陷，如图9-1所示。断口上初始断裂区、裂纹扩展区等特征区域清晰可辨，如图9-2所示。

图 9-1　给水泵前置泵轴锁母端　　　图 9-2　给水泵前置泵轴断口

2. 断口微区检测与分析

利用扫描电子显微镜（SEM）对给水泵前置泵轴断口各区域进行检测，从各区域的微观形貌特征可以看出，断口初始断裂区起源于轴头锁母的螺纹根部，初始断裂区断裂机理以沿晶断裂为主，且晶粒尺寸较大，如图9-3所示；裂纹扩展区的断裂形貌呈现解理断裂＋沿晶断裂特征，如图9-4所示。从断口整体的宏观形貌和微观断裂特征来看，给水泵前置泵轴材料脆性较大。

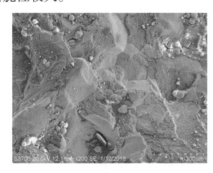 

图 9-3　给水泵前置泵轴断口起裂区　　　图 9-4　给水泵前置泵轴断口扩展区

3. 化学成分检测与分析

对给水泵前置泵轴取样进行化学成分检测，检测数据如表9-1所示。结果表明，前置泵轴化学成分中各元素含量与 GB/T 1220—2007《不锈钢棒》中对 2Cr13 钢的化学成分含量要求相符合。

表 9–1　　　　　　　　给水泵前置泵轴 2Cr13 化学成分检测结果　　　　　　　%

检测元素	C	Si	Mn	Cr	Ni	P	S
GB/T 1220—2007 要求	0.16 ~ 0.25	≤ 1.00	≤ 1.00	12.00 ~ 14.00	≤ 0.60	≤ 0.040	≤ 0.030
实测值	0.21	0.32	0.36	12.26	0.12	0.015	0.006

4. 显微组织检测与分析

在给水泵前置泵轴断口附近取样，进行金相显微组织检测。前置泵轴整个横截面的组织为粗大的马氏体，晶粒为 0.5 ~ 1 级，晶粒粗大，如图 9-5 所示。此外，在轴头锁母的螺纹部位还存在多条自螺纹根部起裂、与轴中心线约成 45° 夹角分布的微裂纹缺陷，这些裂纹以穿晶 + 沿晶断裂的方式扩展，如图 9-6 所示。

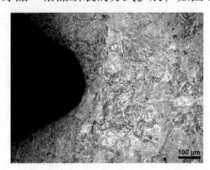

图 9-5　断裂给水前置泵轴螺纹部位组织　图 9-6　断裂给水前置泵轴螺纹根部裂纹

5. 力学性能测试与分析

对断裂的给水前置泵轴取样进行力学性能测试。受所送检试样尺寸所限，仅进行硬度检测，结果如表 9-2 所示。可以看出，前置泵轴材料的硬度符合 GB/T 1220—2007 要求。

表 9–2　　　　　　　　给水前置泵轴的硬度检测结果 (20℃)

检测项目	布氏硬度 HBW(淬火 + 回火热处理后)
GB/T 1220—2007 要求	≥ 192
实测值	245

（三）试验结果

从断口形貌分析，给水泵前置泵轴断裂于轴体推力盘轴头锁母的螺纹根部，断口表面整体较为齐平，断口粗糙且未见明显的塑性变形，也未见明显的腐蚀产物及腐蚀痕迹和明显的机械损伤等缺陷。断口微区形貌显示，初始断裂区断裂机理以沿晶断裂为主，且晶粒尺寸较大；裂纹扩展区的断裂形貌呈现解理断裂 + 沿晶断裂特征。从断口整体的宏观形貌和微观断裂特征来看，给水泵前置泵轴材料脆性较大。从化学成分分析，给水泵前置泵轴的化学成分符合 GB/T 1220—2007 对 2Cr13 材料的要求。从显微组织分析，给水泵前置泵轴整个横截面的组织为粗大的马氏体。此外，在轴头锁母的螺纹部位还存在多条自螺纹根部起裂、与轴中心线约成 45° 夹角分布的微裂纹缺陷，这些裂纹以穿晶＋沿晶断裂的方式扩展。从力学性能分析，给水泵前置泵轴材料的硬度符合 GB/T 1220—2007 要求。尽管受尺寸所限无法进行韧性检测，但从其粗糙的沿晶断裂的断口形貌和粗大的晶粒组织分析，该轴材料的韧性应处于较低水平。

从加工角度分析，2Cr13 材料经恰当的淬火加适当回火热处理工艺后，材料应具有优良的强韧性组合。而该轴的组织却为晶粒粗大的马氏体组织且断口呈沿晶断裂特征，说明极有可能在热处理时，淬火工艺的加热温度偏高或保温时间过长，致使材料的晶粒过分长大，同时回火处理也没有达到改善材料韧性的目的，并有在回火过程中造成一定的回火脆性的可能。

从受力角度分析，给水泵前置泵轴在使用过程中除承受扭转载荷外，还承受较高水平的弯曲载荷，因此，会在其推力盘轴头螺纹根部形成较大的应力集中，特别是在给水泵异常启停和负荷突变等工况时，该位置应力集中尤为严重。

（四）试验结论

给水泵前置泵轴断裂的主要原因如下：

（1）泵轴材料加工阶段的热处理不当，造成材料组织状态异常并粗大，并有可能产生一定的回火脆性，使得韧性较差。

（2）泵轴推力盘轴头螺纹根部存在较大的应力集中。

（3）给水泵前置泵启停及运行过程中的变负荷等工况，在变截面的螺纹根部应力集中部位承受更大的载荷。在上述三个因素的共同作用下，沿泵轴推力盘轴头螺纹根部萌生裂纹，并逐渐扩展，直至整体断裂失效。

（五）监督建议

（1）应对其他同类型的泵轴进行检验排查，发现问题及时处理。

（2）应选择组织及性能符合相关标准的材料制作给水泵前置泵轴。

（3）应避免极端工况的频繁出现引发的泵轴承受异常应力，以免再次出现类似断裂失效。

二、粗碎煤机锤轴断裂原因分析

（一）设备概况

某火力发电厂粗碎煤机在运行过程中突然振动增大，声音异常，运行人员将粗碎煤机停机后检查发现，三排锤轴全部发生断裂。粗碎煤机转速为900r/min，锤头44个，锤轴4根，破碎煤量为350t/h。锤轴直径为50mm，长度为1380mm，材质为45号钢，调质处理。

（二）试验分析

1.断口形貌观察与分析

对断裂的粗碎煤机锤轴进行宏观形貌观察。锤轴断裂处未见轴径变化及明显的机械损伤，断口表面整体较为齐平，未见明显的宏观塑性变形，断裂起源于轴体表面，轴体近表面可以观察到明显放射状条纹。断口上初始断裂区、裂纹扩展区及瞬断区等特征区域清晰可辨，如图9-7所示。

利用扫描电子显微镜（SEM）对粗碎煤机锤轴断口进行微观形貌观察。断口初始断裂区位于锤轴表面，未见夹杂物、明显的机械损伤及腐蚀损伤等异常状态，如图9-8所示；初始断裂区存在一定厚度的镀Cr层，扩展区可以观察到明显的河流花样，呈现典型的解理断裂特征，如图9-9所示；瞬断区呈现准解理断裂形貌，如图9-10所示。

图9-7 粗碎煤机锤轴断口宏观形貌

图9-8 粗碎煤机锤轴初始断裂区

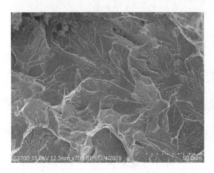

图9-9 粗碎煤机锤轴扩展区

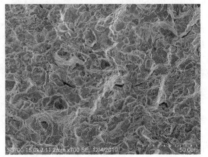

图9-10 粗碎煤机锤轴瞬断区

2. 化学成分检测与分析

对断裂的粗碎煤机锤轴取样进行化学成分检测，结果如表9-3所示。可以看出，锤轴中化学成分的含量均符合GB/T 699—2015《优质碳素结构钢》要求。

表9-3　　　　　　　　　粗碎煤机锤轴45号钢化学成分检测结果　　　　　　　　　%

检测元素	C	Si	Mn	Cr	Ni	Cu	P	S
GB/T 699—2015 要求	0.42 ~ 0.50	0.17 ~ 0.37	0.50 ~ 0.80	≤ 0.25	≤ 0.30	≤ 0.25	≤ 0.035	≤ 0.035
实测值	0.44	0.26	0.63	0.08	0.03	0.07	0.016	0.002

3. 显微组织检测与分析

在粗碎煤机锤轴断口处取样进行显微组织检测。该轴表层组织为回火索氏体调质组织，调质层厚度约为3.0mm。轴体近表层及心部组织均为珠光体＋网状铁素体。轴体表层进行了镀Cr化学处理，存在厚度约为6μm的镀Cr层；镀Cr层中未见明显裂纹及镀层脱落等缺陷，如图9-11所示。

图9-11 断裂锤轴表层镀Cr层

4. 力学性能测试与分析

对断裂的粗碎煤机锤轴取样进行力学性能测试，测试结果如表9-4所示。可以看出，该轴的硬度、冲击韧性均低于GB/T 699—2015《优质碳素结构钢》的要求；抗拉强度接近GB/T 699—2015《优质碳素结构钢》要求的下限，屈服强度低于GB/T 699—2015《优质碳素结构钢》的要求。

表9-4　　　　　　　　　粗碎煤机锤轴45号力学性能测试结果（20℃）

检测项目	抗拉强度 R_m（MPa）	屈服强度 R_{eL}（MPa）	断后伸长率 A（％）	硬度 HBW	冲击吸收功 A_{kv}（J）
GB/T 669—2015 要求	630～780	≥370	≥17	207～302	≥31
实测值	654	344	21	188～205	18

（三）试验结果

从断口形貌分析，锤轴断裂处未见轴径变化及明显机械损伤，断口表面整体较为齐平，未见明显的宏观塑性变形，断裂起源于轴体表面，轴体近表面可以观察到明显的放射状条纹，呈现脆性扩展形貌。断口微观形貌显示，断口初始断裂区位于锤轴表面，扩展区可以观察到明显的河流花样，呈现典型的解理断裂特征；瞬断区呈现准解理断裂形貌。从化学成分分析，断裂锤轴的化学成分符合GB/T 699—2015《优质碳素结构钢》的要求，不存在材质错用的情况。从显微组织分析，该轴表层组织为回火索氏体调质组织，调质层厚度约为3.0mm。轴体近表层及心部组织均为珠光体＋网状铁素体。轴体表层进行了镀Cr化学处理，存在厚度约为6μm的镀Cr层；镀Cr层中未见明显裂纹及镀层脱落缺陷。从力学性能分析，该轴的硬度、冲击韧性均低于GB/T 699—2015《优质碳素结构钢》的要求，抗拉强度接近 GB/T 699—2015《优质碳素结构钢》要求的下限，屈服强度低于 GB/T 699—2015《优质碳素结构钢》的要求。

（四）试验结论

粗碎煤机锤轴断裂的主要原因：轴体材料加工阶段的热加工及热处理工艺控制不当，调质处理不充分，造成组织状态异常，力学性能不合格；在粗碎煤机锤轴运行过程中，在以冲击载荷为主的复杂工况条件作用下，引发锤轴脆性断裂。

（五）监督建议

（1）应严格控制粗碎煤机锤轴的热加工及热处理工艺，选用组织及性能优良的锤轴材料。

（2）在运行过程中应控制硬质异物进入粗碎煤机，防止产生非正常冲击载荷对轴的损伤，以避免再次出现类似锤轴断裂失效。

三、热网循环泵轴断裂原因分析

（一）设备概况

某火力发电厂在运行过程中热网循环泵电动机发生故障，经检修人员检查发现热网循环泵轴自驱动端彻底断裂。热网循环泵循环水流量为 6000t/h，入口压力为 0.4MPa，出口压力为 1.0MPa，运行温度小于 65℃，流量为 2000t/h，电流为 108A，扬程为 100m，累积运行 21600h。断轴前设备运行状态良好。断裂的热网循环泵轴规格为 M85mm，材质为40Cr。

（二）试验分析

1. 宏观形貌观察与分析

对断裂的热网循环泵轴进行宏观形貌检察。泵轴断裂于轴径由 $\Phi 85$ 向 $\Phi 80$ 过渡部位，变截面处未见明显过渡圆滑倒角，且加工刀痕粗糙，断口表面整体较为齐平，未见明显的塑性变形，端口上初始断裂区、裂纹扩展区及瞬断区等特征区域清晰可辨，如图 9-12、图9-13 所示。

图 9-12　热网循环泵轴断裂部位　　　图 9-13　热网循环泵轴断口宏观形貌

2. 化学成分检测与分析

对热网循环泵轴取样进行化学成分检测，检测结果如表 9-5 所示。结果表明，热网循环泵轴化学成分中各元素含量符合 JB/T 6396—2006《大型合金结构钢锻件 技术条件》要求。

表 9-5　　　　　　　　　　　热网循环泵轴 40Cr 钢化学成分检测结果　　　　　　　　　　　%

检测元素	C	Si	Mn	Cr	Ni	P	S
标准要求	0.37 ~ 0.44	0.17 ~ 0.37	0.50 ~ 0.80	0.80 ~ 1.10	≤ 0.30	≤ 0.030	≤ 0.030
实测值	0.45	0.28	0.62	1.02	0.05	0.010	0.004

3. 显微组织检测与分析

在热网循环泵轴断口附近取样进行金相显微组织检测。轴体整个横截面上表层的组织为熔焊组织，为奥氏体，熔焊组织中存在众多焊接缺陷，基体近熔合线处基体组织为少量铁素体＋索氏体，熔合线处存在未熔合、夹渣及裂纹等焊接缺陷，如图 9-14、图 9-15 所示，轴体次表层存在 2 ~ 3mm 的组织为回火索氏体的调质层，其余部分的组织均为晶粒粗大的片状珠光体＋网状铁素体。

图 9-14 断裂热网循环泵轴表层熔焊层夹渣　　图 9-15 断裂热网循环泵轴熔焊层未熔合和裂纹

4. 力学性能测试与分析

对热网循环泵轴取样进行力学性能测试，检测结果如表 9-6 所示。可以看出，热网循环泵轴基体材料的冲击韧性低于 JB/T 6396—2006《大型合金结构钢锻件 技术条件》要求；心部至次表层的实测布氏硬度值 HB 介于 182 ~ 265 之间，也低于 JB/T 6396—2006 的要求。

表 9-6　　　　　　　　　　　电机轴的力学性能测试结果 (20℃)

检测项目	冲击吸收能量（J）	布氏硬度 HB
JB/T 6396—2006	≥ 39	217 ~ 269
实测值	37.3	182 ~ 265

5.断口微区检测与分析

利用扫描电子显微镜（SEM）对热网循环泵轴断口进行检测。断裂起始于轴体表层焊接形成的不连续及裂纹等部位，裂源并非单一，并且裂源已扩展至基体，如图9-16所示；断口大部分区域以疲劳断裂的方式进行扩展，如图9-17所示；最后瞬断区域呈现明显的剪切断裂形貌，如图9-18所示。

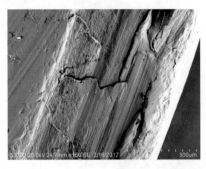 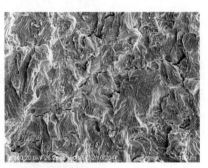

图9-16 热网循环泵轴初始断裂区　　　图9-17 热网循环泵轴扩展区

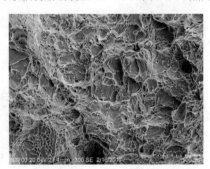

图9-18 热网循环泵轴瞬断区

（三）试验结果

从宏观形貌分析，热网循环泵轴断裂于轴径由$\Phi 85$向$\Phi 80$过渡部位，变截面处未见明显过渡圆滑倒角，且加工刀痕粗糙，断口表面整体较为齐平，未见明显的塑性变形，断口上初始断裂区、裂纹扩展区及瞬断区等特征区域清晰可辨。

从化学成分分析，热网循环泵轴化学成分中各元素含量符合JB/T 6396—2006要求。

从显微组织分析，热网循环泵轴表层的组织为熔焊组织，为奥氏体，熔焊组织中存在众多焊接缺陷，基体近熔合线处基体组织为少量铁素体+索氏体，熔合线处存在未熔合、夹渣及裂纹等焊接缺陷，轴体次表层存在2～3mm的组织为回火索氏体的调质层，其余部分的组织均为晶粒粗大的片状珠光体+网状铁素体。网状铁素体的大量存在会严重降低材料的抗疲劳能力。

从力学性能分析，热网循环泵轴基体材料的冲击韧性及硬度均低于标准要求。

从断口微区分析，热网循环泵轴断裂起始于轴体表层焊接形成的不连续及裂纹等部位，并已扩展至基体；断口大部分区域以疲劳断裂的方式进行扩展，断口整体呈现较为典型的多源性疲劳断裂特征。

（四）试验结论

热网循环泵轴断裂的主要原因如下：

（1）轴体表层奥氏体堆焊层焊接工艺或操作存在问题，致使堆焊层与轴基体熔合过渡部位形成大量微裂纹等缺陷，产生裂纹源。

（2）轴体材料加工阶段的热处理工艺或操作不当，调质处理不充分，造成组织状态异常，力学性能不合格。

（3）在热网循环泵轴运行过程中，在以扭转载荷为主的复杂工况条件的循环作用下使得堆焊层与基体过渡处的微裂纹及其他不连续缺陷扩展引发的轴体多源性疲劳断裂。

（五）监督建议

（1）应从进货源头控制热网循环泵轴材料的质量，应选用经合格热处理工艺和操作、组织和性能合格的材料制作的电动机轴。

（2）电动机轴表面的堆焊处理工艺及操作应符合要求。

（3）应避免极端工况的出现，避免热网循环泵轴承受异常载荷，以免再次出现类似断裂失效。

四、输灰系统空气压缩机电动机轴断裂原因分析

（一）设备概况

某火力发电厂输灰系统空气压缩机电动机保护装置在运行中过载跳闸，解体检查，发现电动机轴承端部断裂，电动机转子扫膛，转子笼条、定子铁芯受损严重。该输灰系统电动机型号为 IY3554-4，加油周期为 2000h，最后加油时间为 2016 年 10 月 26 日。锤轴直径为 110mm，材质为 45 号钢。

（二）试验分析

1. 宏观形貌观察与分析

图 9-19　空气压缩机电动机轴断裂部位　图 9-20　空气压缩机电动机轴断口宏观形貌

对断裂的空气压缩机电动机轴进行宏观形貌检察。空气压缩机电动机轴断裂于轴承端

部，断口表面整体较为齐平，未见明显的塑性变形，端口上初始断裂区、裂纹扩展区及瞬断区等特征区域清晰可辨，其中瞬断区所占面积约为断口总面积的 5% 左右，说明轴断裂时所承受的载荷较小；断口附近轴体表层局部的熔焊修复层已从基体剥离，部分堆焊层已脱落，如图 9-19、图 9-20 所示。

2. 化学成分检测与分析

对空气压缩机电动机轴取样进行化学成分检测，检测结果如表 9-7 所示。结果表明，空气压缩机电动机轴化学成分中 Si 元素含量明显高于 GB/T 699—2015《优质碳素结构钢》要求，其余各元素含量与 GB/T 699—2015 中 45 号钢的化学成分含量相符。

表 9-7　　　　　　空气压缩机电动机轴 45 号钢化学成分检测结果　　　　　　%

检测元素	C	Si	Mn	Cr	Ni	P	S
GB/T 699—2015 要求	0.42 ~ 0.50	0.17 ~ 0.37	0.50 ~ 0.80	≤ 0.25	≤ 0.30	≤ 0.035	≤ 0.035
实测值	0.48	0.56	0.69	0.08	0.08	0.014	0.018

3. 显微组织检测与分析

在空气压缩机电动机轴断口附近取样进行金相显微组织检测。轴体整个横截面上表层的组织为激光熔焊组织，为奥氏体＋高温铁素体，基体近熔合线处基体组织为少量铁素体＋索氏体，熔合线处存在未熔合及夹渣等焊接缺陷，同时，在熔合区存在大量热裂纹缺陷，并有熔焊金属侵入裂纹内部，紧邻熔合区部位热影响区的组织为珠光体＋魏氏组织，且组织较为粗大，轴体次表层及心部的组织则为珠光体＋网状铁素体，如图 9-21 所示。此外，轴基体材料中存在严重的硅酸盐类夹渣物（C 类夹杂物），达 3 级，如图 9-22 所示。

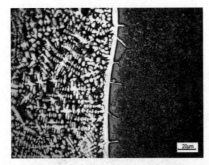

图 9-21　断裂空气压缩机电动机轴熔焊层过渡区　　图 9-22　断裂空气压缩机电动机轴夹杂物组织

4. 力学性能测试与分析

对空气压缩机电动机轴取样进行力学性能测试，检测结果如表 9-8 所示。可以看出，空气压缩机电动机轴基体材料的冲击韧性低于 GB/T 699—2015 要求；心部至次表层的实测布氏硬度值 HB 介于 182 ~ 238 之间。

表 9–8　　　　　　　　　　电动机轴的力学性能测试结果 (20℃)

检测项目	冲击吸收能量（J）	布氏硬度 HB
GB/T 699—2015 要求	≥ 39	—
实测值	36.6	182 ~ 238

5. 断口微区检测与分析

利用扫描电子显微镜（SEM）对空气压缩机电动机轴断口进行检测。断裂起始于轴体表层焊接形成的不连续及裂纹等部位，裂源并非单一，并且裂源已从扩展至基体；断口大部分区域以疲劳断裂的方式进行扩展；最后瞬断区域呈现明显的剪切断裂形貌，如图 9-23 所示。

（三）试验结果

从宏观形貌分析，空气压缩机电动机轴

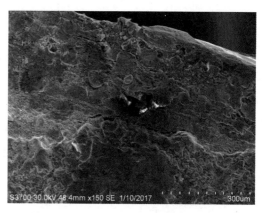

图 9-23　空气压缩机电动机轴断口 SEM 形貌

断裂于轴承端部，断口表面整体较为齐平，未见明显的塑性变形，断口上初始断裂区、裂纹扩展区及瞬断区等特征区域清晰可辨，其中瞬断区所占面积约为断口总面积的 5%，说明轴断裂时所承受的载荷较小；断口附近轴体表层局部的熔焊修复层已从基体剥离，部分堆焊层已脱落。

从化学成分分析，空气压缩机电动机轴化学成分中 Si 元素含量明显高于 GB/T 699—2015 要求，其余各元素含量符合 GB/T 699—2015 要求。

从显微组织分析，空气压缩机电动机轴轴体整个横截面上表层的组织为激光熔焊组织，为奥氏体＋高温铁素体，基体近熔合线处基体组织为少量铁素体＋索氏体，熔合线处存在未熔合及夹渣等焊接缺陷，同时，在熔合区存在大量热裂纹缺陷，并有熔焊金属侵入裂纹内部，紧邻熔合区部位的热影响区的组织为珠光体＋魏氏组织，且组织较为粗大，轴体次表层及心部的组织则为珠光体＋网状铁素体。此外，轴基体材料中存在严重的硅酸盐类夹渣物（C 类夹杂物），达 3 级，大量夹杂物的存在必然导致材料的韧性较差。

从力学性能分析，空气压缩机电动机轴基体材料的冲击韧性低于 GB/T 699—2015 要求；心部至次表层的实测布氏硬度值 HB 介于 182 ~ 238 之间，也低于调质钢对硬度的要求。

从断口微区形貌分析，空气压缩机电动机轴断裂起始于轴体表层焊接形成的不连续及裂纹等部位，并且裂源已从熔焊修复层扩展至基体；断口大部分区域以疲劳断裂的方式进行扩展；最后瞬断区域呈现明显的剪切断裂形貌。断口整体呈现较为典型的多源性疲劳断裂特征。

（四）试验结论

输灰系统空气压缩机电动机轴断裂主要原因如下：

（1）轴体表层奥氏体堆焊层焊接工艺或操作存在问题，致使堆焊层与轴基体熔合过渡部位形成大量微裂纹等缺陷，产生裂纹源。

（2）轴体材料加工阶段的热处理工艺不当，未进行调质处理，造成组织状态异常，力学性能不合格。在空气压缩机电动机轴运行过程中，在以扭转载荷为主的复杂工况条件的循环作用下，使得堆焊层与基体过渡处的微裂纹及其他不连续缺陷扩展，引发轴体多源性疲劳断裂。

（五）监督建议

（1）应从进货源头控制空气压缩机电动机轴材料的质量，应选用经合格热处理工艺和操作、组织和性能合格的材料制作的电动机轴。

（2）电动机轴表面的堆焊处理工艺及操作应符合要求。

（3）应避免极端工况的出现，避免空气压缩机电动机轴承受异常载荷，以免再次出现类似断裂失效。

五、带式输送机减速器高速轴断裂原因分析

（一）设备概况

某火力发电厂运行过程中，值班人员发现带式输送机减速器异响，经现场检查发现带式输送机减速器高速轴发生断裂。该锅炉为单汽包、自然循环300MW循环流化床锅炉。断裂的带式输送机减速器高速轴材质为18CrNiMo7-6。

（二）试验分析

1.宏观形貌观察与分析

对断裂的10号乙皮带减速器高速轴进行宏观形貌检察。断口处断面整体较为平整，垂直于键槽，但可在键槽边缘观察到一断面由键槽沿45°角与主断裂面交汇，此断面逐步变小并收敛于键槽边缘，该部位存在明显的挤压变形痕迹。键槽边缘处可观察到明显"台阶"形貌，并且两级"台阶"过度边缘存在与断裂面扩展方向平行的裂纹，如图9-24所示。

图9-24 减速器高速轴断裂宏观形貌

2.断口微区检测与分析

对断口断裂面进行宏观及微观分析。可见断口断裂面较为平整、细腻；其初始断裂区是由键槽起源的断裂面，该断裂面与主断裂面交汇后形成初始断裂区；裂纹扩展区和初始断裂区均存在金黄色颗粒分布，而最终断裂区呈新鲜的银灰色，如图 9-25 所示。使用能谱对裂纹扩展区和最终断裂区断面进行选区能谱分析，结果如表 9-9 所示。可见两区域内主要含有 Fe、Cr、Mn、C 等常规元素，但裂纹扩展区内还有 Cu 元素，这是由于在运行过程中，初始断裂区和裂纹扩展区已开裂，高速轴与轴瓦和其他零件磨损导致的铜金属颗粒进入到裂纹中。使用扫描电子显微镜观察可以发现，在裂纹扩展区存在磨损痕迹和大量的大致平行的二次裂纹，更高倍数下可以发现疲劳辉纹，这是典型疲劳裂纹扩展特征形貌，如图 9-26 所示。

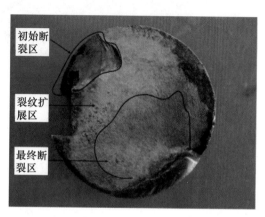

图 9-25　减速器高速轴断裂面形貌

表 9-9　　　　　　断口 1 裂纹扩展区与最终断裂区能谱选取分析结果　　　　　　%

元素	C	Si	Mn	O	S	Cr	Fe	Cu
裂纹扩展区	4.24	0.06	2.42	2.18	0.03	1.36	63.21	10.49
最终断裂区	6.83	0.15	2.84	3.01	0.11	1.49	85.54	—

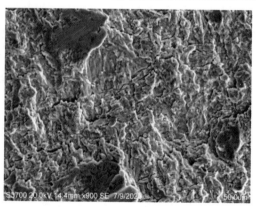

图 9-26　减速器高速轴断裂面 SEM 形貌

3. 显微组织检测与分析

对断裂的减速器高速轴取样进行显微组织分析，如图 9-27 所示，高速轴整个横截面上的组织为调质后的回火索氏体，未见表面硬化处理层（表面淬火、渗碳氮层等）组织，未见明显镀层。观察键槽根部，测量可得键槽根部倒角 R 为 0.555mm，并可见其存在一处毛刺加工缺陷，如图 9-28 所示。

图 9-27　减速器高速轴芯部金相组织　　　图 9-28　减速器高速轴键槽 R 角

4. 化学成分检测与分析

对断裂的减速器高速轴取样进行化学成分检测，检测结果如表 9-10 所示。可以看出，各元素含量均符合相关技术标准的要求。

表 9-10　　　　　　　　　断裂高速轴化学成分检测结果　　　　　　　　　　%

检测元素	C	Si	Mn	P	S	Cr	Mo	Ni
相关标准要求	0.15 ~ 0.21	≤ 0.40	0.50 ~ 0.90	≤ 0.025	≤ 0.035	1.50 ~ 1.80	0.25 ~ 0.35	1.40 ~ 1.70
实测值	0.18	0.26	0.54	0.011	0.017	1.62	0.28	1.60

5. 力学性能测试与分析

对送检的减速器高速轴进行冲击试验与硬度试验，结果如表 9-11 所示。可见，送检轴样冲击韧性良好；断裂高速轴材质为 18CrNiMo7-6，为欧洲标准牌号，该材质与德国标准牌号 17CrNiMo6 基本一致，为渗碳钢，经查阅相关技术文件，参考其他相关减速机轴的技术要求，17CrNiMo6 材质的减速机轴，轴表面与退刀槽根部硬度 HRC 需达到 59 ~ 62，而断裂轴表面硬度 HRC 为 41，远未达到相应硬度要求。

表 9-11　　　　　　　　　断裂高速轴力学性能测试结果

检测项目		洛氏硬度 HRC	冲击韧性 A_{kv}（J）
相关技术文件参考值		59 ~ 62	≥ 41
实测值	芯部	37	106
	表面	41	

（三）试验结果

对断口断裂面进行分析，可见断裂面较为平整、细腻；其初始断裂区是由键槽起源的断裂面；裂纹扩展区和初始断裂区均存在金黄色铜颗粒分布。在裂纹扩展区存在磨损痕迹和大量的大致平行的二次裂纹，更高倍数下可以发现疲劳辉纹，这是典型疲劳裂纹扩展特征形貌。从金相组织分析，高速轴整个横截面上的组织为调质后的回火索氏体，未见明显表面硬化层或镀层组织。从化学成分分析，送检轴样化学成分符合相关标准要求。从力学性能分析，送检轴冲击韧性优良，硬度值低于相关技术文件参考值。

断裂轴材质为18CrNiMo7-6，为欧洲标准牌号，该材质与德国标准牌号17CrNiMo6基本一致，为渗碳钢，经查阅相关技术文件，参考相关减速机轴的技术要求，17CrNiMo6材质的减速机轴，一般需整体调制处理后进行表面渗碳淬火，从而使轴表面与退刀槽根部硬度HRC达到59～62，表面处理可以改变轴表面的应力状态，从而提高其抗疲劳性能；断裂轴表面未见淬火和渗碳处理组织，硬度也仅为41HRC，其未经正确表面处理，表面不存在压应力状态，抗疲劳性能不佳，键槽部位横截面较其他部位减小，造成该处承载能力下降，易萌发疲劳裂纹，进而产生开裂。

（四）试验结论

减速器高速轴断裂性质为疲劳断裂，主要原因是高速轴未进行表面处理，致使其表面不存在压应力场，抗疲劳性能不佳，键槽部位横截面较其他部位减小，造成该处承载能力下降，在极端工况下键在外力作用下不断挤压键槽边缘，进而萌生疲劳裂纹源，在交变应力的作用下裂纹扩展，进而导致疲劳断裂。

（五）监督建议

（1）应查阅减速机相关技术文件，确定该高速轴是否需要表面处理，以提高其抗疲劳性能。

（2）检查其他减速机是否有异响，发现问题及时处理，并且注意安装质量，在运行过程中应尽量保证减速器在正常工况下工作，避免高速轴承受异常载荷，防止类似断裂失效再次发生。

附录 A

金属技术监督人员职责

A1 金属技术监督网络组长职责

A1.1 负责组织领导本企业金属技术监督工作，贯彻执行国家、行业、集团公司有关金属技术监督规程、标准、制度、规定。

A1.2 负责组织金属技术监督管理制度、实施细则、岗位责任制、考核制度和反事故措施的组织制定或修订和审批工作，并督促贯彻落实。

A1.3 负责组织本企业金属监督长期工作规划、年度金属监督工作计划、检修或电力建设中金属技术监督检测项目计划、年度特种设备定期检验计划的制定和审批，并督促计划的落实和执行。

A1.4 负责组织金属技术监督月报、季报，以及检修金属检验工作或年度金属监督工作总结的编写和审批。

A1.5 负责组织本单位有关金属事故的调查、分析，并制定防范措施。

A1.6 定期组织召开金属监督网络会议，检查、协调、落实本单位金属监督工作。

A1.7 负责组织开展本企业金属技术监督工作情况的定期检查和考核，督促发现问题的整改处理。

A2 金属技术监督专责（或兼职）工程师职责

A2.1 发电企业金属技术监督专责（或兼职）工程师职责

（1）协助总工程师组织贯彻执行国家、行业、集团公司有关金属技术监督标准、规程、条例和制度，负责组织金属技术监督工作的具体实施。

（2）组织制定本单位的金属技术监督规章制度和实施细则，负责编写金属技术监督工作计划和工作总结。

（3）负责编写金属技术监督工作规划、年度工作计划，安装前、安装过程和检修中金属技术监督检验项目计划，金属监督检验、年度工作总结，金属事故分析报告，金属技术监督报表，并及时向厂有关领导和上级主管（公司）呈报。

（4）参与有关金属技术监督部件的事故调查以及反事故措施的制定。

（5）参与机组安装前、安装过程和检修中金属技术监督中出现问题的处理。

（6）负责组织金属技术监督工作的实施。

（7）负责本企业的焊工技术培训和技术管理，以及焊接工艺和质量的监督工作。

（8）负责对外委金属检验、焊接、热处理人员资格和操作能力，工艺及技术方案，检验报告的监督审查。

（9）积极采用先进技术和经验开展金属技术监督工作，积极外出参加各种金属专业技术培训和技术交流活动，利用网络定期活动开展人员培训，不断提高金属技术监督专业水平。

（10）参加设备选型、设备招标、制造质量监造和安装前安全性能检验、安装和调试会议，以及检修和改造项目制定会、协调会、总结会、事故分析与缺陷处理的研究会议。

（11）负责对本企业金属试验室工作进行监督、指导，完善必要的检测手段和管理，对金属试验记录或报告进行审核。

（12）组织建立健全金属技术监督档案。

A2.2 电力建设工程公司金属技术监督专责（或兼职）工程师职责

电力建设工程公司金属技术监督专责（或兼职）工程师除做好 A2.1 相关条款规定的职责外，还应重点做好以下工作：

（1）审定机组安装前和安装过程中金属技术监督检验项目。

（2）在受监金属部件的组装、安装过程中，对金属技术监督的实施进行监督和指导。参与机组安装前和安装过程中金属技术监督中出现问题的处理。

（3）检验控制机组安装过程中的材料质量，防止错材、不合格的钢材和部件的使用。

（4）检验控制焊接质量。

A2.3 修造单位金属技术监督专责（或兼职）工程师职责

修造单位金属技术监督专责（或兼职）工程师除做好 A2.1 相关条款规定的职责外，还应重点做好以下工作：

（1）制造属于受监范围内的备品、配件时，应监督检查把好"三关"，即把好防止错用钢材、焊接质量和热处理关，以保证产品质量。

（2）受监范围内的产品出厂时，监督审定产品质保书中与金属材料有关的内容。

A2.4 物资供应单位金属技术监督专责（或兼职）工程师职责

物资供应单位金属技术监督专责（或兼职）工程师除做好 A2.1 相关条款规定的职责外，还应重点做好以下工作：

（1）监督检查受监范围内的钢材、备品和配件所附的质量保证书、合格证是否齐全或有误。

（2）督促做好钢材和备品、配件的质量验收、保管和发放工作，严防错收、错发。

A3 金属试验班组职责

A3.1 负责贯彻落实本单位有关金属技术监督的各项规定和实施细则及技术措施等，定期参加金属监督网络会议。

A3.2 负责制定试验室仪器设备使用、维护、保管管理制度，仪器设备操作和金属检验工作作业指导书，建立仪器设备台账、使用维护档案。

A3.3 协助相关部门做好监督范围内的钢材、备品备件的管理工作，坚持钢材入库检验及备品备件验收制度，并对热处理和焊接质量进行监督和检验。

A3.4 积极参加企业内、外组织的相关金属专业知识、技术交流、技术标准、人员培训取证工作，按相关法规、规程、制度要求做到持证上岗。

A3.5 负责按要求完成金属试验室承担的金属检验工作，按规范要求建立检验记录或报告，对发现的问题提出处理意见，并监督问题的处理。

A3.6 配合金属技术监督专责工程师建立、健全金属技术监督档案，并负责建立、健全本部门管辖范围内的金属技术监督档案。

A3.7 落实年度工作计划，做好年度工作总结。

A4 运行、检修部门金属监督人员职责

A4.1 掌握本部门管理主要设备的缺陷情况，按照有关规章制度，加强对重要部件缺陷的检查与运行监督。

A4.2 设备检修（安装）时，根据金属测试项目安排好检修（安装）计划，做好必要的准备工作（例如拆保温、搭脚手架、打磨、准备备品等），并负责所管辖金属部件的宏观检查（包括金属承压部件的防磨防爆、壁厚测量检查、管道支吊装置的检查），做好技术记录，发现重大问题应及时向本单位生产技术部门和金属监督专责工程师汇报。

A4.3 发生事故时，应记录事故的详细情况，及时通知金属试验室，共同查明原因，采取措施。

A4.4 在设备检修（安装）中，应特别加强对炉外管道及受热面管子的检查，如有无重皮、超标划痕、磨损、腐蚀、变形、胀粗等现象，支吊架位置和膨胀指示器是否正常，并做好详细记录。

A5 金属材料及备品供应管理人员职责

A5.1 根据本单位情况，建立严格的受监督部件材料、备品的质量验收和领用管理制度（包括进料、验收、堆放、保管、发放登记等），并切实执行。

A5.2 认真做好受监督部件备品及钢材的验收、管理工作（例如钢管、高温高压紧固件、叶片、高压阀门、焊条焊丝等），无质量保证书和产品合格证者不准入库，证件不符者应补验合格，杜绝错进、错放、错发现象。

A5.3 具有质量保证书或经过质量检验合格的受监督范围的钢材、钢管和备品配件，无论是短期或长期存放，都应挂牌，标明钢种和钢号，分类存放。

附录 B

电站常用金属材料和重要部件国内外技术标准

序号	标准号	标准名称
1	GB 713—2014	锅炉和压力容器用钢板
2	GB/T 1220—2007	不锈钢棒
3	GB/T 1221—2007	耐热钢棒
4	GB/T 1591—2018	低合金高强度结构钢
5	GB/T 3077—2015	合金结构钢
6	GB/T 3274—2017	碳素结构钢和低合金结构钢热轧厚钢板和钢带
7	GB/T 5310—2017	高压锅炉用无缝钢管
8	GB/T 5677—2018	铸件 射线照相检测
9	GB/T 5777—2019	无缝和焊接（埋弧焊除外）钢管纵向和 / 或横向缺欠的全圆周自动超声检测
10	GB/T 7233.2—2010	铸钢件 超声检测 第 2 部分：高承压铸钢件
11	GB/T 8732—2014	汽轮机叶片用钢
12	GB/T 9443—2019	铸钢铸铁件 渗透检测
13	GB/T 9444—2019	铸钢铸铁件 磁粉检测
14	GB/T 11263—2017	热轧 H 型钢和剖分 T 型钢
15	GB/T 12459—2017	钢制对焊管件 类型与参数
16	GB 13296—2013	锅炉、热交换器用不锈钢无缝钢管
17	GB/T 16507—2013	水管锅炉
18	GB/T 17394.1—2014	金属材料里氏硬度试验 第 1 部分：试验方法
19	GB/T 19624—2019	在用含缺陷压力容器安全评定
20	GB/T 20410—2006	涡轮机高温螺栓用钢
21	GB/T 20490—2006	承压无缝和焊接（埋弧焊除外）钢管分层缺欠的超声检测
22	GB 50764—2012	电厂动力管道设计规范
23	TSG 11—2020	锅炉安全技术规程
24	NB/T 47008—2017	承压设备用碳素钢和合金钢锻件
25	NB/T 47010—2017	承压设备用不锈钢和耐热钢锻件
26	NB/T 47013—2015	承压设备无损检测
27	NB/T 47014—2011	承压设备焊接工艺评定

续表

序号	标准号	标准名称
28	NB/T 47015—2011	压力容器焊接规程
29	NB/T 47018—2017	承压设备用焊接材料订货技术条件
30	NB/T 47019—2011	锅炉、热交换器用管订货技术条件（所有部分）
31	NB/T 47043—2014	锅炉钢结构制造技术规范
32	NB/T 47044—2014	电站阀门
33	DL/T 292—2011	火力发电厂汽水管道振动控制导则
34	DL/T 297—2011	汽轮发电机合金轴瓦超声波检测
35	DL/T 515—2018	电站弯管
36	DL/T 370—2010	承压设备焊接接头金属磁记忆检测
37	DL/T 439—2018	火力发电厂高温紧固件技术导则
38	DL/T 440—2004	在役电站锅炉汽包的检验及评定规程
39	DL/T 441—2004	火力发电厂高温高压蒸汽管道蠕变监督规程
40	DL/T 473—2017	大直径三通锻件技术条件
41	DL/T 505—2016	汽轮机主轴焊缝超声波探伤规程
42	DL/T 531—2016	电站高温高压截止阀闸阀技术条件
43	DL/T 561—2013	火力发电厂水汽化学监督导则
44	DL/T 586—2008	电力设备监造技术导则
45	DL/T 612—2017	电力行业锅炉压力容器安全监督规程
46	DL/T 616—2006	火力发电厂汽水管道与支吊架维修调整导则
47	DL 647—2004	电站锅炉压力容器检验规程
48	DL/T 654—2009	火电机组寿命评估技术导则
49	DL/T 674—1999	火电厂用 20 号钢珠光体球化评级标准
50	DL/T 678—2013	电力钢结构焊接通用技术条件
51	DL/T 679—2012	焊工技术考核规程
52	DL/T 681—2012	燃煤电厂磨煤机耐磨件技术条件
53	DL/T 694—2012	高温紧固螺栓超声波检测
54	DL/T 695—2014	电站钢制对焊管件
55	DL/T 714—2019	汽轮机叶片超声波检验技术导则
56	DL/T 715—2015	火力发电厂金属材料选用导则
57	DL/T 717—2013	汽轮发电机组转子中心孔检验技术导则
58	DL/T 718—2014	火力发电厂三通及弯头超声波检测
59	DL/T 734—2017	火力发电厂锅炉汽包焊接修复技术导则

续表

序号	标准号	标准名称
60	DL/T 748.1—2020	火力发电厂锅炉机组检修导则 第一部分：总则
61	DL/T 752—2010	火力发电厂异种钢焊接技术规程
62	DL/T 753—2015	汽轮机铸钢件补焊技术导则
63	DL/T 773—2016	火电厂用 12CrMoV 钢球化评级标准
64	DL/T 785—2001	火力发电厂中温中压管道（件）安全技术导则
65	DL/T 786—2001	碳钢石墨化检验及评级标准
66	DL/T 787—2001	火力发电厂用 15CrMo 钢珠光体球化评级标准
67	DL/T 819—2019	火力发电厂焊接热处理技术规程
68	DL/T 820—2020	管道焊接接头超声波检测技术规程
69	DL/T 821—2017	金属熔化焊对接接头射线检测技术和质量分级
70	DL/T 850—2004	电站配管
71	DL/T 855—2004	电力基本建设火电设备维护保管规程
72	DL/T 868—2014	焊接工艺评定规程
73	DL/T 869—2012	火力发电厂焊接技术规程
74	DL/T 874—2017	电力行业锅炉压力容器安全监督管理工程师培训考核规程
75	DL/T 882—2004	火力发电厂金属专业名词术语
76	DL/T 884—2019	火电厂金相检验与评定技术导则
77	DL/T 905—2016	汽轮机叶片、水轮机转轮焊接修复技术规程
78	DL/T 922—2016	火力发电用钢制通用阀门订货、验收导则
79	DL/T 925—2005	汽轮机叶片涡流检验技术导则
80	DL/T 930—2018	整锻式汽轮机转子超声检测技术导则
81	DL/T 939—2016	火力发电厂锅炉受热面管监督检验技术导则
82	DL/T 940—2005	火力发电厂蒸汽管道寿命评估技术导则
83	DL/T 991—2006	电力设备金属光谱分析技术导则
84	DL/T 999—2006	电站用 2.25Cr-1Mo 钢球化评级标准
85	DL/T 1105.1—2009	电站锅炉集箱小口径接管座角焊缝无损检测技术导则 第 1 部分：通用要求
86	DL/T 1105.2—2010	电站锅炉集箱小口径接管座角焊缝无损检测技术导则 第 2 部分：超声检测
87	DL/T 1105.3—2010	电站锅炉集箱小口径接管座角焊缝无损检测技术导则 第 3 部分：涡流检测
88	DL/T 1105.4—2009	电站锅炉集箱小口径接管座角焊缝无损检测技术导则 第 4 部分：磁记忆检测

序号	标准号	标准名称
89	DL/T 1113—2009	火力发电厂管道支吊架验收规程
90	DL/T 1114—2009	钢结构腐蚀防护热喷涂（锌、铝及合金涂层）及其试验方法
91	DL/T 1317—2014	火力发电厂焊接接头超声衍射时差检验技术规程
92	DL/T 1324—2014	锅炉奥氏体不锈钢内壁氧化物堆积检测技术导则
93	DL/T 1422—2015	18Cr-8Ni 系列奥氏体不锈钢锅炉管显微组织老化的评级标准
94	DL/T 1423—2015	在役发电机护环超声波检测技术导则
95	DL/T 5054—2016	火力发电厂汽水管道设计规范
96	DL 5190.2—2019	电力建设施工技术规范 第2部分：锅炉机组
97	DL 5190.5—2019	电力建设施工技术规范 第5部分：管道及系统
98	DL 5190.8—2019	电力建设施工技术规范 第8部分：加工配制
99	DL/T 5210.2—2018	电力建设施工质量验收及评价规程 第2部分：锅炉机组
100	DL/T 5210.5—2018	电力建设施工质量验收及评价规程 第5部分：焊接
101	DL/T 5366—2014	发电厂汽水管道应力计算技术规程
102	JB/T 1265—2014	25MW ~ 200MW 汽轮机转子体和主轴锻件 技术条件
103	JB/T 1266—2014	25MW ~ 200MW 汽轮机轮盘及叶轮锻件 技术条件
104	JB/T 1267—2014	50MW ~ 200MW 汽轮发电机转子锻件 技术条件
105	JB/T 1268—2014	汽轮发电机 Mn18Cr5 系无磁性护环锻件 技术条件
106	JB/T 1269—2014	汽轮发电机磁性环锻件技术条件
107	JB/T 1581—2014	汽轮机、汽轮发电机转子和主轴锻件超声检测方法
108	JB/T 1582—2014	汽轮机叶轮锻件超声检测方法
109	JB/T 3073.5—1993	汽轮机用铸造静叶片 技术条件
110	JB/T 3375—2002	锅炉用材料入厂验收规则
111	JB/T 4010—2018	汽轮发电机钢质护环超声波探伤
112	JB/T 5263—2005	电站阀门铸钢件技术条件
113	JB/T 6315—1992	汽轮机焊接工艺评定
114	JB/T 6439—2008	阀门受压件磁粉探伤检验
115	JB/T 6440—2008	阀门受压铸钢件射线照相检验
116	JB/T 6902—2008	阀门液体渗透检测
117	JB/T 7024—2014	300MW 以上汽轮机缸体铸钢件技术条件
118	JB/T 7025—2018	25MW 以下汽轮机转子体和主轴锻件 技术条件
119	JB/T 7026—2018	50MW 以下汽轮发电机转子锻件 技术条件
120	JB/T 7027—2014	300MW 及以上汽轮机转子体锻件 技术条件

续表

序号	标准号	标准名称
121	JB/T 7028—2018	25MW 以下汽轮机轮盘及叶轮锻件　技术条件
122	JB/T 7029—2004	50MW 以下汽轮发电机　无磁性护环锻件　技术条件
123	JB/T 7030—2014	汽轮发电机 Mn18Cr18N 无磁性护环锻件　技术条件
124	JB/T 8705—2014	50MW 以下汽轮发电机无中心孔转子锻件　技术条件
125	JB/T 8706—2014	50MW ～ 200MW 汽轮发电机无中心孔转子锻件　技术条件
126	JB/T 8707—2014	300MW 以上汽轮机无中心孔转子锻件　技术条件
127	JB/T 8708—2014	300MW ～ 600MW 汽轮发电机无中心孔转子锻件　技术条件
128	JB/T 9625—1999	锅炉管道附件承压铸钢件　技术条件
129	JB/T 9628—2017	汽轮机叶片　磁粉检测方法
130	JB/T 9630.1—1999	汽轮机铸钢件　磁粉探伤及质量分级方法
131	JB/T 9630.2—1999	汽轮机铸钢件超声波探伤及质量分级方法
132	JB/T 9632—1999	汽轮机主汽管和再热汽管的弯管　技术条件
133	JB/T 10087—2016	汽轮机铸钢件　技术条件
134	JB/T 10326—2002	在役发电机护环超声波检验技术标准
135	JB/T 11017—2010	1000MW 及以上火电机组发电机转子锻件　技术条件
136	JB/T 11018—2010	超临界及超超临界机组汽轮机用 Cr10 型不锈钢铸件　技术条件
137	JB/T 11019—2010	超临界及超超临界机组汽轮机高中压转子体锻件　技术条件
138	JB/T 11020—2010	超临界及超超临界机组汽轮机用超纯净钢低压转子锻件　技术条件
139	JB/T 11030—2010	汽轮机高低压复合转子锻件　技术条件
140	JB/T 50197—2000	6MW ～ 600MW 汽轮机转子和主轴锻件产品质量分等
141	JB/T 53485—2000	50MW 以下发电机转子锻件产品质量分等
142	JB/T 53496—2000	60MW ～ 600MW 发电机转子锻件产品质量分等
143	YB/T 158—1999	汽轮机螺栓用合金结构钢棒
144	YB/T 2008—2007	不锈钢无缝钢管圆管坯
145	YB/T 4173—2008	高温用锻造镗孔厚壁无缝钢管
146	YB/T 5137—2007	高压用无缝钢管圆管坯
147	YB/T 5222—2004	优质碳素钢圆管坯
148	ASME SA—20/SA—20M	压力容器用钢板通用技术条件
149	ASME SA—106/SA—106M	高温用无缝碳钢公称管
150	ASME SA—182/SA—182M	高温用锻制或轧制合金钢和不锈钢法兰、锻制管件、阀门和部件

序号	标准号	标准名称
151	ASME SA—209/SA—209M	锅炉和过热器用无缝碳钼合金钢管子
152	ASME SA—210/SA—210M	锅炉和过热器用无缝中碳钢管子
153	ASME SA—213/SA—213M	锅炉、过热器和换热器用无缝铁素体和奥氏体合金钢管子
154	ASME SA—234/SA—234M	中温与高温下使用的锻制碳素钢及合金钢管配件
155	ASME SA—299/SA—299M	压力容器用碳锰硅钢板
156	ASME SA—302/SA—302M	压力容器用合金钢、锰 - 钼和锰 - 钼 - 镍钢板技术条件
157	ASME SA—335/SA—335M	高温用无缝铁素体合金钢公称管
158	ASME SA—387/SA—387M	压力容器用合金钢板、铬 - 钼钢板技术条件
159	ASME SA—450/SA—450M	碳钢、铁素体合金钢和奥氏体合金钢管子通用技术条件
160	ASME SA—515/SA—515M	中、高温压力容器用碳素钢板
161	ASME SA—516/SA—516M	中、低温压力容器用碳素钢板
162	ASME SA—672	中温高压用电熔化焊钢管
163	ASME SA—691	高温、高压用碳素钢和合金钢电熔化焊钢管
164	ASME SA—960/SA—960M ASME SA—960	锻制钢管管件通用技术条件
165	ASME SA—999/SA—999M	合金钢和不锈钢公称管通用技术条件
166	ASME B31.1	动力管道
167	ASME—I	锅炉制造规程
168	BS EN 10028	压力容器用钢板
169	BS EN 10095	耐热钢和镍合金
170	BS EN 10222	承压用钢制锻件
171	BS EN 10246	钢管无损检测
172	BS EN 10295	耐热钢铸件
173	BS EN10246—14	钢管的无损检测 - 第 14 部分：无缝和焊接（埋弧焊除外）钢管分层缺欠的超声检测

续表

序号	标准号	标准名称
174	DIN EN 10216—2	承压无缝钢管技术条件　第 2 部分：高温用碳钢和合金钢管
175	DIN EN 10216—5	承压无缝钢管技术条件　第 5 部分：不锈钢管
176	JIS G3203	高温压力容器用合金钢锻件
177	JIS G3463	锅炉、热交换器用不锈钢管
178	JIS G4107	高温用合金钢螺栓材料
179	JIS G5151	高温高压装置用铸钢件
180	ГOCT 5520	锅炉和压力容器用碳素钢、低合金钢和合金钢板技术条件
181	ГOCT 5632	耐蚀、耐热及热强合金钢牌号和技术条件
182	ГOCT 18968	汽轮机叶片用耐蚀及热强钢棒材和扁钢
183	ГOCT 20072	耐热钢技术条件

附录 C

电站锅炉范围内管道检验范围

C1 主给水管道

主给水管道指锅炉给水泵出口切断阀 (不含出口切断阀) 至省煤器进口集箱的主给水管道和一次阀门以内 (不含一次阀门) 的支路管道等。

C2 主蒸汽管道

主蒸汽管道指锅炉末级过热器出口集箱 (有集汽集箱时为集汽集箱) 出口至汽轮机高压主蒸汽阀 (不含高压主蒸汽阀) 的主蒸汽管道、高压旁路管道和一次阀门以内 (不含一次阀门) 的支路管道。对于主蒸汽母管制运行的电站锅炉，包括主蒸汽母管和一次阀门以内的支路管道。

C3 再热蒸汽管道

再热蒸汽管道包括再热蒸汽热段管道和再热蒸汽冷段管道。

再热蒸汽热段管道指锅炉末级再热蒸汽出口集箱出口至汽轮机中压主蒸汽阀 (不含中压主蒸汽阀) 的再热蒸汽管道和一次阀门以内 (不含一次阀门) 的支路管道等。

再热蒸汽冷段管道指汽轮机排汽止回阀 (不含排汽止回阀) 至再热器进口集箱的再热蒸汽管道和一次阀门以内 (不含一次阀门) 的支路管道等。

参考文献

[1] 姜求志，王金瑞.火力发电厂金属材料手册 [M].北京：中国电力出版社，2000.

[2] 赵永宁，邱玉堂.火力发电厂金属监督 [M].北京：中国电力出版社，2007.

[3] 蔡文河，严苏星.电站重要金属部件的失效及其监督 [M].北京：中国电力出版社，2009.

[4] 米树华.火力发电厂金属技术监督工作手册 [M].北京：中国电力出版社，2017.

[5] 张俊哲.无损检测技术及其应用 [M].北京：科学出版社，2019.

[6] 杨富，章应霖，任永宁，等.新型耐热钢焊接 [M].北京：中国电力出版社，2006.

[7] 中国科学技术协会.无损检测发展路线图 [M].北京：中国科学技术出版社，2020.

[8] 杨百勋，李益民，等.火电机组设备质量缺陷及控制 [M].北京：中国电力出版社，2019.

[9] 钱公.锅炉定期检验规则释义 [M].天津：天津人民出版社，2015.

[10] 湖南省特种设备管理协会.无损检测技术培训教材 [M].北京：中国电力出版社，2018.

[11] 张学星，蔡文河，伍小林.高效超超临界机组面临挑战及新材料研究重点 [J].世界材料导报，2018，B10：1-6.

[12] 张艳飞，王英军，陈浩.火电厂蒸汽管道振动过大分析与处理措施研究 [J]，电力科学与工程，2015，31（8）：60-65.

[13] 孙贺斌，周治伊，李辉，等.基建期火力发电厂金属技术监督全过程管理 [J].电气技术，2020，4：112-115.

[14] 王小华，梅振锋，赵鹏，等.切圆燃烧直流锅炉低氮改造后汽温动态特性试验研究 [J].热能动力工程，2018，7：56-63.

[15] 谢利明，田峰，张涛，等.电站汽轮机低压转子次末级叶片开裂原因分析 [J].金属加工，2019，10：35-37.

[16] 张艳飞，张志浩，刘孝，等.浅析超临界机组水冷壁横向裂纹无损检测方法 [J].山东电力技术.2020，47（8）：73-76.

[17] 孙旭.某电厂高温再热蒸汽管道内壁开裂原因分析与处理 [J].吉林化工学院学报，2019，36（7）：76-79.

[18] 梁昌乾，陈吉刚，李砥流，等.高温紧固螺栓的剩余寿命评估 [J].热力发电，2004，3：61-63.

[19] 张艳飞，田力男，田峰，等.主蒸汽管道异种钢焊缝断裂失效分析 [J].焊接技术，2014，43（6）：61-63.

[20] 王大鹏，杜保华，李耀君，等．中国火电机组锅炉寿命管理系统的发展、应用与展望 [J]．中国电力，2013，46（3）：63-64.

[21] 沈利，徐书德，关键，等．超临界大容量火电机组深度调峰对燃煤锅炉的影响 [J]．发电设备，2016，30（1）：21-23.

[22] 赵雨兰．汽包炉的汽包在剧烈升降负荷以及频繁启动中 [D]．华北电力大学，2018.